优秀成果汇编

——纪念中国水利水电科学研究院组建60周年

中国水利水电科学研究院 编

中国水利水电出版社
www.waterpub.com.cn
·北京·

内 容 提 要

本书为从中国水利水电科学研究院组建 60 年来数以千计的科研成果中遴选出的 150 项优秀科研成果的汇编。全书按国家级科技奖励特等奖、一等奖、二等奖、三等奖，省部级科技奖励特等奖、一等奖、二等奖，其他奖励顺序汇编，包含了水资源、防洪抗旱减灾、水环境、节水灌溉及牧区水利、结构抗震、岩土与工程监测、结构材料、泥沙、水力学、自动化、水力机电等众多领域，记录了中国水利水电科学研究院 60 年特别是改革开放以来在水利水电科研领域不断发展壮大、取得累累硕果的历程。

本书可供水利水电行业技术人员、管理人员阅读，也可供大专院校有关专业师生参考。

图书在版编目（CIP）数据

优秀成果汇编：纪念中国水利水电科学研究院组建
60周年 / 中国水利水电科学研究院编. -- 北京：中国
水利水电出版社，2018.10
ISBN 978-7-5170-6919-5

Ⅰ．①优… Ⅱ．①中… Ⅲ．①水利水电工程—文集
Ⅳ．①TV-53

中国版本图书馆CIP数据核字(2018)第218535号

书　　名	**优秀成果汇编** **——纪念中国水利水电科学研究院组建 60 周年** YOUXIU CHENGGUO HUIBIAN ——JINIAN ZHONGGUO SHUILI SHUIDIAN KEXUE YANJIUYUAN ZUJIAN 60 ZHOUNIAN
作　　者	中国水利水电科学研究院　编
出版发行	中国水利水电出版社 （北京市海淀区玉渊潭南路 1 号 D 座　100038） 网址：www.waterpub.com.cn E-mail：sales@waterpub.com.cn 电话：（010）68367658（营销中心）
经　　售	北京科水图书销售中心（零售） 电话：（010）88383994、63202643、68545874 全国各地新华书店和相关出版物销售网点
排　　版	中国水利水电出版社微机排版中心
印　　刷	天津嘉恒印务有限公司
规　　格	210mm×285mm　16 开本　26 印张　700 千字
版　　次	2018 年 10 月第 1 版　2018 年 10 月第 1 次印刷
印　　数	0001—1800 册
定　　价	**395.00 元**

序

　　2018 年，中国水利水电科学研究院（以下简称"中国水科院"）迎来组建 60 周年华诞。

　　六十载砥砺前行，六十载不懈努力。中国水科院时刻牢记使命，聚焦国家需求和水利水电科技难题，瞄准世界科技前沿，突出自身定位与优势，致力基础及应用基础理论研究、核心技术攻关与科技产品研发。坚持自主创新、铸就科技利器，坚持把论文写在大地上、服务国计民生。主持完成了一大批国家级重大科研项目，承担了我国绝大部分重大水利水电工程全过程的研究咨询等重大任务，取得了众多开创性的科研成果。其中有 700 余项原创新突出成果获得国家和省部级奖励，研究成果覆盖水文水资源、防洪抗旱减灾、水环境水生态、泥沙、农村与牧区水利、水力学、工程抗震、岩土工程、结构与材料、机电、自动化、信息化、水利史等领域，奠定了 18 个学科基础、93 个专业方向，为推动中国水利水电科技进步、为保障水利水电事业快速发展做出了重大贡献。

　　当前和今后一段时期，是我国全面建设小康社会、实现中华民族伟大复兴的关键时期。以习近平同志为核心的党中央把水安全提到了国家战略的高度，深度剖析了新形势下所面临的新的水问题，创造性提出了"节水优先、空间均衡、系统治理、两手发力"的新时期治水方针，为新时代水利水电改革发展指明了新方向，明确了新要求、新任务。水利水电事业正以习近平新时代中国特色社会主义思想为指导，深入践行新时期治水方针，改革发展全面加速、深度推进，水利水电科技迎来了新的机遇，也面临着严峻的挑战。广大科技工作者唯有增进交流、凝聚智慧、加强合作，在高起点、高水平基础上加快创新，才能担当新使命，不负新时代。

　　值此中国水科院组建 60 周年之际，对数代水科人的创新积淀和科研成就进行了系统总结，遴选部分代表性成果汇编成册。60 年来，全院在前瞻性及基础性问题研究方面强调"三个超前"，分别是理念超前、理论超前、方法超前；在关键技术问题研究方面强调"三个结合"，分别是与国际前沿相结合、与国内经济社会发展需求相结合、与生产工程实际相结合；在实用性产品研发方面强调"三个突破"，分别是在技术上有突破、提高生产效率上有突破、增长经济效益上有突破。我们将创新成果、研究思路和方法与水利水电各界交流、分享，期待进一步加快水利水电科技创新，共同推动水利水电改革发展，为创建世界科技强国、实现中华民族伟大复兴的中国梦而努力奋斗！

匡尚富

2018 年 8 月

前 言 FOREWORD

在迎接我院组建 60 周年之际，为宣传和检阅我院 60 年来取得的科技成果，我们从上千项科研成果中，遴选了自 1958 年至 2017 年期间具有代表性的优秀获奖成果，编辑出版了这本《优秀成果汇编——纪念中国水利水电科学研究院组建 60 周年》。因篇幅所限，仅汇集整理了我院获得的部分优秀获奖成果，其中有国家级科技奖励特等奖和一等奖（我院排名前三位）、国家级二等奖和三等奖（我院排名前两位）、省部级科技奖励一等奖（我院排名前两位）、省部级科技奖励二等奖（我院排名第一位）等，期许能较全面地展现我院 60 年来取得的重大科研成果和学科进展的全貌。交流增见闻，思辨出新知，愿本书能对促进水利创新和发展有所裨益。

我院将以 60 年来科研发展的成果为基础，秉承优良传统，深入贯彻落实党的十九大精神和习近平总书记新时期治水方针，进一步增强新时期水利科技工作的责任感和使命感，大力推进科学治水、科教兴水，努力在解决重大水利科技难题上取得新突破，为水利水电事业的可持续发展提供更加有力的科技支撑。

本书汇编的各项成果由院属各单位组织推荐，科研计划处做了大量的分析、整理和编辑工作，部分院科技委委员参与了本书的审阅工作，在此向他们表示由衷的感谢！中国水利水电出版社对本书的出版给予了大力支持，在此也表示感谢！

中国水利水电科学研究院

2018 年 8 月

目录
CONTENTS

序
前言

国家级科技奖励

特 等 奖

国家级科技奖励

一 等 奖

国家级科技奖励

二 等 奖

国家级科技奖励

三 等 奖

省部级科技奖励

特　等　奖

省部级科技奖励

一　等　奖

省部级科技奖励

二 等 奖

其 他 奖 励

附　　录

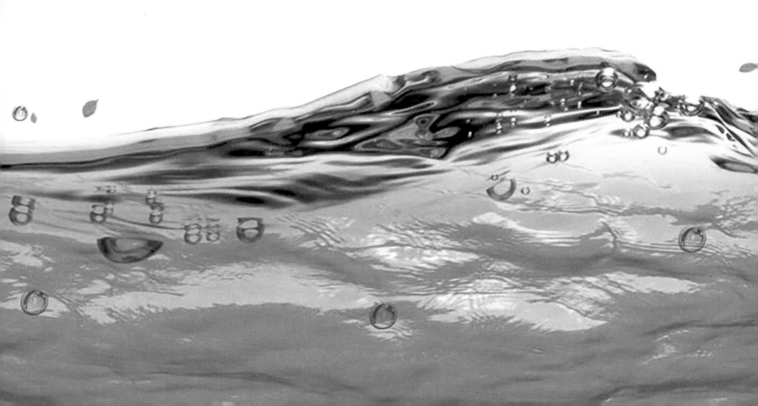

优秀成果汇编

——纪念中国水利水电科学研究院组建周年

国家级科技奖励

特 等 奖

任务来源：国家项目
完成时间：1971—1980 年
获奖情况：1985 年度国家科学技术进步特等奖

葛洲坝二、三江工程及其水电机组

　　葛洲坝水电站是长江干流上兴建的第一座水电站，是我国最大容量的低水头水电站，也是世界最大容量的低水头水电站之一。根据葛洲坝运行水头范围和性能要求，应采用五叶片轴流转桨式水轮机，但当时我国水轮机系列型谱中五叶片转轮是空白，而且当时我们掌握的国外相应转轮性能差，不能满足葛洲坝水电站的要求。因此，必须为葛洲坝水电站开发具有世界先进水平的、全面满足葛洲坝运行水头范围及性能要求的、五叶片的轴流式水轮机转轮。

　　根据葛洲坝水电站运行水头范围及径流发电的特点，要求该水轮机转轮具有如下性能：

　　（1）提高水轮机能量性能，特别是增大低水头运行时的机组出力。

　　（2）具有优秀的空化性能，以满足电站安装高程的要求。

　　（3）提高水轮机最高效率和平均效率，全面增大机组出力。

　　（4）在水头运行范围内，机组应稳定运行。

　　经多种方案设计及其模型试验，最终得出了全面满足葛洲坝工程要求的轴流式水轮机及其五叶片转轮，解决了葛洲坝工程关键技术难题。经同台模型试验对比，新开发的水轮机转轮的各种性能优于当时国内已有的其他转轮，填补了国内水轮机五叶片转轮的空白，被葛洲坝工程采用，并列入国内水轮机系列型谱。

　　葛洲坝机组投入运行后，由于性能优异，机组大幅度超出力发电，对缓和华中电网缺电局面发挥了重大作用。至 1991 年，机组投入运行 10 年后，已收回葛洲坝全部工程投资，其经济效益和社会效益十分显著。不仅葛洲坝二、三江工程机组采用该水轮机转轮，葛洲坝大江机组也采用了该技术，并被多个该水头段的水电站机组采用。

完 成 单 位：中国水利水电科学研究院等
主要完成人员：刘玉明、白铁英、单鹰、蒋学运、梁建国
联 系 人：白铁英　　　　　　　　　　　　联系电话：010 - 68573398
邮 箱 地 址：jidian@iwhr.com

任务来源：国家"七五"重点科技攻关项目
完成时间：1986—1990年
获奖情况：1993年度国家科学技术进步特等奖

黄淮海平原中低产地区综合治理研究与开发

　　低压管道输水灌溉技术是黄淮海平原中低产地区综合治理的重要技术措施，研究重点包括管材、管件、管网规划设计、工程设备的施工安装及管理运用等关键技术。本项目研究取得的主要成果是：成功地研制了用料省、性能好的刚性薄壁PVC塑料管和内光外波的双壁波纹塑料管；开发了多种类型的当地材料预制管及相应的制管机具；开创了现场连续浇注、无接缝、整体成型的混凝土管的施工机械和施工工艺；研制了多种与管道配套的管件设备和保护装置；首次把优化技术和微机监控系统运用于灌溉工程的设计和管理中。与此同时，结合水利部重点试验工程，运用专项研究成果在山东省、河北省、北京市、天津市建成了5万余亩的低压管道输水灌溉试验示范区。通过试验区，验证了各项技术成果的可靠性和适应性，显示了低压管道输水灌溉技术显著的经济效益和社会效益。据统计，试验示范区年可节水900万 m³，节地1000亩，节电112.6万 kW·h，粮食亩产平均提高100～150kg，节约水量30％以上，少占土地1％～2％。该技术同时具有输水快，效率高，投资少、管理运用方便，省时节劳的特点，是实现节水灌溉的一项具有广泛适用性的技术。

　　通过攻关研究，对井灌区已基本形成了从规划设计、管材管件到施工管理的较系统的低压管道输水灌溉技术体系，因地制宜地进一步推广运用，对缓解北方水资源供需矛盾，发展我国节水灌溉事业，具有重要意义。

完 成 单 位：北京农业大学、中国水利水电科学研究院
主要完成人员：金永堂、余玲、周福国等
联　系　人：余玲　　　　　　　　　　　联系电话：010-68518265
邮 箱 地 址：wanggf@iwhr.com

优秀成果汇编

——纪念中国水利水电科学研究院组建60周年

国家级科技奖励

一 等 奖

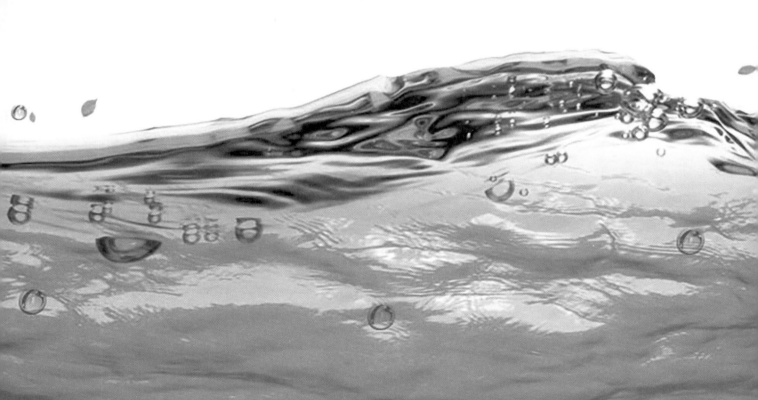

任务来源： 水利部

完成时间： 1975—1981 年

获奖情况： 1982 年度国家农委重大科技成果推广一等奖

滴水灌溉新技术研发与推广

滴灌技术是迄今最省水的灌溉技术，但国外传统的滴灌技术存在着投资大只能用于产值高的经济作物、滴头易堵塞且不易维修只能更换等缺点。本项目针对国外滴灌技术存在的问题，研究适合在中国粮、棉、油等大田作物上大面积推广的中国式的滴灌技术，先后研发成功适应中国国情的燕山（科发）滴灌技术，包括 I 型半固定式滴灌技术、全移动式滴灌技术、II 型半固定式滴灌技术、利用黄河水滴灌的防堵技术和温室滴灌技术。先后获得 18 项实用新型专利和一项发明专利。

主要技术创新

（1）研发成功的半固定式滴灌技术，在不降低质量的前提下，使毛管的利用率接近100％，而传统的全固定式滴灌技术，灌溉季节滴水毛管的利用率只有 2％左右。

（2）成功地将最省水的滴灌技术应用于大田粮食作物。

推广应用情况

由于极大地提高了毛管的利用率，大幅度减少了滴灌设备用量，从而大幅度降低了工程投资，且滴灌无需平田整地，无需修渠打畦，极大地节省了人力成本（采用 I 型半固定式滴灌每亩投资 260 元，II 型半固定式滴灌每亩投资 150～200 元，全移动式滴灌每亩投资 40～50元，一次投资使用寿命在 15 年以上。滴灌麦田一个人可以同时管理 100 亩，滴灌果树一个人可以同时管理 300 亩）。"八五""九五"时期均被国家科委列入国家级科技成果重点推广项目，并作为重中之重项目，20 世纪 80 年代仅甘肃省即推广 2 万多亩。

完 成 单 位：中国水利水电科学研究院、北京科发农业水资源高效利用研究所

主要完成人员：邱为铎、王刚生、徐志昂、邱克、罗锋等

联 系 人：邱为铎　　　　　　　　　　　　联系电话：010 - 68411758

邮 箱 地 址：wanggf@iwhr.com

任务来源： 农业部重点项目
完成时间： 1973—1977 年
获奖情况： 1982 年度国家农委重大科技成果推广一等奖

高含沙引洪淤灌

陕西省人民引洛渠，长期受"含沙量超过 15％就关闸"的限制，每年夏季被迫停水 10～15 天，对作物影响很大。1969 年开始进行渠道高含沙量引水淤灌的科学实验，引洪含沙量最高达到 50％～60％（相当于 900 多 kg/m³），平均每年可多引洪水 1300 万 m³，大大缓和了夏灌缺水矛盾，并引沙 1000 多 t。

本项目研究了高含沙水流的渠道输沙现象和冲淤规律，及高含沙引水的工程措施和管理运用经验。证明高含沙量并不要求非常强的水力条件才能输送，根据引洛、引渭等灌区实测资料，提出几种含沙量条件下判别冲淤的指标，并提出了高含沙输水渠道设计方法。

引洛灌区高含沙淤灌经验已在引泾、引渭及陕北一些灌区推广。高含沙量引水可以促进农业增产和减少入黄泥沙。

完 成 单 位：中国水利水电科学研究院等
主要完成人员：万兆惠等
联 系 人：鲁文
联系电话：010 - 68786644
邮 箱 地 址：luwen@iwhr.com

任务来源：水利电力部
完成时间：1978—1979 年
获奖情况：1985 年度国家科学技术进步一等奖

丰满水电站泄水洞水下岩塞爆破工程

岩塞爆破技术是国际上水利水电工程扩建改建的一项先进技术，在国外应用较多，而我国在 211 工程中进行试验研究后，即在丰满水电站进行大型岩塞水下爆破技术的研究与应用。首次通过现场直径为 6.0m 的大比尺模型实验研究，确定合理的爆破设计参数，并与东北勘测设计院共同承担岩塞爆破设计、起爆网络试验及现场施工各个环节的技术把关工作，同时承担了爆破震动及水中冲击波压力以及大坝、厂房安全的监测工作。爆破取得了圆满成功，获得了宝贵的监测资料，为国内其他水下岩塞爆破工程提供了宝贵经验。

主要技术创新

（1）通过技术评估和现场大比尺实验研究，正确采用了合理的爆破设计参数，炸药总用量为 4075kg，较原设计成数倍削减，爆破安全影响得到很好保证。

（2）首次采用小药室与预裂孔相结合的爆破方案，为国内最大的水下岩塞爆破工程，工程取得成功。

（3）通过现场爆破实测资料分析，判明了岩塞爆破水中冲击波作用场分布规律及其占炸药能的比值。为其他水下爆破工程与环境安全监控提供了宝贵经验。

本项目研究是将国外先进爆破技术引进国内实际应用的成功典型，是国内技术最复杂、炸药量最大的一个水下岩塞爆破工程，是大型水库技术改造的成功应用，为水利水电工程发挥更大的效益开创了技术途径。先进的爆破设计优化具有创新成果，对于如此复杂条件的爆破作业，各项综合监测数据为水利水电爆破施工安全提供了资料数据。

推广应用情况

丰满水下岩塞爆破成功的经验，为随后国内完成的几十个岩塞爆破工程提供了借鉴和技术支持，为工程应用发挥了很大的经济效益。各项监测数据为水下爆破工程的安全评估和爆破施工作业提供了资料数据。

完 成 单 位：水电部东北勘测设计院、中国水利水电科学研究院、中国科学院力学研究所、水电部第一工程局
主要完成人员：霍永基、钱瑞伍、黄绍钧、费骥鸣
联 系 人：霍永基
联系电话：13520059773、010-68526206
邮 箱 地 址：y. j. huo@iwhr. com

任务来源：国家"六五""七五""八五"科技攻关项目

完成时间：1984—1995 年

获奖情况：1991 年度国家"七五"科技攻关重大成果奖、1991 年国务院重大技术装备领导小组国家重大技术装备成果一等奖

三峡水轮机通流部件优化计算及试验研究

主要研究内容及技术创新

（1）开发了混流式水轮机设计与优化计算软件。应用这些计算软件可以在计算的基础上，优选方案，再进行模型试验，从根本上改变了优化水轮机方案完全依赖大量的模型试验的方法，以最快的速度、最少的投资、获得最大的效益，为开发三峡水轮机提供了关键技术手段，同时，在水轮机开发技术方面有了重大突破。

（2）研制了高精度的三峡水轮机模型机组。研制了全静压双套轴承等技术的三峡水轮机模型机组，将水轮机模型试验精度提高到国际先进水平。应用了内窥镜装置来观察水轮机转轮内部流动状态，观察水轮机转轮叶片全流道内部的气泡发生、发展，以及叶道涡和涡带的发生、发展，为修改转轮叶型和流道提供了技术依据。

（3）三峡水轮机转轮机通流部件研究成果达到国内领先水平。应用上述计算软件优化了6 个转轮方案、2 种固定导叶、导叶、尾水管方案进行了模型试验，并应用内窥镜装置观察了全流道的流态，据此修改了方案，最终优选出 4 个转轮方案及 1 种固定导叶、导叶和尾水管方案，其中 2 个转轮方案的水轮机模型最高效率分别达到 93.4％和 93.41％，打破了 30 多年来国内本行业水轮机模型最高效率长期低于 93％的纪录。

本项目的研究成功为三峡工程做出了贡献，为水轮机行业作出了贡献。

完 成 单 位：中国水利水电科学研究院

主要完成人员：白铁英、梁建国、蒋学运、彭忠年、龚乾立、秦伟

联 系 人：白铁英、彭忠年　　　　　　　　联系电话：010 - 68573398、010 - 68781730

邮 箱 地 址：jidian@iwhr.com

任务来源：工程委托任务

完成时间：1983—1988 年

获奖情况：1992 年度国家科学技术进步一等奖

广东核电站港口和取排水口
布置方案研究

1983 年广东大亚湾核电站选址阶段，中国水利水电科学研究院参与了厂址的现场勘查，对大亚湾整个水域的潮流运动进行了调研分析，进行了大变态率模拟大亚湾水域的微型定型模拟试验和变态率稍小但全含大亚湾的物理模型试验。根据试验结果和对大亚湾水流运动随潮变化的已有认识，发现该工程布置方案存在原则性的缺憾，提出了改进方案并被采纳应用。

主要技术创新

本项试验研究实际上是"差位理论"的一个成功应用。"差位理论"明确了冷却水规划布置的一个重要理念，即要求"将排取水口分别设在热水流道和冷水流道中"。原方案是取水口伸入深水区，用挡热墙深层取水，由于取水口处在热水流道，在退潮时，仍受热水回归。改进方案是将取水口南向直接取自冷水流道。这样不但取水口可设在浅水区，同时不设挡热墙，大幅节省了工程投资。由于取水方向作了本质性的改善，充分利用了大亚湾本身的潮流流场，"顺乎其势"，取水水温很低。

该方案已经实施 20 多年，运行情况良好，节省投资 2 亿元。

完 成 单 位：中国水利水电科学研究院、河海大学、广东水利科学研究所

主要完成人员：岳钧堂、陈慧泉等

联　　系　　人：杨帆　　　　　　　　　　　联系电话：010 - 68781126

邮　箱　地　址：yangf@iwhr.com

任务来源： 国家"七五"科技攻关项目
完成时间： 1986—1990 年
获奖情况： 1993 年度国家科学技术进步一等奖

土质防渗体高土石坝研究

本项目结合小浪底、鲁布革、瀑布沟等高土石坝工程的设计或施工进行攻关，其主要研究内容为：

（1）筑坝材料及坝基软弱夹层特性的研究。

（2）设计计算方法的研究。

（3）风化料粗粒土施工质量控制的研究。

主要技术创新

（1）筑坝土料在高应力和复杂应力状态下的力学性质。

（2）测定坝基软弱夹层有效强度指标的三项成套试验技术。

（3）包括土石坝设计计算全部内容的两大软件系统 ERDIDS 和 ASED。

（4）土质心墙高堆石坝初次蓄水与水位骤降时的变形与稳定、地震永久变形、坝基及两岸岩石渗流、三维拱效应以及砂砾地基中混凝土防渗墙结构等的计算分析方法。

（5）风化土一类宽级配土料填筑施工质量控制成套技术和土石坝全面质量管理软件系统。

推广应用情况

本项目所有研究成果基本上均被结合工程所采纳，其生产力转化率达 96％，不仅使工程设计或施工得到优化，而且取得显著经济效益。例如，通过合理确定小浪底工程坝基软弱夹层有效强度指标和坝断面优化，节省填筑工程量 130 万 m³。鲁布革土石坝施工质量控制研究为该电站提前一个季度发电创造了条件，其经济效益也相当可观。同时，本项研究成果又在此后的诸多土石坝工程中得到推广应用，促进了我国土石坝工程技术的不断发展和提高。

完 成 单 位：中国水利水电科学研究院、中国水利水电第十四工程局、成都科技大学、黄委会设计院科研所、
　　　　　　　清华大学、南京水利科学研究院、河海大学
主要完成人员：杜延龄、庄德威、刘浩吾、陈愈炯、董遵德、李广信、张文正、濮家骝、孙继曾、孙留玉、
　　　　　　　毛昶熙、钱家欢、李春华、周成宝、沈新慧
联　系　人：杜延龄　　　　　　　　　　　　　　　联系电话：010－68786620
邮　箱　地　址：huanglq@iwhr.com

任务来源：国家"八五"科技攻关项目
完成时间：1998 年
获奖情况：1998 年度国家科学技术进步一等奖

普定碾压混凝土拱坝筑坝技术研究

在温度控制研究方面本项目用数值分析方法计算了普定水库水温，为大坝温控防裂研究提供了合理的边界条件；用三维有限元法计算了拱坝的准稳定温度场，并根据实际的施工条件、气象条件和混凝土材料性能参数，对普定拱坝多工况条件下的温度及温度应力变化过程进行仿真研究，在大量分析研究的基础上，确定了拱坝的缝型缝位，提出了大坝基础约束区与非约束区混凝土不同季节合理的浇筑层厚、间歇期、浇筑温度、混凝土允许最高温度及各季节可行的温控措施，为大坝的设计和施工提供了具有世界领先水平的科研成果。研究工作还紧密结合工程实际，及时将科研成果转化为生产力。如 1992 年汛期大坝停工度汛，专门针对度汛工况进行三维有限元温度应力仿真分析，及时准确地提出了洪水过坝防裂方案。经过夏季 6 次洪峰的考验，大坝安然无恙，实测结果与科研成果十分吻合，得到设计施工各方的高度评价。另外，首次提出了考虑施工期温度作用的温度荷载的计算方法，将大大有助于改进碾压混凝土拱坝的设计方法。研究成果揭示了碾压混凝土拱坝的温度和温度应力变化规律，可以广泛地应用于大型工程的设计和施工中。

在筑坝材料方面的特色，就是高胶凝材料，低水泥用量。为此，多采用高掺粉煤灰的措施。高掺粉煤灰对碾压混凝土的优越性是显著的，但也带来了耐久性方面需要解决的问题。如何提高碾压混凝土本身的抗冻耐久性，是需要解决的问题。要提高混凝土（包括碾压混凝土）的抗冻耐久性，必须掺引气剂，由于碾压混凝土的特点是超干硬性和高掺粉煤灰，这两点就决定了碾压混凝土很难引进微气泡，这就为提高碾压混凝土抗冻耐久性增加了难度。本课题主要任务就是搞清影响碾压混凝土抗冻耐久性的因素，针对这些影响因素逐一解决，使碾压混凝土提高抗冻耐久性大于 F400，这样碾压混凝土也能和常态混凝土一样应用于严寒地区或有耐久性要求的部位。

完 成 单 位：电力部贵阳勘测设计研究院、中国水利水电第八工程局、中国水利水电科学研究院、四川联合大学、清华大学、大连理工大学

主要完成人员：陈宗卿、王柏乐、秦蛟、高家训、黄淑萍、杨志雄、李朝国、甄永严、曾昭扬、赵国藩、刘文彦、张惠玲、杨家修、苗嘉生、陈正作

联 系 人：胡平、甄永严　　　　　　　联系电话：010 - 68781462、010 - 68781547
邮 箱 地 址：huping@iwhr.com

任务来源：国家重点基础研究发展计划（973）项目、全球环境基金 GEF 项目、山西省兴水战略重大科研项目

完成时间：2006—2010 年

获奖情况：2014 年度国家科学技术进步一等奖

流域水循环演变机理与水资源高效利用

受人口规模、经济社会发展和水资源本底条件的影响，我国是世界上水循环演变最剧烈、水资源问题最突出的国家之一。通过建立人类活动密集缺水区流域水循环及其伴生的水化学与生态过程演化的基础理论，揭示变化环境下的流域水资源、水生态与水环境演变的客观规律，继而在科学评价流域资源利用效率和生态环境状况的基础上，提出城市和农业水资源高效利用与流域水循环整体调控的标准与模式，可为人类活动严重缺水流域的水循环调控奠定科学基础，增强我国缺水流域水安全保障的基础科学支持能力。

海河流域人均水资源居全国十大一级流域之末，流域内人口稠密、生产发达，行业用水竞争激烈，水环境容量与排污量矛盾尖锐，加上近 30 年来流域水资源衰减的影响，水资源短缺、水环境污染和水生态退化问题极其严重，选择海河流域为研究对象具有很好的典型性与代表性。2006 年国家重点基础发展计划（973），批准设立了"海河流域水循环演变机理与水资源高效利用"项目（编号：2006CB403400）。该项目是水利部牵头组织的第一个国家 973 计划项目，该项目以流域水循环演变机理为基础，构建了水循环各环节的效率解析工具，形成了水资源"数量—质量—效率"三位一体的评价管理技术，提出了水分利用从低效到高效转化的调控方法和实现途径，增强了我国缺水流域水安全保障的基础科学支持能力。本项成果共发表论文 633 篇，其中 SCI 收录 167 篇、他引 910 次，EI 收录 158 篇；出版专著 26 部；获发明专利授权 9 项；软件著作权 14 项。项目成果引起了国际广泛关注，国际水文十年将变化中的"自然—社会"水循环定为今后十年的唯一发展方向，提升了我国水科学研究的国际地位。

主要技术创新

项目针对我国北方缺水流域存在的水资源衰减、水环境污染、生态退化、供需失衡等突出的水问题，以海河流域为背景，开展了流域水循环及其伴生过程的演变机理与水资源高效利用研究，项目取得的主要创新成果如下：

（1）揭示了强人类活动影响下流域水循环演变机理与水资源演变规律，并进行了科学的定量归因分析，形成了对海河流域万年、千年、百年尺度气温、降水、地表水系及地下水分层演化规律的统一认识。

（2）创建了超大流域水循环及其伴生过程的综合模拟工具 NADUWA3E，定量预估了海河流域水循环及其伴生的水环境、生态的演变趋势，为流域水分利用效率解析、水资源综合调控提供了定量工具。

（3）提出了"数量—质量—效率"全口径多尺度水资源利用综合评价方法，提出了海河流域农业和城市高效用水标准和模式，为"最严格水资源管理"制度的提出和"三条红线"

的现实操作提供了理论依据。

（4）将水循环与社会经济和生态环境作为整体系统，创建了流域水循环多维临界整体调控理论与模式，评价了调控措施对水资源利用从低效到高效的转化效果，对人类活动密集缺水地区的涉水决策具有重要的指导意义。

推广应用情况

本项成果已应用于水利部、环境保护部、国务院南水北调工程建设委员会办公室、国家林业局、全国节约用水办公室、国家防汛抗旱总指挥部办公室等部门和北京、天津、河北、山西等省（直辖市）人民政府，有力支撑了水利发展规划、水资源综合规划、最严格水资源管理制度、节水型社会建设、水资源信息系统、水污染防治规划、国家林业重点生态工程等有关规划和管理工作，推动了海河流域引黄工程、双峰寺水库等一批重大水资源配置工程和供水网络的建设，支撑了《南水北调东中线一期工程受水区地下水压采总体方案》的编制和《国务院关于实行最严格水资源管理制度的意见》的制订，并促进了海河流域及我国其他缺水地区再生水回用、水利投融资体制改革、节水型产业结构的优化调整和用水定额标准修订等工作的完成，为破解我国水资源短缺、水环境污染和水生态退化等问题起到了关键的科技支撑作用。

代表性图片

获奖证书

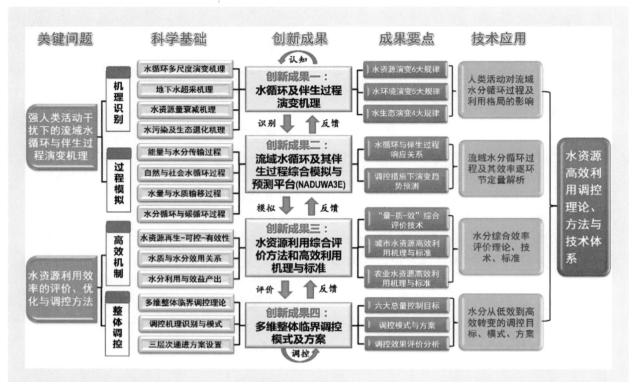

项目核心技术创新

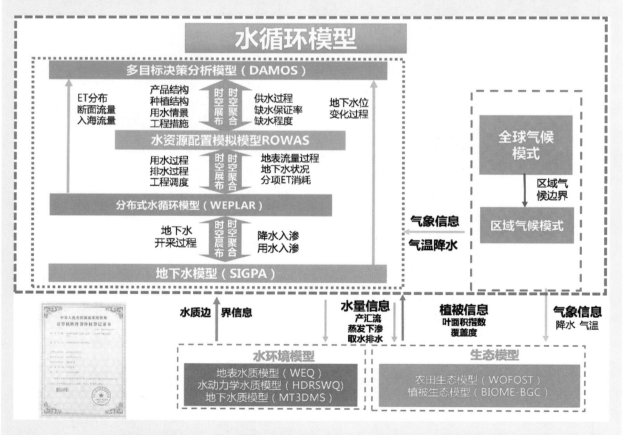

流域"自然—社会"水循环及其伴生过程综合模拟与预测模型（NADUWA3E）

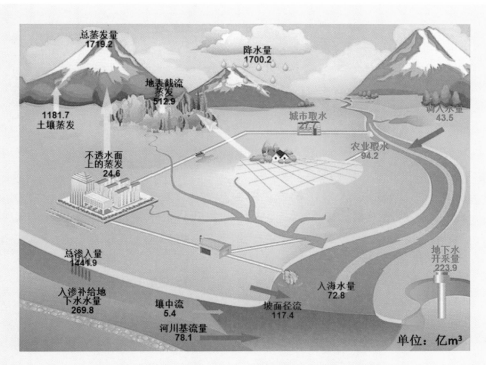

基于 NADUWA3E 模型的海河流域水循环通量解析

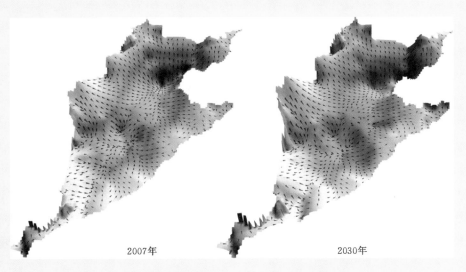

海河平原区深层地下水水位调控变化效果

完 成 单 位：中国水利水电科学研究院、清华大学、中国农业大学、水利部海河水利委员会

主要完成人员：王浩、贾仰文、康绍忠、陈吉宁、王建华、曹寅白、陆垂裕、汪林、周祖昊、刘家宏、甘泓、
　　　　　　　仇亚琴、游进军、牛存稳、雷晓辉

联 系 人：牛存稳　　　　　　　　　　　　　　　联系电话：010 - 68785606

邮 箱 地 址：niucw@iwhr.com

任务来源： "十一五"国家科技支撑计划项目
完成时间： 2005—2015 年
获奖情况： 2015 年度国家科学技术进步一等奖

水库大坝安全保障关键技术研究与应用

中国是世界上水库较多的国家，现有各类水库 9.8 万座，在保障国家水安全中具有不可替代的基础性作用。多数大坝建于 20 世纪 50—70 年代，安全问题突出。1950 年以来，已溃决大坝 3500 余座，损失巨大。2000 年以来，我国实施的病险水库除险加固效果显著，但溃坝仍时有发生，大坝安全风险管理相对薄弱。

为此，南京水利科学研究院、中国水利水电科学研究院等 10 家单位依托"十一五"国家科技支撑计划项目"水库大坝安全保障技术研究（2006BAC14B00）"、国家重点自然科学基金（51209143）和国际科技合作项目（2011DFA72810）等，围绕水库大坝安全保障关键技术，针对溃坝与洪水、大坝风险、除险决策、应急对策四大科学问题，历时 10 余年开展攻关研究。从基础性支撑技术、降低风险的关键措施、风险管理战略三个层面，分别开展了水库大坝病险与溃坝规律、溃坝试验和模拟技术、基于风险的大坝安全评价方法体系、病险水库除险加固关键技术、水库大坝风险控制非工程措施、水库大坝安全信息监测与预测预警技术、水库大坝风险标准等 7 个课题研究，取得了一系列重要创新成果。

主要技术创新

（1）溃坝试验与模拟技术。创建了国内外实验坝高 9.7m 的实体溃坝实验场（国外 6m），研发了实体溃坝试验多要素动态精细测量系统。发现了土石坝溃决过程中的新现象，获得了土石坝溃决过程的新认识，揭示了土石坝溃决"剪剥式"冲蚀、"双螺旋流"淘刷、溃口边坡间歇性失稳坍塌的新机理；建立了土石坝漫顶溃决模型相似准则和溃口发展预测方法，完善和丰富了溃坝理论和模拟方法。

（2）大坝基础数据库及数据挖掘技术。率先研发建设了全系列、全要素全国水库大坝基础数据库；建立了水库大坝信息采集技术标准；系统挖掘了病险水库成因及演变机理，建立了大坝老化评估模型和评估指标体系；揭示了我国溃坝事件时空特征和规律，构建了多参数溃坝特征统计模型。

（3）大坝风险管理技术。率先构建了个人风险承受能力概化模型，建立了中国水库大坝风险标准体系，编制了《水库大坝风险等级划分标准》《水库大坝风险评估导则》；创建了病险水库除险加固"优先排序—关联决策—方案优化—效果量化评价"全过程决策方法和评价模型；提出了水库降等与报废判别准则，建立了水库报废拆坝生态环境影响与修复网络层次分析模型，编制了《水库降等与报废标准》。

（4）大坝安全监测与预警技术。提出了大坝隐患典型图谱及数据解析新方法；研发了大坝安全监测数据可靠性识别和安全预测新模型，以及基于人工智能技术的大坝安全综合分析推理系统。

推广应用情况

本项目成果已成功应用于小浪底、小湾、丹江口、丰满等50余座大型水库，在全国病险水库除险加固、水利普查、水库突发事件应急处置中发挥了重要作用，推动了行业科技进步。本项目成果受到世界银行、瑞士能源机构、荷兰皇家工程院等机构，国家防办、水利、能源等国家和地方水利行政主管部门，以及设计单位、水库运行管理单位等高度评价。项目成果可推广应用于我国近10万座水库大坝的安全管理，推广应用前景极为广阔。

代表性图片

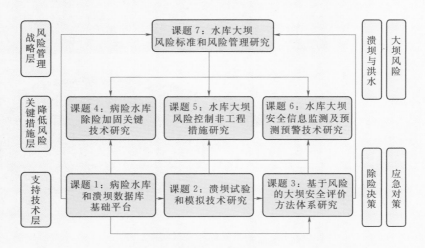

项目研究成果框图

大尺度实体溃坝实验场（坝高9.7m）

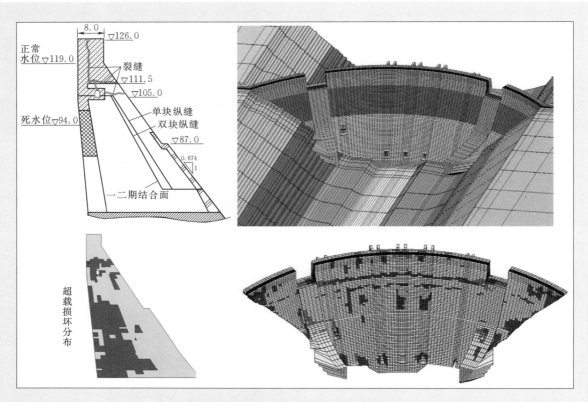

基于全过程仿真的陈村拱坝安全度计算

完 成 单 位：水利部交通运输部国家能源局南京水利科学研究院、中国水利水电科学研究院、河海大学、长
江水利委员会长江科学院、黄河水利委员会黄河水利科学研究院、长江勘测规划设计研究有限
责任公司、南京大学、中国人民解放军理工大学、江苏南大先腾信息产业有限公司、杭州市青
山水库管理处
主要完成人员：张建云、蔡跃波、李云、贾金生、汪小刚、盛金保、李雷、顾冲时、宣国祥、杨正华、王士军、
魏迎奇、卢正超、彭雪辉、王晓刚
联　系　人：李维朝　　　　　　　　　　　　　　　联系电话：010－68786270
邮　箱　地　址：liwc@iwhr.com

优秀成果汇编
——纪念中国水利水电科学研究院组建60周年

国家级科技奖励
二 等 奖

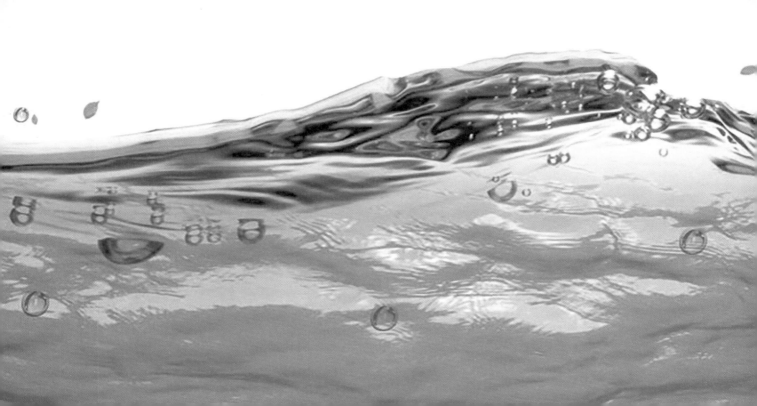

任务来源：国家重点科研项目
完成时间：1985 年
获奖情况：1985 年度国家科学技术进步二等奖

全国水资源初步评价

　　"水资源的综合评价和合理利用的研究"是国家重点科研项目"全国农业自然资源调查和农业区划研究"的组成部分。在国家农委、国家科委的统一部署下，水利部于 1979 年 8 月成立了水资源研究和区划办公室，以组织协调、推动全国水资源调查、评价和水利化区划工作，并于 1980 年 3 月向全国水利系统布置了任务。水利部根据农委和科委的统一部署，决定将全国水资源调查、评价工作分两阶段进行。要求以较短时间内以现有资料为基础先提出水资源的初步综合评价成果，以满足各方面的急需。

　　主要研究内容

　　我国水资源初步评价内容包括：水资源数量、时空分布特点、开发利用现状、水质污染现状、未来用水量的估算和供需关系的分析等。全国按流域水系共划分 10 大片，69 个分区。第一次比较全面、系统地对我国水资源进行了综合评价。提出了全国地表水、地下水、水资源总量及其时空分布规律的基础性成果，并第一次对全国各分区的水资源开发利用现状、水质污染状况、供需发展趋势做出了全面评价，编制完成了《中国水资源初步评价报告》以及相关图表。

　　主要技术创新

　　该项成果填补了我国水资源基础调查评价工作的空白，为全国水资源的科学开发、利用、规划、管理和保护提供了必要的依据。

　　推广应用情况

　　本项研究提出的主要评价结果在后来相关工作中得到了验证和检验，该项研究所形成的多项评价技术和方法一直沿用至今。

完 成 单 位：中国水利水电科学研究院、南京水文研究所、华东水利学院
主要完成人员：陈志恺、贺伟程、任光照、蒋荣生、张世法、金懋高、宋德敦、胡学华、王重九、郑英铭
联 系 人：贺伟程　　　　　　　　　　　　联系电话：010 - 68785515
邮 箱 地 址：dwr - wec@iwhr.com

任务来源：国家自然科学基金资助项目

完成时间：1978—1984 年

获奖情况：1985 年度国家科学技术进步二等奖

宽尾墩、窄缝挑坎新型消能工及掺气减蚀的研究和应用

从 1982 年开始，在已有研究工作的基础上，结合具体工程重点在以下 3 个方面进行了深入的研究：

（1）结合安康、五强溪工程，研究了宽尾墩与消力池联合作用下的新型消能形式，解决了低弗劳德数、大单宽流量的消能问题，特别是宽尾墩＋消力池＋底孔的方式，属国内首例。

（2）窄缝挑坎新型消能工的研究是结合东江、龙羊峡等溢洪道的挑流消能而进行的，研究提出了具体的体型和计算方法，解决了狭窄河谷大流量的消能问题，不仅为工程所采用，还推广到其他同类工程中去，为国内外少见。

（3）利用通气减免空蚀的研究是在引进新技术的基础上，结合我国的具体情况进行的。除在实际工程上采用外，还进行了原型观测，修正了当前世界上提出的防空蚀掺气浓度临界值的意见，为国内先进水平。

主要技术创新

（1）宽尾墩是将溢流坝顶的平尾闸墩改为宽尾墩，使水流通过宽尾墩横向收缩，纵向扩散，使坝面充分掺气，与其他消能工联合，达到高效消能的效果。

（2）窄缝挑坎是将常规宽溢洪道的末端突然收缩，使挑流通过收缩挑坎后，在纵向和竖向充分扩散，在空中充分消能，使水流沿河床方向拉开，减轻了对河床的冲刷，单宽流量可以突破常规要求的 300m³/s 规定。

（3）掺气减蚀技术是采用各种不同的掺气槽、掺气坎等通气设施，使高速水流的底部掺气，掺气量达到 6%～8%即可减免空蚀，并成功地用于冯家山、乌江渡等工程。

推广应用情况

（1）宽尾墩＋消力池联合消能工开始在安康电站采用，之后又逐步推广到五强溪、岩滩等大型工程，缩短了工期，减少了造价，具有巨大的经济效益和社会效益。

（2）窄缝挑坎消能工在狭窄河谷工程中能突破过去所规定的单宽流量的限制，并能大大减轻水流对下游河床的冲刷，既经济又安全，已在龙羊峡、东风等许多工程上采用，效果良好。

（3）掺气减蚀技术是对解决高速水流造成空蚀破坏的重大突破，继冯家山水库泄洪洞采用之后，乌江渡、龙羊峡、东风等大批高水头泄洪洞都已采用。

完 成 单 位：中国水利水电科学研究院

主要完成人员：林秉南、李桂芬、龚振运、潘水波、谢省宗

联 系 人：杨帆　　　　　　　　　　　　联系电话：010－68781126

邮 箱 地 址：yangf@iwhr.com

任务来源：水利电力部
完成时间：1976—1986 年
获奖情况：1988 年度国家科学技术进步二等奖

拱坝优化方法、程序与应用

主要研究内容与技术创新

（1）本项目是国内外首次研制成功的拱坝体型优化方法与应用程序，可在计算机上直接求出拱坝的最优设计体型。

1）坝体剖面可以是单曲或双曲的单心圆拱、三心圆拱、五心圆拱、抛物线拱、双曲线拱、椭圆拱、统一二次曲线拱等，可适应不同的地质地形条件。

2）河谷形状可以是任意的，左右两岸可以各有 7 种不同的基岩，坝轴线可在指定范围内移动和转动，以寻求最有利的位置。

3）目标函数可以是坝的体积或造价。

4）约束函数考虑了拱坝设计规范在体型设计阶段的各项要求，包括允许拉压应力、施工应力、坝肩抗滑稳定、倒悬度、坝顶最小厚度、最大底宽等。

（2）提出了拱坝优化的新的求解方法——内力展开逐步逼近法，迭代 2 次即可收敛，计算效率很高。

（3）应力分析采用三维有限元、一维有限元及多拱梁法。

本项目建立了合理的数学模型，编制了通用计算程序，可满足大中小各种拱坝的要求，求出给定条件下拱坝的最优体型。既可大大提高拱坝设计的效率，又能大量节省工程投资、缩短工期、提高工程效益。

推广应用情况

本项研究成果已应用于 100 个工程，一般可节省投资 10%～35%。瑞洋拱坝是世界上第一座用优化方法设计的拱坝，节约投资 30.6%，目前运行良好，被评为优秀工程。黄河李家峡拱坝高 165m，优化后节约混凝土 70 万 m^3，减少投资约 1 亿元，缩短工期约 1 年（年发电量 58.3 亿 kW·h）。

完 成 单 位：中国水利水电科学研究院、水电部西北勘测设计研究院、浙江大学、贵州省水利厅
主要完成人员：朱伯芳、林景铭、孙扬镳、厉易生、黎展眉、何君弼、曹正俊、张武、宋敬庭
联 系 人：厉易生   联系电话：010－68781702
邮 箱 地 址：liys@iwhr.com

任务来源：水利电力部重点项目
完成时间：1984—1987年
获奖情况：1989年度国家科学技术进步二等奖

水轮机调速器动态特性测试系统

1982年在机械工业部和水利电力部联合召开的发电设备质量工作会议上，正式决定在水利水电科学院建立水轮机调速器动态特性实验室。经研究分析决定采用数字实时仿真系统方案。1986年从美国引进P－E3260mps仿真系统，1987年完成水轮机实时仿真软件和专用接口的开发和研制并通过水电部组织的成果鉴定。

其主要内容包括水轮机实时仿真软件；专用接口的开发和研制，其中特别研制了可满足相应标准的高精度电压—频率变换器；满足电力行业标准的测试及数据自动处理应用软件的开发。

推广应用情况

本项目的推出引起国内外业界的高度关注，为推广这一成果，项目组又开发了"微机型水轮机调速器实时仿真系统"（获国务院重大装备办公室科技进步三等奖）。目前本系统已普遍应用于水轮机调速器产品测试，并为此制定了相应的技术规范。

代表性图片

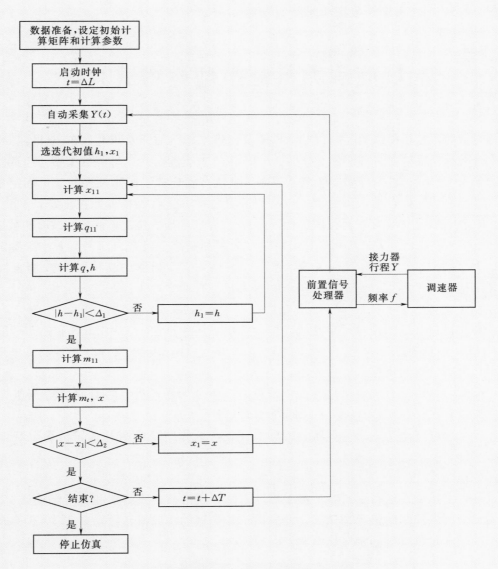

水轮机调速器动态特性测试系统原理图

注：图中 x_1 及 h_1 是 x 及 h 计算的中间参数，Δ_1 及 Δ_2 是计算控制误差。

完 成 单 位：中国水利水电科学研究院

主要完成人员：孔昭年、刘小榕、王东、陈小达、赵坤耀、程远楚、孙扬

联 系 人：孔昭年　　　　　　　　　联系电话：010-68786215

邮 箱 地 址：kongzn@iwhr.com

任务来源： 国家"七五"科技攻关项目

完成时间： 1978—1987 年

获奖情况： 1989 年度国家科学技术进步二等奖

高精度水力机械模型通用试验台

为进行三峡水轮机模型国际同台对比试验及先进水轮机的开发研究，在 20 世纪 50 年代兴建的试验台上改建成精度高（综合误差小于 0.25%）、功能全、稳定性好的模型通用试验台。试验台优选采用了国际先进的传感器和测试仪表，自主开发建造了国际领先的流量标定系统，所有参量均可实现计算机自动采集处理，所有测试仪器均可进行高精度原位标定，试验精度高，速度快。原水电部于 1987 年 9 月组织进行了由 45 位专家参加的鉴定，认为"试验的数据采集和处理系统水平较高，所开发的应用软件适用"，"效率测量综合误差为 0.17%，小于鉴定报告中提出的 0.25% 的要求，达到了国际先进水平"，"在国内首次研制的高精度 110t 测重桶流量校正系统和采用的天平称重方法是成功的，在水力机械行业中处于国际领先地位"。

主要技术创新

（1）自主设计开发的流量标定系统在国内首次采用称重法，并用 2t 不等臂天平采用水体置换法对 110t 称重桶进行标定，称重误差小于 0.03%；偏流器（又称分流器）动作采用光电感应控制计时器计时，反应快，误差小。

（2）摸索总结出一套同步采集、连续采集、严格排气和不进行坏数剔除等流量标定技术措施，使流量标定误差由 0.2% 以上降低到 0.1% 以下。

（3）开发出国内第一套模型试验、传感器标定、试验曲线绘制和水轮机综合特性曲线绘制的应用软件。

推广应用情况

本试验台鉴定后，进行了三峡、渔子溪、二滩、溪洛渡、三门峡和多米宁轴流、GE 三峡混流等几十个国内外水轮机模型试验，开发出一批先进的水轮机转轮，并于 2003 年成功地进行了三峡右岸水轮机模型同台对比试验。

代表性图片

高精度水力机械通用试验台

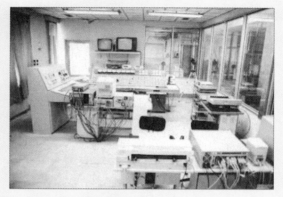

高精度水力机械通用试验台控制室

完成单位：中国水利水电科学研究院

主要完成人员：刘玉明、王海安、朱耀泉、王钟兰、邵希荣、赵光庭、徐洪泉、徐成玉、郭养明

联系人：徐洪泉　　　　　　　　　联系电话：010 – 68781975

邮箱地址：xuhq@iwhr.com

任务来源：国家科委、国家农委
完成时间：1989 年
获奖情况：1989 年度国家科学技术进步二等奖

中国水资源利用

"全国水资源合理利用与供需平衡分析研究"课题是国家科委和原国家农委在 1979 年下达的《1978—1985 年全国科学技术发展规划纲要（草案）》中 108 项重点科学技术研究项目的第一项——"农业自然资源调查和农业区划"的重要组成部分，1982 年国家计委国土资源管理局又将它列为我国国土资源考察研究的重要课题。经过 4 年多时间的努力，在 1986 年分别提出了全国、各流域（片）和各省、自治区、直辖市 3 个层次共 39 份研究报告。

主要研究内容

本项研究按流域、水系并适当结合行政界限，将全国划分为东北诸河、海河、淮河和山东半岛诸河、黄河、长江、华南诸河、东南诸河、西南诸河及内陆河 9 个一级区，以下又划分 82 个二级区、302 个三级区及 2000 余个计算单元。在此分区的基础，分区进行了社会经济基本资料调查，分析了 1980 年各部门用水现状，预测了 2000 年、2030 年保证率分别为 $P=75\%$、$P=95\%$ 的各项需水量和可供水量，同时进行了不同水平年不同保证率的水资源供需分析。另外，根据各区缺水程度，研究并提出了解决和缓和供需矛盾的主要对策和建议。

推广应用情况

全国水资源利用研究关系到工业、城建、农业、航运、发电、环境保护等国民经济各部门的用水安排，与各省、自治区、直辖市都有密切关系。本项研究成果为国民经济发展战略研究和宏观决策提供了重要依据。

完 成 单 位：中国水利水电科学研究院
主要完成人员：杨继孚、谢祖璨、段志德、贺伟程、肖玉泉、黄永基、关兆涌、曾肇京、韩亦方
联 系 人：杨帆 　　　　　　　　　　　　　联系电话：010 - 68781126
邮 箱 地 址：yangf@iwhr.com

任务来源：国家"七五"科技攻关项目
完成时间：1988 年
获奖情况：1990 年度国家科学技术进步二等奖

YS - 1 型压实计的研制与工程应用研究

本项目主要目的是研制一套可以对堆石坝碾压质量进行实时、全面控制的先进仪器。将该仪器——压实计安装在振动碾上，在振动碾工作过程中即可探知堆石体是否压实，是否达到设计的密实度要求。传统的挖坑取样法等只能在个别点进行测量，费时费工，而且容易出现漏检情况。使用压实计可以保证施工质量，加快施工进度。将压实计法和挖坑取样法相结合，既可进行宏观的定性控制，又可做微观的定量控制，形成一套完整的碾压质量控制系统。实现对整个碾压工作面的全面、实时的质量控制和自动化质检。

主要技术创新

YS - 1 型压实计由 4 部分组成：传感器、信号处理器、指示仪表和微型打印机。开始碾压时，由于填料比较疏松，可近似看作是一个松软的弹塑性体。振动轮在其上振动时，受到的反作用力较小，基本做正弦运动。随着碾压遍数的增加，填料逐渐被压实，其干密度、弹性模量等参数也逐渐增加，填料对振动轮的反作用力也逐渐增加。由此可见，振动碾振动波性畸变程度与填料压实程度之间存在着一定的相关关系。压实计就是根据这个原理设计和研制的。

YS - 1 型压实计适用于各种型号的自行式、牵引式和手扶式振动碾及不同级配的堆石体、砂砾料、填土和碾压混凝土等多种填料。其读数与填料的干密度、沉降率、孔隙率等工程参数之间存在着良好的相关关系。

推广应用情况

YS - 1 型压实计已批量生产，已在鲁布革水电站、西北口水库、关门山水库、岩滩水电站、棘洪滩水库、察尔森水库、十三陵水库、沈大高速公路、博山西过境公路、通黄公路、207 号国道、荷当公路、梧州机场、龙洞堡机场、北京亚运村等 50 多个施工现场应用，均获得令人满意的效果。仪器性能稳定、可靠，受到用户好评。在水利水电、公路、机场、市政等工程建设中有着十分广阔的应用前景。

代表性图片

YS-1型压实计组成部分（传感器、信号处理器、指示仪表、微型打印机）

YS-1型压实计在辽宁省关门山水电站面板堆石坝施工中应用

完 成 单 位：中国水利水电科学研究院
主要完成人员：房纯纲、程坚、葛怀光
联 系 人：姚成林、葛怀光　　　　　　　　联系电话：010-68781045
邮 箱 地 址：yaocl@iwhr.com、gehg@iwhr.com

任务来源：国家"七五"重点科技攻关项目
完成时间：1986—1989 年
获奖情况：1991 年度国家科学技术进步二等奖

低压管道输水灌溉技术研究和推广

  本项目是国家"七五"重点科技攻关项目 75 - 04 - 01 - 15 - 01、02、03、04、05、06、07、08、09、10 及山东"七五"科技攻关项目（86）科技字 121 号五- 15 的综合性项目。

  黄淮海平原有机井 200 万眼，控制面积 1.6 亿亩。井灌是抗御干旱保证农业增产稳定的重要水利措施。但由于长期降水偏枯，地下水连年超采，不少地区已出现大面积地下水漏斗。而通常采用的明渠输水渠系水利用系数仅为 0.5～0.6。因此井灌区节水必须以提高水的利用率为突破口，低压管道输水灌溉是以管道代替明渠输水的一种工程形式，它运用较低的压力输送水流通过田间沟畦或其他分水工具灌溉农田。虽然低压管道输水灌溉以节水、节能、节地、缩短轮灌周期、增产等优点受到群众欢迎，但管材、管件品种少，价格昂贵，配套水平低，设计管理均不完善，形不成完善的技术体系又阻碍了这项技术的推广。

  为研究适合我国国情的低压管道输水灌溉技术，并使之尽快发挥巨大的社会经济效益，本项目实施采取了科研与试区结合，试验与推广结合，单项研究与综合配套技术结合，科研单位与生产单位结合、水利部门与有关部门结合的方法，经过 3 年数百名科技人员联合攻关，研究创造出了具有中国特色的从规划设计、管材管件、施工技术到运行管理的一整套低压管道输水灌溉技术体系。运用这套体系，低压管道输水灌溉渠系水的利用率已由土渠的 0.5～0.6 提高到 0.9 以上，减少渠系占地 20%，每亩年节电 15kW·h，亩均年增产 10%～15%。

推广应用情况

  截至 1990 年年底，本项目直接应用面积 389.2 万亩，年经济效益已达 1.49 亿元，并开发应用了具有国际先进水平的薄壁、双壁塑料管，在国际上首创了内衬塑膜现浇管、砂土水泥管、一次全圆成型现浇管等管材。还在水库自流灌区、扬水站灌区等进行了开发研究，并进行了回灌补源的试点开发。本项目辐射面积近千万亩，在本项目影响推动下，全国低压输水灌溉面积已达 3500 万亩，从而为缓解北方水资源紧缺状况做出了重大贡献。

代表性图片

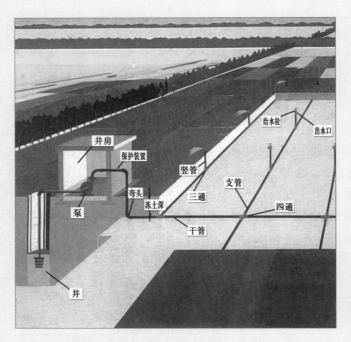

低压管道输水灌溉系统示意图

完 成 单 位：中国水利水电科学研究院、水利部农田灌溉研究所、山东省水利科学研究所、北京市水利科学
研究所、天津市水利科学研究所、河北省衡水地区水利局
主要完成人员：金永堂、杜泉楷、朱利贞、胡树森、张兰亭、李龙昌、焦恒民、余玲、周福国、张盛宏、吴高
巍、张海泉、宋志强
联 系 人：余玲   联系电话：010 - 68518265
邮 箱 地 址：wanggf@iwhr.com

任务来源：水利电力部
完成时间：1968—1971 年
获奖情况：1991 年度国家科学技术进步二等奖

钱塘江水下防护工程的研究与实践

钱塘江涌潮高度可达 3m 多，实测的潮头推进速度和急流流速可达 12m/s，激起的波浪高度可达 10m 多，所以对海塘和丁坝等水下防护建筑物的破坏力很大，1949 年前毁坝溃塘、坍江，造成人民生命财产损失的严重灾害经常发生。新中国成立后，投入大量的人力物力，筑坝、抛石固塘，情况有所改善，但严重的自然灾害仍时有发生。本项目主要研究任务是针对强潮河流的水力学特点、地质条件及当时的江道形势和财力物力极端困难的情况下，提出行之有效的能确保海塘不溃决和适合群众施工、易于迅速推广的水下防护工程。

主要技术创新

钱塘江河口潮汹流急，破坏力极大，主槽迁徙不定，滩涂冲淤频繁，水下施工十分困难。1968 年开始，从涌潮原型观测入手，分析了水下防护建筑物不耐涌潮冲击的原因，提出治江与围涂相结合，变被动防守为主动进攻，抓住滩涂淤积的有利时机，在滩地上修筑沉井，形成以沉井保护丁坝，丁坝保护盘头、围堤的整体配套水下新型防护体系，经 30 多年临流考验，成效显著，大大提高了防强潮、台风、洪水的能力与防护标准。

推广应用情况

用沉井固头的新型整体水下防护建筑物，在当时财力、物力极端困难，唯劳力、石料资源比较丰富的情况下，除沉井刃脚用钢筋混凝土外，井身部分用浆砌块石代替模板，用竹筋、条形埋石节省部分钢筋，靠人力分节下沉代替机械一次性施工，与时间赛跑，在坍江临岸之前，克服重重困难，终于下沉成功。随后与丁坝、盘头、海塘连成一体，沉井便成了桥头堡，临流考验成效显著，随即被迅速推广，促进治江围涂工程稳定发展。目前已围涂百余万亩，人民生活和地方经济极大改观，江道趋向稳定，内涝外排顺畅，灌溉取水自如，生态环境显著改善，灾情大大减少，通航能力明显提高，涌潮仍然壮观。沉井适合在粉砂土中施工，所以还被广泛应用于沿江修建排涝挡潮闸、排灌站、桥梁等各类基础工程中，社会效益与经济效益巨大。

代表性图片

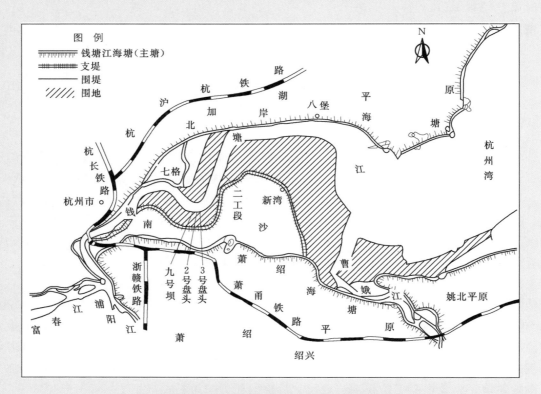

钱塘江河口段江道及海塘、围堤平面位置图

完 成 单 位：中国水利水电科学研究院、钱塘江工程管理局、浙江省萧山市农机水利局

主要完成人员：周胜、杨永楚、沈观土、赵永明、倪浩清、陈慧涵、陈光裕、王一凡、吕文德、张长贵、朱忠良、
梁保祥、裘松铨、施麟宝、余宗佑

联 系 人：周胜   联系电话：010－68781387

邮 箱 地 址：mah@iwhr.com

任务来源：国家"七五"重点科技攻关项目
完成时间：1992 年
获奖情况：1992 年度国家科技进步二等奖

高混凝土拱坝防裂技术及其在
东风工程中的应用

本项目主要研究内容、主要技术创新包括：

（1）调研国内 14 座已建并在运行的混凝土坝的裂缝情况及其施行的防裂措施，并评价其措施的效果及裂缝产生的主要原因，供设计和施工方面参考。

（2）在大量水库水温观测资料的基础上，根据热量平衡原理，首次编制了水库水温的数值分析程序，考虑水库和大坝的具体情况以及水库的运行情况，同时考虑河流泥沙及有无异重流情况，计算结果与实测资料十分吻合，从而纠正了以往认为水库水温为线性变化的错误观点，为大坝设计提供了正确的依据。

（3）根据坝址基岩的性能（温度、弹模、线膨胀系数）、水库水温变化、蓄水进度，大坝混凝土性能（温度、线膨胀系数、弹模、强度、绝热温升变化、自生体积变形），大坝分层浇筑上升速度、入仓温度、浇筑间歇情况、度汛情况、施工区域的气温变化、表面养护及保护情况等，编制了三维有限元温度徐变应力仿真计算程序。结合东风大坝进行施工仿真分析，分析了其温度徐变应力情况，为设计提供了温度控制依据。

（4）以往结构设计中，都把设计变量当成"必然值"，但从统计学上讲，这些设计变量都是"或然值"，其出现都有一个概率，所以实际上结构物都有一个可靠性问题。本次研究从可靠性理论出发，概率地描述温控的设计变量，把相对造价作为目标函数，用"改进的变形法"和"网格法"编制了计算优化程序，结合东风混凝土大坝，进行了温控优化设计，作为可行性设计和初步设计时的研究比较。

（5）结合东风大坝混凝土的具体情况：基岩为石灰岩、混凝土粗骨料也为石灰岩碎石，其热膨胀系数都较小（5×10^{-6}）；拌和混凝土时采用外掺 MgO 膨胀剂，大大降低了温度徐变应力，从而可放宽温度控制标准简化施工，节省了工程投资 245 万元。

完 成 单 位：能源部水利部贵阳勘测设计院、中国水利水电科学研究院、大连理工大学、天津大学、清华大学、河海大学、中南勘测设计院

主要完成人员：丁宝瑛

联 系 人：胡平　　　　　　　　　　　　　　联系电话：010 - 68781462

邮 箱 地 址：huping@iwhr.com

任务来源：水利电力部
完成时间：1958—1992 年
获奖情况：1995 年度国家科学技术进步二等奖

长江三峡工程防护问题研究

长江三峡工程防护问题是关系该工程兴建亟须研究解决的重大问题之一。1959—1991 年期间，在国家军委总参、水电部组织领导下，开展了化爆模型试验；大、小比尺的溃坝模型试验；1965—1972 年间 6 次参加国家原子弹、氢弹的爆炸效应试验，着重研究核爆炸荷载特性、4 座 6m 多高的常规重力坝和特种抗爆试验坝坝体的动力反应及电厂输变电设备的防护问题；20 世纪 70 年代后期三峡坝址选择与三峡工程论证阶段，参与完成《三峡工程论证人防专题论证报告》。1990—1992 年组织完成了《长江三峡工程防护问题研究成果汇编》供人大会议对三峡工程的审议。

主要技术创新

（1）通过核爆炸效应试验观测，获得空中及地面爆炸空气冲击波及水中冲击波对大坝荷载作用规律（包括入射波、反射波、马赫波发展与绕射作用），为大坝抗爆分析计算提供科学依据。

（2）获得了混凝土重力坝在爆炸荷载作用下的动力反应、破坏特征及破坏阈值，以及特种抗爆坝体的良好抗御能力，为大坝安全评估及坝体结构设计提供参考依据。

（3）根据化爆试验观测资料分析，评估了大坝直接命中时的可能破坏形式，为溃坝洪水分析计算提供参考。

（4）通过综合全面分析，提出了《三峡工程论证人防专题论证报告》，编写了向国防部首长作专题问题的"汇报提纲"，论证了三峡工程兴建中的人防安全问题。得到了国防部领导肯定性评价。

推广应用情况

本项研究成果于 1988 年 1 月经三峡工程论证专家组会议审查通过，由三峡工程论证审查委员会正式批准并在 1992 年全国人大审议长江三峡工程中应用。

完 成 单 位：中国水利水电科学研究院、水利部长江水利委员会长江勘测设计研究院、中国人民解放军总参工程兵种部科研局

主要完成人员：殷之书、霍永基、胡汉林、李维本、王如芝、钱胜国、许颖、徐守明、于宪池、余济贤、李龙之、王永澍、修学纯

联　系　人：霍永基　　　　　　　　　　　　联系电话：13520059773、010－68526206
邮 箱 地 址：y. j. huo@iwhr. com

任务来源： 国家科技攻关计划项目

完成时间： 1991—1996 年

获奖情况： 1997 年度国家科学技术进步二等奖

华北地区宏观经济水资源管理的研究

本项研究包括宏观经济水资源规划模型的综合研究、宏观经济发展趋势的预测、多目标优化规划研究、水资源供需平衡模拟研究及水资源系统的模拟和综合分析研究、数据库的开发和维护管理、水环境影响评价与预测、需水预测研究 7 个子专题。主要成果如下：

（1）首次建立了区域水资源优化配置理论，针对华北水资源的实际问题，定量地揭示了宏观经济系统、水资源系统和水环境系统间相互联系的规律，给出了水量的供需平衡和水环境的污染与治理、水投资的来源与使用之间的定量关系，发展了水资源规划的理论和方法。

（2）针对水资源问题的决策特点，将具有国际 20 世纪 90 年代中期水平的用于单决策者的切比雪夫（Tchebycheff）决策方法发展和扩大为可处理半结构化问题的、具有风险和不确定性因素的多层次、多目标群决策方法。

（3）根据华北水资源研究的需要，研制了一批适用于区域水资源优化配置问题的通用数学模型。

（4）建立了我国目前数据装载量最大的通用水资源数据库和管理信息系统。

（5）在上述工作基础上研制了区域水资源优化配置决策支持系统。

（6）应用所提出的理论、方法和所研制的决策支持系统，进行了华北地区水资源优化配置网研究，提出了本地区今后经济发展的基本估计、需水预测、水环境预测和缺水量的估计，并探讨了增加有效供水的对策措施，包括南水北调引江中线与东线工程在内的华北水资源优化配置方案。

主要技术创新

首次建立了区域水资源优化配置理论。研制的一批数学模型均有创新。研制的区域水资源优化配置决策支持系统采用人机交互工作方式，实现了预测、优化、模拟、分析和规划管理 5 项功能，具有突破和创新。

推广应用情况

研究成果已在国内有多项应用，如新疆北部地区水资源总体规划、全国水中长期供求计划、河北省 2000 年缺水应急方案等，并多次在国际会议上介绍了华北地区水资源优化配置网原理和经验，取得了很好的经济、环境和社会效益，并具有广阔的应用前景。

完　成　单　位：中国水利水电科学研究院、航天部 710 所、清华大学水利水电工程系

主要完成人员：许新宜、王浩、翁文武、史若华、甘泓、陈蓓玉、黄守信、李令跃、汪党献

联　系　人：王浩　　　　　　　　　　　　　联系电话：010 - 68785501

邮　箱　地　址：wanghao@iwhr.com

任务来源： 中美合作项目、能源部重点项目
完成时间： 1989—1993 年
获奖情况： 1997 年度国家科学技术进步二等奖

东江拱坝坝体库水地基动力相互作用现场试验研究

拱坝、库水和地基动力相互作用的研究是根据中美地震工程合作协议进行的整个合作研究项目的最新阶段的工作。研究的目的是开发激励整个拱坝地基系统的新的试验方法，获得拱坝与库水、拱坝与地基相互作用的有效测试数据，以验证现有的分析方法。同时，研究开发库底材料反射系数的测试方法。

主要技术创新

本项研究表明，基岩钻孔爆破能成功地激励混凝土拱坝和库水的动力反应，爆破产生的地震动可激发坝体及库水的多个模态，为研究坝体、库水、地基相互作用影响提供了可能是现今最为完整的资料。记录的坝体反应和动水压力比以前的试验值要大一个量级，虽然试验时库水位低于坝顶很多，但还是获得了库水可压缩性对东江拱坝反应影响的数据。坝与基岩交界面记录的信号表明由于受坝体与地基相互作用以及河谷地形的影响，河谷各点运动的幅值和相位是不同的。本研究进行了脉动试验以确定大坝的振动特性和用水声测深仪测定库底的实际地形，成功地开发了折射和反射两种方法，首次量测了坝底材料反射系数 α。试验与计算结果的比较表明，计入水库实际地形、对库底和岸坡采用不同 α 值的水库模型能合理模拟坝体与库水相互作用机理。然而，主要是由于在计算中爆破波是均匀作用于基岩底部，没能计入沿坝基交接面运动变化的影响，导致计算的动力反应仅粗略地与试验的实测结果相接近。

推广应用情况

该项研究开发了激励整个拱坝地基系统的新的试验方法，获得拱坝与库水、拱坝与地基相互作用的有效测试数据，以验证现有的分析方法。同时，研究开发库底材料反射系数的测试方法。

代表性图片

陈厚群院士与美国工程抗震界知名学者克劳夫（R. W. Clough）教授
在大坝动力试验现场进行交流

完　成　单　位：中国水利水电科学研究院
主要完成人员：陈厚群、侯顺载、苏克忠、张力飞、吴冰、杨佳梅、田庚、朱栗武、李德玉
联　　系　　人：陈厚群　　　　　　　　　　　　　联系电话：010 - 68786560
邮　箱　地　址：chenhq@iwhr.com

任务来源： 国家"八五"重点科技攻关项目
完成时间： 1991—1995 年
获奖情况： 1998 年度国家科学技术进步二等奖

黄河口演变规律及整治研究

本项目通过调研、实测资料、数学模型和卫星照片解译，对黄河河口演变规律与发展趋势及整治方略进行了系统研究，分析了行水时间最长的人工改道清水沟流路的流速场、泥沙运动、海洋动力特性、拦门沙演变及河口延伸规律，对 1988—1992 年的疏浚试验工程进行了总结分析，建立了考虑诸多因素模拟黄河口泥沙冲淤的平面二维数学模型，提出了整治方略和措施，为黄河口开发治理规划提供了科学依据。

主要创新点

突破了黄河三角洲"大循环""小循环"的传统演变模式，进一步论证了清水沟流路可以使用 50 年以上；首次建立了包括径流、潮流、风成流、波浪、多个分潮、絮凝及动床阻力等诸多因素的适用于多沙的黄河口的平面二维数模；提出了西河口水位抬高原因的新见解，提出了对清 7 以下断面允许流路适当摆动和结合油田开发及泥沙利用调整口门的措施，充分肯定了疏浚在河口治理中的作用；首次系统研究了海洋动力与河口淤积延伸的相互影响的机理；首次阐明了黄河口拦门沙发生的部位、形成过程、演变特性及对上游河段的影响并首次建立了黄河口拦门沙演变模式。

推广应用情况

以上重要研究成果已被黄河水利委员会、山东黄河河务局、黄河河口局及胜利油田等部门采纳。根据这些研究成果制定的河口整治措施和规划已经付诸实施。1996 年实施了黄河口门调整改汊，大大减轻了河口地区防洪压力，保护了黄河口滩区农田和油田，同时利用黄河泥沙填海造陆，面积达数十平方公里，为油田的海采变陆采奠定了良好的基础，经济效益巨大。据不完全统计，仅 1996 年就产生了数亿元的经济效益，长期能创造几十亿元的效益。本项目研究成果对于黄河三角洲的持续发展有着广泛的应用前景，正在和必将持续产生重大的社会、环境、经济效益。

代表性图片

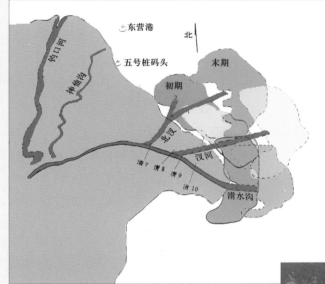

黄河口流路规划

1996 年黄河口口门调整改汊

完成单位：中国水利水电科学研究院、黄河水利委员会水利科学研究院、山东黄河河务局、中国科学院海
　　　　　洋研究所、黄河河口管理局、胜利石油管理局

主要完成人员：曾庆华、张世奇、胡春宏、尹学良、李泽刚、焦益龄、王恺忱、王涛、吉祖稳

联　系　人：鲁文　　　　　　　　　　　　　　　联系电话：010-68686644

邮 箱 地 址：luwen@iwhr.com

任务来源：国家"八五"科技攻关项目
完成时间：1991—1995 年
获奖情况：1999 年度国家科学技术进步二等奖

拱坝动力非线性分析和试验研究
及其工程应用

本研究在"小湾拱坝抗震设计地震反应研究"的基础上，对小湾拱坝除按修编中的《水工建筑物抗震设计规范》要求的动力分析研究外，就几个对拱坝抗震至关重要而目前一般尚未能计入其影响的关键问题作进一步分析研究。最后，在对上述各项研究成果作综合分析后，对小湾拱坝的抗震安全性作初步评估并就抗震工程措施提出建议。

主要技术创新

当时，对拱坝抗震安全性的评估还需要按《拱坝设计规范》和修编中的《水工建筑物抗震设计规范》中有关的基本原则、设防水平和目标、计算分析方法以及相应的安全判别准则等作为基础。在现行规范中目前还是以基于结构力学的拱梁分载法结果作为拱坝强度安全分析的基本依据。但以拱梁分载法作拱坝抗震计算分析时，尚难考虑下列重要问题：①竖向地震分量的影响；②伸缩横缝在强震时反复张开的影响；③在地震作用下坝体振动能量向无限域地基逸散的影响，即所谓地基辐射阻尼影响；④坝基河谷各点地震动的差异及其两岸沿高程的动力效应的影响；⑤坝基邻近地质构造和两岸拱座山体实际地形的影响。

这些问题对于设计烈度为Ⅸ度、坝高达 292m 的小湾拱坝尤为关键，是综合评估小湾拱坝抗震安全中必须考虑的重要因素。对此，目前都必须借助于有限单元法进行探索和研究。上述第①、②两个问题，已集中进行了初步分析研究。第③、④、⑤三个问题，相互密切关联，其综合分析难度很大。为此，作为本次专题研究，探索开发了三维非线性拱坝体系的动力分析方法，并应用此法就上述后三个问题对小湾拱坝抗震安全性的影响作初步分析研究。

此外，该研究还分别将地震作用作为随机变量和随机过程场对小湾拱坝进行了抗震可靠度分析的探索。

推广应用情况

本项研究成果完全应用到小湾拱坝的抗震设计当中，其成果被昆明勘测设计研究院等相关单位作为建设文件存档和保留。

完 成 单 位：中国水利水电科学研究院、国家电力公司昆明勘测设计研究院
主要完成人员：陈厚群、侯顺载、杜修力、李德玉、胡晓、梁爱龙、魏文凯、王森元、王济
联 系 人：陈厚群　　　　　　　　　　　　　　联系电话：010-68786560
邮 箱 地 址：chenhq@iwhr.com

任务来源：国家计委/水利部
完成时间：1994—1998 年
获奖情况：2000 年度国家科学技术进步二等奖

全国水中长期供求计划

　　本项研究以 1993 年全国各部门实际供用水为基础，分析了 1980 年以来我国水供需变化的特点和存在的问题；依据我国国民经济和社会发展目标以及国土整治规划、水利发展规划，贯彻可持续发展战略，按照统筹规划、合理配置、供需协调、经济合理、高效利用的原则，在调查研究、上下结合的基础上，采用系统工程和数学模型等比较先进的方法、手段，对供水、需水进行了全面分析研究和预测，提出了不同水平年的供需方案和对策措施，具有较强的科学性、针对性和实用性。

主要技术创新

（1）广泛调查和评定了现有供水工程的实际供水能力、供水方式和供水能力利用程度。

（2）详细研究分析了以 1993 年为基准年的水资源供需状况、缺水情况和用水水平。

（3）提出了两个规划水平年、三种保证率（50％、75％、95％）时各省和重要城市及地区水资源供需综合平衡分析结果与相应的对策和措施。

（4）提出了新增水源工程规划方案、主要工程技术指标及近期工程资金筹措方案。

（5）科学布置了新增水源工程，并给出了布置图。

（6）设计了特殊干旱年应急措施与方案。

推广应用情况

　　随着我国社会经济的迅速发展，必将对水资源的供求提出新的更高的要求。本项成果在全国范围内得到广泛应用，包括各省水利机构、经济发展规划研究中心。同时本项成果在国家经济发展规划、水利部水资源开发利用规划、各流域委水资源管理规划等方面得到了广泛应用。

完 成 单 位：水利部南京水文水资源研究所、中国水利水电科学研究院、长江水利委员会、黄河水利委员会、淮河水利委员会、海河水利委员会、珠江水利委员会、松辽水利委员会、太湖流域管理局
主要完成人员：张国良、徐子恺、王浩、庞进武、马滇珍、王建生、姚建文、张象明、涂善超、王玉太、郭宏宇、董德化、李海潞、侯传河、王兴祥
联 系 人：马滇珍　　　　　　　　　　　　联系电话：010 - 68785514
邮 箱 地 址：madianzhen@iwhr.com

任务来源： 水利部
完成时间： 1993—1998 年
获奖情况： 2000 年度国家科学技术进步二等奖

混凝土高坝全过程仿真分析及温度
应力的研究与应用

主要研究内容与主要技术创新

（1）首次提出了一整套混凝土高坝仿真计算方法并开发了相应计算软件：并层算法、并层坝块接缝单元、分区异步长算法、考虑水管冷却的等效热传导方程及有限元徐变应力隐式解法。这套算法和相应的计算软件可应用于各种混凝土坝，可大大提高计算效率，可进行大型仿真分析，可在计算中充分反映施工和运行中各种工程措施、施工条件和运行条件对坝体应力的影响，是混凝土坝应力分析方法的重大创新。

（2）首次系统地研究了通仓浇筑重力坝和碾压混凝土重力坝温度应力的特点与规律，在基础温差、上下层温差、内外温差、劈头裂缝方面与常规柱状浇筑重力坝有重大差别，这些特点，对通仓浇筑重力坝和碾压混凝土重力坝的设计与施工有重要指导意义。

（3）首次提出了碾压混凝土拱坝温度荷载计算方法、在碾压混凝土拱坝中设横缝的必要性、温度控制和接缝设计的原则和接缝构造形式，对碾压混凝土拱坝设计有重要意义。

推广应用情况

（1）对三峡大坝进行了仿真计算。受三峡总公司委托，对通仓浇筑、碾压混凝土浇筑和分缝浇筑 3 种施工方案进行了系统的仿真分析，提出了三峡大坝分缝方案，研究成果为三峡工程采纳。

（2）东风拱坝裂缝成因和危害性分析。受乌江开发公司委托，对东风拱坝进行了仿真分析，找出了裂缝原因，得出裂缝影响局限于孔口附近，对坝体整体安全性无影响的结论，提出了裂缝处理措施，为甲方采纳。据甲方分析，可创经济效益 800 万元/a。

（3）三峡二期工程大坝裂缝成因分析。受三峡总公司委托，对二期工程部分坝段进行了细致的仿真分析，找出了不同形态裂缝的原因，提出了全面温控、长期保温的新理念及防止裂缝的工程措施，并据此对三期工程的温控提出了建议，为工程所采纳，三期工程未发现裂缝。

代表性图片

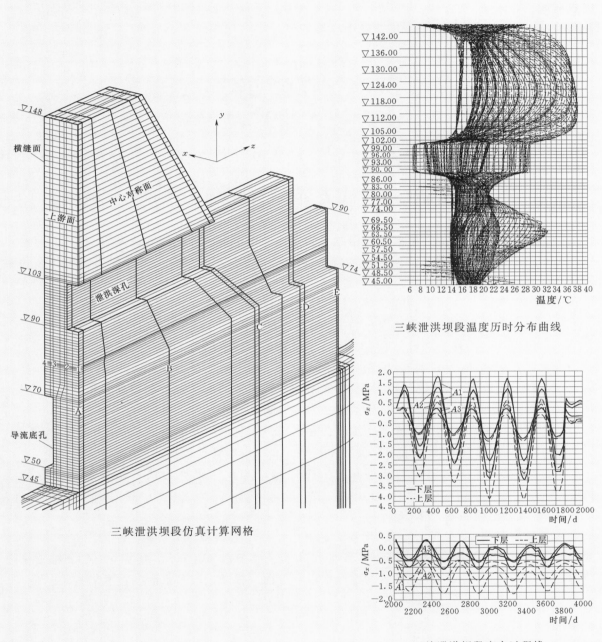

三峡泄洪坝段温度历时分布曲线

三峡泄洪坝段仿真计算网格

三峡泄洪坝段应力过程线

完 成 单 位：中国水利水电科学研究院
主要完成人员：朱伯芳、许平、董福品、厉易生、贾金生、杨波、阎继军
联 系 人：许平　　　　　　　　　　　联系电话：010 - 68781350
邮 箱 地 址：xuping@iwhr.com

任务来源： 国家计划委员会
完成时间： 2003 年
获奖情况： 2003 年度国家科学技术进步二等奖

全国 300 个节水增产重点县
建设技术推广项目

主要研究内容

研究、集成并应用节水灌溉新技术，在全国 300 个重点县推广应用。

主要技术创新

（1）以提高水资源的利用率及利用效益为目标的水土资源优化配置技术。

（2）以提高降雨利用率、合理开发当地水资源、实行井渠结合、雨洪利用等为代表的多水源优化和联合调度技术。

（3）以渠道防渗为主要内容的高效输水、配水技术。

（4）以低压管道输水为主要内容的高效输水、配水技术。

（5）以发展经济作物和城郊农业、实行区域种植和规模经营为特色的喷灌技术。

（6）以发展棉花、果树、设施农业、高效农业、创汇农业等为特色的微灌技术。

（7）以发展庭院经济、建设抗旱基本农田为主要目的的雨水集蓄利用微型灌溉技术。

（8）以出苗、保苗为目的的抗旱点浇技术和行走式注水、补水技术。

（9）以大田旱作物非充分灌溉、水稻控制灌溉等为主的田间节水灌溉技术。

（10）以用水计量和现代化测控技术为基础的灌溉用水管理技术。

（11）以覆盖保墒、作物蒸腾抑制、土壤保水、配方施肥等为代表的农艺、化控节水技术。

（12）改进地面灌水技术。

推广应用情况

新发展节水灌溉面积 3000 万亩，节地 60 万亩，年节水 36 亿 m^3，增加 50 亿 kg 粮食生产能力。通过 300 个节水增产重点县的建设，以点带面，推动全国节水灌溉技术的普及。

代表性图片

U 形渠道衬砌

膜下滴灌

完 成 单 位：中国灌排发展中心、国家节水灌溉工程技术研究中心（北京）、中国农科院灌溉研究所

主要完成人员：李代鑫、冯广志、姜开鹏、吴守信、赵竞成、顾宇平、王晓玲、高占义、黄修桥、张玉欣、龚
时宏、刘丽艳

联 系 人：高占义　　　　　　　　　　　　　　联系电话：010 - 68786599

邮 箱 地 址：gaozhy@iwhr.com

任务来源： 国家计划项目

完成时间： 1997—2000 年

获奖情况： 2004 年度国家科学技术进步二等奖

西北地区水资源合理配置和承载力研究

本项研究的主要内容包括：水资源承载能力、水资源合理配置与生态环境保护模式的研究；生态保护准则、最小生态需水量和适宜生态需水量的分析计算；生态环境现状及存在主要问题评价；塔里木、准噶尔、柴达木盆地以及河西走廊的地下水资源可利用量及其分布。

研究同时考虑自然演变与人类活动影响，创建能够连续反映过去与未来水资源状况的内陆干旱区水资源二元演化模式；基于二元演化模式，建立了水资源评价层次化准则，揭示了内陆干旱区水分—生态相互作用机理，提出了系统化的生态需水计算方法，拓展了基于宏观经济的水资源合理配置方法，建立了区域水资源承载能力模型与计算方法；从内陆干旱区地表水—地下水转换频繁、形成机理复杂的特点入手，通过对区域水循环及水均衡关系的研究，查明地下水可开采量及其分布；应用上述理论与方法，对西北地区一系列关键水问题进行了系统分析，提出了西北地区水资源合理配置的布局方案、农业节水潜力和水资源开发利用潜力以及西北水资源可持续利用的战略对策和保障措施。

主要技术创新

（1）提出了内陆河流域的水资源二元演化模式；提出了基于二元模式的水资源评价层次化体系。

（2）提出了干旱区水分—生态相互作用机理；建立了干旱区生态需水量的计算方法。

（3）提出了针对西北生态脆弱地区的水资源合理配置方案。

（4）提出了干旱区水资源承载能力计算方法及重点区不同发展阶段的水资源承载力。

（5）提出了西北地区水资源可持续利用的整体战略。

（6）第一次大规模引入遥感信息和 GIS 技术。

推广应用情况

本项研究提出的内陆干旱区水资源演化二元模型，在区域水资源评价、生态需水预测、生态系统演变预测、水资源合理配置方案研究、区域水资源承载能力计算等方面，已经大量应用了这一理论成果；所建立的生态系统演变预测模型，具有极大的实用性和应用前景；提出的区域水资源合理配置、承载能力模型和可持续利用战略对策，被水利部"十五"规划编制等多项国家重大决策所采用；大范围生态需水的计算成果，直接为各省区明确了生态建设的水资源支撑条件。

代表性图片

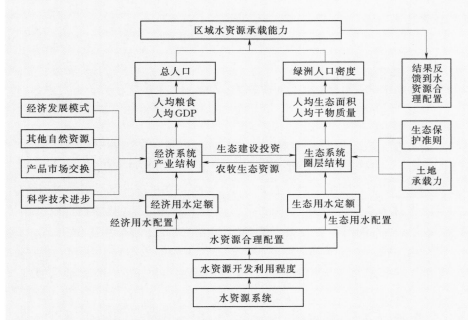

水资源二元演化模式下的区域水资源承载能力计算流程

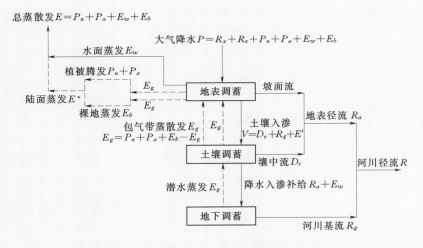

流域水循环过程与水资源生成概念模型示意图

完 成 单 位：中国水利水电科学研究院、中国科学院地理科学与资源研究所、中国地质科学院水文地质环境地质研究所

主要完成人员：王浩、陈敏建、秦大庸、康尔泗、李令跃、汪党献、唐克旺、黄永基、尹明万、程国栋、何希吾、朱延华、王研、甘泓、王芳

联 系 人：王浩   联系电话：010－68785501

邮 箱 地 址：wanghao@iwhr.com

任务来源： 国家建材局

完成时间： 1996—2000 年

获奖情况： 2004 年度国家科学技术进步二等奖

混凝土耐久性关键技术研究及工程应用

"混凝土耐久性关键技术研究及工程应用"是国家"九五"重点科技攻关项目"重点工程混凝土安全性的研究"的综合成果。中国水利水电科学研究院承担了"混凝土抗冻性研究"和"混凝土抗侵蚀性研究"2 个专题，以及"高强混凝土抗冻性的研究""高抗冻和超抗冻混凝土的开发和应用""安全性抗冻混凝土技术条件的研究""压力水下混凝土渗漏溶蚀的试验研究""高浓度和应力状态下混凝土硫酸盐侵蚀性的研究"等 5 个子题的研究开发及工程应用工作。

主要技术创新

（1）以含气量、水灰比和气泡间距系数为控制指标，开发出抗冻等级 F300 的高抗冻混凝土和抗冻等级 F600 的超抗冻混凝土。

（2）高强混凝土冻融破坏机理的初步研究表明，C60、C60 引气、C80、C100 混凝土的冻融破坏形态为裂缝破坏，其主要原因是冻融温度疲劳应力作用的结果。

（3）初步提出了适合我国国情与安全运行寿命相关的混凝土抗冻性定量化设计方法，为我国不同地区、不同运行年限要求的混凝土抗冻安全性设计提供参考。

（4）初步建立了荷载和冻融双因素作用下的损伤统计数数模型，为高强高性能混凝土的研究和应用创造了良好的技术基础，同时也使我国混凝土抗冻性的研究水平提高了一个台阶。

（5）研究了盐冻加速混凝土破坏的机理和主要影响因素，并制定了抗盐冻的技术条件。

（6）开发了 SJ-2 皂甙类新型引气剂。掺用该引气剂，在含气量不大于 4% 时，抗压强度不下降，抗折强度还稍有提高。

推广应用情况

高抗冻混凝土的研究成果已应用于三峡大坝混凝土配合比的优化设计，为三峡大坝粉煤灰高抗冻混凝土的设计提供了技术基础。安全性混凝土抗冻性技术条件的研究成果，已直接应用于北京十三陵蓄能电厂，为十三陵蓄能电厂的安全运行和确保首都及华北电网的安全提供了技术基础。抗除冰盐研究成果已在黑龙江省哈同高等级公路 78km 路面推广，把服务寿命从 7～8 年提高到 20 多年，每年能节约维修费用数亿元。SJ-2 新型引气剂已在上海建厂生产，1999 年已产 150t，价值 390 万元，已在 150 多万 m³ 混凝土中得到了推广应用。高强混凝土抗冻性的研究成果、冻融和荷载双重疲劳损伤的研究成果属应用基础的研究，也是国内乃至国际上创新性的研究项目。

完 成 单 位：中国建筑材料科学研究院、中国水利水电科学研究院、同济大学、南京化工大学、武汉理工大学、北京科技大学、中国建筑科学研究院、苏州混凝土水泥制品研究院、东南大学

主要完成人员：姚燕、胡曙光、田培、李金玉、刘克忠、刘光华、王武祥、何积铨、丁威、张利俊

联 系 人：曹建国、林莉　　　　　　　　　　　联系电话：010-68781547、010-68781745

邮 箱 地 址：caojg@iwhr.com、linli@iwhr.com

任务来源：国家"九五"重点科技攻关计划项目
完成时间：2000 年
获奖情况：2005 年度国家科学技术进步二等奖

节水农业技术研究与示范

本项目从发展我国节水高效农业的总体思路出发，以提高灌溉水利用率和农田水分生产效率为核心，以节水、增产、增效为目标，选择节水农业技术领域内的重大关键技术及制约节水灌溉发展的重点产品设备进行突破，将工程节水、农艺节水、生物节水、水管理节水等联系起来加以研究。涉及的主要科学技术内容包括：①喷、微灌设备的研制与改进；②高含沙水滴灌技术研究；③田间节水灌溉新技术研究；④主要农作物节水高效灌溉制度研究；⑤节水灌溉与农业综合配套技术研究；⑥人工汇集雨水高效利用技术研究；⑦灌溉系统动态配水关键技术研究。

主要技术创新

（1）设备研发方面。在喷灌泵结构及制造工艺，喷灌系统控制件、连接件的设计思路，恒压喷灌装置的设计理论，防负压堵塞滴头和大射程低漂移损失微喷头的结构设计，波涌灌溉设备的功能结构，智能化田间量水产品的开发等方面具有创新性。

（2）技术研究方面。在滴灌毛管系统泥沙运移规律，地面灌溉入渗参数，常规机械平地方法与激光控制平地技术组合应用方式，主要农作物关键需水期需水敏感指数，大田作物调亏灌溉机理与调亏指标，周年一体化的节水灌溉与农艺节水技术综合措施，以灌溉为目标的雨水高效利用模式，基于径向基函数法进行参考作物蒸腾蒸发量的预测等方面具有创新性。

（3）总体设计方面。与当前国内外同类研究项目相比，项目涉及研究内容之广，学科之间交叉融合之深，研制开发的节水灌溉设备之多，试验示范区所覆盖的省份范围之大，研究成果与示范推广应用结合之紧密，在我国以往有关节水农业研究项目中实属首次。

推广应用情况

1999—2004 年期间，项目成果应用取得直接经济效益 16.9 亿元（节水增产效益 16.6 亿元＋产品销售利税 0.3 亿元），产品应用间接效益 2.5 亿元。组装的 5 大类节水农业成套技术在我国北方 11 个省份累计推广应用面积 1810.8 万亩，增产粮食和经济作物 13.2 亿 kg，使灌溉水利用率达到 60％以上，节水 20％～30％，作物水分生产效率达到 1.5～1.6kg/m³；产业化的 13 种节水灌溉产品在我国 17 个省份累计销售 51.1 万套（件、台），产品销售额 2.5 亿元，产品控制的节水灌溉面积达到 860 万亩。

代表性图片

高含沙水大田滴灌技术应用

研发的喷灌外混式自吸泵设备

完 成 单 位：中国水利水电科学研究院、水利部农田灌溉研究所、河海大学、武汉大学

主要完成人员：钱蕴璧、许迪、徐茂云、王广兴、彭世彰、王长德、龚时宏、李益农、黄修桥、黄介生

联 系 人：许迪　　　　　　　　　　　　　　联系电话：010 - 68676535

邮 箱 地 址：xudi@iwhr.com

任务来源： 国家重点基础研究（973）发展规划项目
完成时间： 1999—2004 年
获奖情况： 2006 年度国家科学技术进步二等奖

黄河流域水资源演变规律与
二元演化模型

本研究项目是国家重点基础研究（973）发展项目"黄河流域水资源演化规律与可再生性维持机理"的第 2 个课题，主要研究内容如下：

（1）在研究黄河流域内大、中、小子流域水资源的时间和空间变异规律的基础上，以强烈人类活动对流域水资源演变的影响为切入点，深入探讨流域水资源系统演变规律。

（2）研究天然水循环过程和人工侧支循环过程在各分区和各环节上的内在定量关系，重点放在不同分区人工侧支循环的"取水—输水—用水—排水—回归"全过程的定量分析上，建立具有自然与人工二元结构，并与流域水循环动力学机制相配套的流域水资源演化模式。

（3）研究黄河流域水资源开发、工农业生产、土地利用变化、城市化对区域水资源生成与转化过程的影响，并利用二元模型进行模拟演算，探明人类活动对流域水资源演变的内在驱动机制。

（4）利用二元模型预测未来情景下流域水资源承载能力，并进行社会经济系统和生态环境系统之间及社会经济系统内部的区域水资源合理配置。

主要技术创新

本项研究提出的流域水资源全口径层次化动态评价方法从评价口径、评价模式和评价手段等方面全面突破了传统水资源评价方法，原创性明显；所构建的二元模型首次采取了分布式模拟模型和集总式调控模型耦合的建模思路，能够同时对"自然—人工"二元水循环过程进行精细模拟；演变规律研究在突破传统统计方法局限的基础上，首次系统、科学地对二元驱动下全口径的水资源演变规律以及分项人类活动影响贡献进行定量分析。

本次研究在理论和方法上都取得了重大突破，取得了三项"原创性成果"，即黄河流域水资源的层次化评价、流域水资源二元演化模型与人类活动影响下的流域水资源演变规律研究，整体达到国际领先水平。

推广应用情况

本项研究在推动基础科学研究方面，所提出的基于有效性广义水资源评价研究方法、流域二元水循环动态模拟等重大成果已被纳入到"国家重点基础研究发展规划"资源环境领域"十一五"规划框架和科技部"国家前瞻技术研究"项目当中；服务于生产实践方面，主要研究成果不仅被水利部作为未来水资源评价的重大科学技术装备，同时相关成果已经开始应用于全国水资源综合规划、黄河流域水资源综合规划、流域内省区水资源综合规划以及流域内节水型社会建设等生产实践，实施效果良好，取得了巨大的社会经济效益；本研究成果具有较大的应用推广前景。

代表性图片

完 成 单 位：中国水利水电科学研究院、中国科学院地理科学与资源研究所、水利部黄河委员会水文局、中国科学院地质与地球物理研究所

主要完成人员：王浩、贾仰文、王建华、秦大庸、李丽娟、罗翔宇、周祖昊、严登华、王玲、张学成、刘广全、秦大军、张新海、江东、杨贵羽

联 系 人：王浩　　　　　　　　　　　　　　联系电话：010 - 68785501、010 - 68785611
邮 箱 地 址：wanghao@iwhr.com

任务来源：国家 973 计划项目
完成时间：1999—2004 年
获奖情况：2007 年度国家科学技术进步二等奖

黄河水沙过程变异及河道的复杂响应

本项目以流域自然因素和人类活动加剧引起的黄河水沙过程变异为基础，紧紧围绕黄河治理中最突出的河道萎缩和"二级悬河"等关键问题开展模型、理论和应用方面的研究，提出黄河下游萎缩性河道演变理论与调控措施。

主要技术创新

（1）建立了萎缩性河道演变理论。①揭示了黄河水沙过程变异规律，建立了自然要素和人类活动等因子对水沙变异影响的定量关系；②提出了黄河上中游不同区域产流产沙与下游河道泥沙输移和沉积、高含沙水流的形成和发生频率及河口入海通量的定量关系；③提出了河道萎缩的定义和"滩槽并淤"与"集中淤槽"两种河道萎缩模式；④建立了萎缩性河道断面形态与水沙因子之间的响应关系，从理论上阐述了水沙变异条件下萎缩性河道的"小水大灾"致灾机理；⑤提出并论证了萎缩河道是可逆的，为萎缩性河道治理提供了理论基础。

（2）提出了萎缩性河道治理的调控措施。①提出了萎缩性河道冲淤平衡的临界含沙量及其相应的临界水沙组合、临界平滩流量、临界来沙系数及临界河相关系等阈值，建立了萎缩性河道冲淤动力平衡临界阈值体系；②建立了基于临界阈值体系的大型水利枢纽联合运用与河道整治工程等相结合的萎缩河道治理调控措施，成功塑造和维持了黄河下游平滩流量接近 4000m³/s 的中水河槽，实现下游河道减淤 11.95 亿 t；③已经实施的温孟滩整治工程有效地控制了萎缩性河道的游荡，主河槽趋于窄深和弯曲，已被作为模范工程在黄河下游推广应用。

（3）研究开发了黄河中下游多系统互动泥沙数学模型和流域植被—侵蚀动力学模型。前者解决了高低含沙水流挟沙能力模拟、恢复饱和系数的定量确定、长河段泥沙输移及考虑支流入汇和区间引取水的水沙动力方程改进等关键技术；后者建立了流域植被—侵蚀动力学理论方程，并得到了理论解，提出了划分不同区域植被—侵蚀状态的状态图。

推广应用情况

萎缩性河道演变理论及治理调控措施的研究成果，解决了黄河下游河道治理中的重大科学技术难题，促进了治黄科技的进步。主要成果已被黄河水利委员会等 8 家生产单位推广应用，取得了显著的社会、经济和环境效益。

代表性图片

黄河三角洲地区的治理

黄河下游河道的整治

黄土高原地区水土保持治理

完 成 单 位：中国水利水电科学研究院、中国科学院地理科学与资源研究所、黄河水利委员会黄河水利科学
　　　　　　研究院、国际泥沙研究培训中心

主要完成人员：胡春宏、郭庆超、许炯心、姚文艺、吉祖稳、陈浩、王兆印、曹文洪、李文学、陈建国

联 系 人：胡春宏、吉祖稳　　　　　　　　　　　　联系电话：010 - 68785307、010 - 68786631

邮 箱 地 址：huch@iwhr.com、jzw@iwhr.com

任务来源：水利部
完成时间：2003—2007 年
获奖情况：2008 年度国家科学技术进步二等奖

中国水资源及其开发利用调查评价

　　根据对长期历史和现状资料的调查分析，识别和诊断人类活动对水文水资源系列影响；分析水资源系统、社会经济系统和生态环境系统各要素间的动态交互关系；基于流域和区域水量平衡、供用耗排水平衡、污染负荷平衡和生态平衡关系，对水资源形成、转换和演变规律及其影响因素，水资源开发、利用、消耗特点和规律，污染物产生、迁移和入河规律及其水质响应关系，与水相关的生态环境状况演变规律、成因和影响因素进行深入分析；面向规划和管理工作需要，系统全面地进行水资源及开发利用与生态环境状况的综合评价。

　　主要技术创新

　　（1）提出了基于水量平衡、取供用耗排水平衡、污染负荷平衡和生态平衡四大平衡的水资源及开发利用与生态环境综合评价理论与技术方法。

　　（2）揭示了变化环境下基于人类活动影响的水资源及开发利用和生态环境间的动态响应关系。

　　（3）系统分析了气候变化、人类活动和下垫面改变对水资源演变情势的影响，提出了变化环境下，基于近期下垫面一致性的长系列评价成果。

　　（4）首次提出河湖生态环境需水与水资源可利用计算方法与成果。

　　（5）首次对全国点源和非点源污染状况进行了全面系统的调查评价。

　　（6）基于污染物与水体功能间的响应关系，对天然和人类活动影响下的地表水和地下水水质进行了系统的调查评价。

　　（7）首次系统地对全国供水水质和饮用水水源地水质安全状况进行了水量水质联合评价。

　　（8）全面分析了水资源开发利用对水资源情势演变的影响，分析了供用耗排关系，对我国水资源开发利用程度、水平、用水效率进行了综合评价。

　　（9）基于生态环境需水量和水资源可利用量，系统评价了我国各流域和区域水资源承载状况及水资源开发利用的潜力。

　　（10）首次全面系统地评价了与水相关的生态环境状况，提出了河流生态与环境亏缺水量计算方法与成果。

　　推广应用情况

　　调查评价成果已在全国及流域和区域水资源综合规划、"十一五"水利发展及节水型社会建设规划等规划编制，南水北调等重大工程建设、流域与区域水资源调度和管理中得到了广泛应用。为新时期水资源规划、工程规划设计、科学研究、水资源保护与管理提供了重要依据，对加快水利发展、改革与技术进步具有重大作用；也是资源节约环境友好型社会建设，国民经济发展与产业布局，区域经济社会发展，新农村建设，城市建设等领域的重要依据。

代表性图片

完 成 单 位：水利部水利水电规划设计总院、中国水利水电科学研究院、南京水利科学研究院
主要完成人员：李原园、郦建强、黄火键、王建生、彭文启、张象明等
联 系 人：李昂　　　　　　　　　　　　　　　　　　联系电话：010－68781942
邮 箱 地 址：liang@iwhr.com

任务来源：黄河水利委员会
完成时间：1995—2007 年
获奖情况：2008 年度国家科学技术进步二等奖

游荡性河流的演变规律在黄河与塔里木河整治工程中的应用

　　对黄河下游、塔里木河干流、滹沱河黄壁庄水库下游等游荡性河道的演变特性进行了研究。探讨了洪水漫溢、河岸崩塌侵蚀与洲滩淤长、河势摆动与改道等河床演变因素对干流河道两岸生态植被环境的作用与影响。开发了干流河道的冲淤泥沙数学模型，为预测塔里木河干流河床演变的趋势及河道综合治理效果提供了强有力的工具。深入分析了输水堤防工程对河道冲淤和两岸生态环境的影响，得出修建堤防后中游河段向下游河道输水比例将增加，导致中游河段淤积减少或冲刷增加，下游河段淤积增加；阐明了输水堤防及其配套工程实施后，既能维护干流中上游河道两岸的生态环境，又会改善下游河道两岸的生态环境。

　　主要技术创新

　　（1）在深入研究游荡型河流演变规律的基础上，提出了关于游荡型河流输沙规律的系统成果，包括河流的输沙能力计算公式、非均匀沙的分组输沙能力计算方法、平滩流量的滞后响应模型、河床的综合稳定性指标、滩岸坍塌的力学特性及滩岸侵蚀速率计算方法等。研究成果得到了国际同行的认可。

　　（2）采用数学模型、遥感技术及理论分析等手段，分析了塔里木河干流河道的河型分类、河势和断面形态变化、河道稳定性、挟沙能力及相关指标。提出了塔里木河干流河道整治的河宽、堤距和堤高等指标，对堤防布置形式、疏浚工程、引水工程、叠梁式生态闸和分水枢纽工程等综合治理措施给出了具体建议；预测了输水堤防工程对河道冲淤的影响。填补了塔里木河河床演变研究的空白。

　　（3）在数值模拟技术方面，改进了现有三类土质河岸冲刷过程的力学模拟方法，将仅能模拟河床纵向变形的二维水沙数学模型与建立在力学基础上的河岸冲刷模型结合，建立了平面二维河床纵向与横向变形计算数学模型，具有国际先进水平。

　　（4）在动床模型试验技术方面，基于高含沙模型相似律，补充了推移质单宽输沙率及河床冲淤时间的相似条件，并对不同河型河段提出了"分段设计，过渡处理"的模型设计方法。

　　推广应用情况

　　在黄河游荡段的河道整治、塔里木河干流河道整治、中线南水北调总干渠穿河工程等得到了实际应用，为与我国主要游荡型河流相关的防洪安全、输水保障和生态环境建设提供科学和技术支持，取得了显著的社会经济和生态环境效益，并可以在其他游荡型河流推广应用。

代表性图片

塔里木河干流上游游荡型河道

塔里木河干流中游弯曲型河道

塔里木河两岸葱郁的胡杨林

完 成 单 位：清华大学、中国水利水电科学研究院、黄河水利委员会黄河水利科学研究院
主要完成人员：王光谦、胡春宏、张红武、吴保生、夏军强、姚文艺、傅旭东、王延贵、张俊华、钟德钰
联 系 人：鲁文   联系电话：010－68786644
邮 箱 地 址：luwen@iwhr.com

任务来源：国家计划项目
完成时间：2007 年
获奖情况：2008 年国家科学技术进步二等奖

重大泄流结构耦合动力安全
理论及工程应用

我国重大水利水电工程的泄洪流量、水头和功率居世界领先水平。由于高速水流与结构体系耦合动力作用的复杂性，在泄洪巨大能量作用下，国内外曾发生多起泄流结构破坏或强烈振动影响正常运行的工程实例。各类重大泄流结构包括高薄拱坝、导（隔）墙、水工闸门、闸墩、泄洪洞等的泄洪安全问题十分突出，对于我国泄洪功率如此之大的泄流结构，国外也没有成功经验可供借鉴，需要自主创新理论和技术。本项目针对二滩、三峡、小湾、溪洛渡、拉西瓦等重大工程设计或安全运行的需要，对各类重大泄流结构的高速水流—结构体系耦合动力安全的试验模拟、计算分析、优化设计和动态检测的理论方法和关键技术进行系统研究，创建了泄流结构耦合动力安全理论体系，提出了一套先进的自主创新的关键技术，为解决重大工程设计和安全运行的一系列难题提供了重要的科学依据和关键的技术支撑。

泄流结构耦合动力安全理论和技术体系的创建，成功地实现了从传统的单一水动力效应分析方式到水动力—结构体系多效应耦合分析方式的理论升华和技术跨越。主要创新成果有：提出了一整套适用于各类泄流结构耦合动力安全的全水弹性模拟理论、方法及实现的技术手段，开创了泄流结构全水弹性试验模拟的先河；提出考虑水流脉动荷载复杂时空相关特性的泄流结构耦合动力响应正分析方法及振源和响应的反馈分析方法；提出基于耦合动力安全的泄流结构优化设计理论方法；提出基于泄流激励的泄流结构模态参数识别和损伤评估方法，创建了泄流结构安全动态检测诊断系统。

该成果的部分内容曾获省部级一等奖 2 项、二等奖 5 项和国际会议最杰出论文奖 1 项。成果应用于二滩、三峡、溪洛渡、小湾、拉西瓦、向家坝、漫湾、Tishrin 等 33 项国内外水利水电工程，水弹性试验模拟方法等多项成果被 6 种行业标准采用，取得了显著的社会效益和经济效益，节约投资和增收 1.86 亿元。随着我国水能资源的进一步开发，本成果应用前景广阔。

主要技术创新

针对各类重大泄流结构的安全问题，创建并提出了泄流结构耦合动力安全的试验模拟、计算分析、优化设计和动态检测的理论和技术体系。主要创新点如下：

（1）首次提出了一整套适用于各类泄流结构耦合动力安全的全水弹性试验模拟理论、方法及实现的技术手段，开创了泄流结构全水弹性试验模拟的先河。

1）全面揭示了水流脉动压力频谱和相关特性的相似律，首次提出了在以水为介质的水力模型上进行全水弹性试验模拟的相似准则，创建了水流—结构体系耦合动力模拟的理论和方法。

2）率先成功研制出可模拟各类泄流结构（混凝土、钢等）的水弹性模拟材料，研制了高精度泄流振动测试系统，解决了长期困扰泄流结构耦合动力模拟的技术瓶颈，实现了试验模拟技术的重大突破。

3）实现了耦合动力效应的全面模拟并得到原型观测结果的验证，为高薄拱坝坝身大流量泄洪及导墙结构、超大型闸门等重大泄流结构的设计或安全运行提供了关键技术支撑。

（2）首次提出了泄流结构耦合动力响应的正、反分析方法。

1）首次提出了考虑水流脉动荷载复杂时空相关特性的泄流结构耦合动力响应的正分析方法，大大提高了泄流结构流激振动响应的预测精度。

2）基于耦合振动理论和遗传算法，首次提出了泄流结构振动振源及响应的反馈分析方法，可反馈分析出各激振源荷载的整体特征、外延和修正试验结果，实现由有限的动力响应实测值反馈出结构的整体动力响应场和最大值。

（3）提出基于耦合动力安全的泄流结构优化设计理论和方法。

1）发展了水工平面、弧形、翻板闸门的动力稳定性理论，提出了考虑支臂静动力稳定性的弧形闸门优化设计方法，提出了高水头平面闸门水动力和结构优化方法。

2）首次提出了导墙流激振动安全控制指标以及导墙水动力和结构的优化设计方法。

3）首次提出了无共振区又有较好阻力特性的拦污栅栅叶体型。

（4）首次提出基于泄流激励的泄流结构模态参数识别和损伤评估方法，创建了泄流结构安全动态检测诊断系统。

1）首次提出了基于泄流激励的奇异熵定阶降噪的泄流结构振动模态 ERA 识别方法，解决了定阶和降噪难的问题。

2）提出基于结构模态参数识别、有限元计算和支持向量机技术相结合的泄流结构损伤定位和损伤程度评估方法。

3）首次提出了泄流结构分布式振动及空蚀监测技术。

4）创建了泄流结构的安全动态检测诊断系统。

推广应用情况

本研究成果成功应用于国内外的 33 项水利水电工程，涉及 40 余项重大的泄流结构。为解决重大工程设计和安全运行的一系列难题提供了重要的科学依据和关键的技术支撑，社会效益显著，推动行业科技进步明显。同时通过优化工程设计，为已建工程节约投资 1.13 亿元、新增产值 0.33 亿元，为在建工程节约投资约 0.40 亿元，累计效益总值为 1.86 亿元。

完 成 单 位：天津大学、中国水利水电科学研究院、中国水电顾问集团成都勘测设计研究院、中国水电顾问集团昆明勘测设计研究院、中国水电顾问集团西北勘测设计研究院、长江水利委员会长江勘测规划设计研究院、中国水电顾问集团中南勘测设计研究院

主要完成人员：练继建、吴一红、崔广涛、谢省宗、刘之平、肖白云、彭新民、邹丽春、白俊光、廖仁强

联 系 人：杨帆　　　　　　　　　　联系电话：010-68781126

邮 箱 地 址：yangf@iwhr.com

任务来源：国家计划项目
完成时间：2008 年
获奖情况：2009 年度国家科学技术进步二等奖

中国分区域生态需水

国家"十五"科技攻关重大课题"中国分区域生态用水标准研究"成果"中国分区域生态需水"由中国水利水电科学研究院和南京水利科学研究院主持完成。生态需水是在流域自然资源，特别是水土资源开发利用条件下，为了维护以河流为核心的流域生态系统动态平衡的临界水分条件。我国面对的水与生态安全问题、管理目标属于生态危机管理范畴。针对生态危机的产生、管控、治理和预警，建立完整的理论与技术方法体系，为生活用水、生态用水、经济用水统一配置提供技术标准。该研究课题主要提出了以下 6 项原创成果：

（1）分区域生态用水标准技术体系。

（2）水循环生态效应理论。

（3）分区域生态需水分析计算模型。

（4）多参数全过程河道生态需水理论与计算方法。

（5）湿地生态水文结构理论与计算模型。

（6）生态需水调控准则与管理方法。

"中国分区域生态需水"在基础理论、关键技术和管理决策方面，获得重大突破，对我国生态需水理论与技术有开拓性作用，原创性突出，总体处于国际领先水平。成果自 2003 年起在全国各地陆续获得广泛应用，生态效益、社会效益、经济效益得到和谐统一。

完 成 单 位：中国水利水电科学研究院、水利部交通部电力工业部南京水利科学研究院
主要完成人员：陈敏建、王浩、丰华丽、欧阳志云、王芳、邵景力、连煜、李和跃、王立群、徐志侠
联 系 人：吴娟   联系电话：010 - 68785613
邮 箱 地 址：yuah@iwhr.com

任务来源：水利部
完成时间：2000—2008 年
获奖情况：2011 年度国家科学技术进步二等奖

水利与国民经济耦合系统的模拟调控技术及应用

　　本项目首次大规模系统研究了我国水利与国民经济体系的相互作用。水利与国民经济互动关系的关键技术由关系描述、临界判定、调控互动三个层次构成。利用新思路、新理论、新技术，开展了技术原创和现有技术应用的综合集成，以九大流域片为对象进行深入系统的定量研究，解决了影响我国水利发展的一系列重大基础性、方向性难题。对我国水利发展获得了深刻的理性认识：①水利投入对国民经济前向推动与后向拉动作用分析证实，水利对经济社会发展的支撑和对生态环境改善的保障作用突出，具有很强的公益性、基础性、战略性，关系到经济安全、生态安全、国家安全；②与水利相关的社会资本通量和自然资本（自然资源与生态）通量是水利发展的指示性指标，以各类水害损失占同期 GDP 比重作为量度，水利发展目标是谋求降低负通量（水害损失）并将其转化为正通量（水利效益）；③通过水利经济生态协调发展模拟分析，给出了不同投资水平下的投资结构，包括流域间的分配比例以及各流域内的分项比例，相应得到流域发展的主要调控指标。水利部鉴定和同行专家认为："项目取得了一系列理论研究进展和应用研究成果，在诸多方面有重大突破""总体达到国际领先水平"。成果获得 2009 年大禹水利科学技术一等奖、2011 年度国家科技进步二等奖。

　　成果有四大特点：一是基础信息完备、定量严谨客观，充分利用各类国家信息资源，结合现场调查分析，为科学结论的取得奠定可靠基础；二是跨学科领域明显，自然科学、技术科学与技术经济学、社会科学相互渗透；三是理论方法和关键技术具有原创特色，水利投入占用产出分析技术、水害损失计算方法、水利经济生态协调发展模拟模型都是原创；四是充分满足实践需求，及时应用到国家和行业的重大实践。

　　主要技术创新

　　（1）利用投入占用产出技术，综合集成与水相关的资源环境分析技术，创建能够系统描述水利与国民经济及社会发展各个部门相互作用关系的水利投入占用产出模型，揭示了水利与各部门之间的密切联系以及与国民经济年度间的消费积累关系，真实且精确地刻画了水利在国民经济中的地位与作用。

　　（2）研究与水利相关的社会资本和自然资本的变化，构建以生态良性循环、国民经济与社会协调发展为目标的水害损失与水利效益核算技术体系，为水利发展目标决策提供了可靠的现状基础和发展阶段理论依据。

　　（3）以流域二级区为基本单元描述社会、经济和生态环境相互作用动态复杂的拓扑关系，利用复杂适应系统理论，创建水利经济生态协调发展模拟模型，以全社会总投资为约束，分析计算水利投资及其对其他部门投入的影响，为国家制定水利投资政策提供了科学依据。

推广应用情况

（1）理论方法与关键技术在水利部、环保部制定"十一五""十二五"发展规划中得到充分应用。

（2）提出的全国及各流域各项水利建设控制性指标、水利投资合理比例、投资结构在各项重大水利工作中充分应用。

（3）提出的水利与国民经济协调发展多维调控准则在相关流域、省市制定水利规划、水利政策，指导水资源管理、水环境、水生态保护中得到广泛应用。

代表性图片

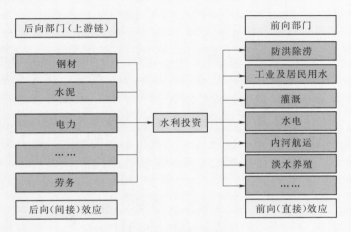

水利投资效应

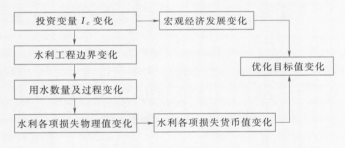

计算流程

完 成 单 位：中国水利水电科学研究院、清华大学、中国科学院数学与系统科学研究院

主要完成人员：王浩、陈敏建、秦大庸、陈锡康、汪党献、李锦秀、赵建世、倪红珍、杨爱民、马静

联 系 人：马静　　　　　　　　　　　　联系电话：010－68785703

邮 箱 地 址：jingma@iwhr.com

任务来源： 国家计划项目

完成时间： 1996—2011 年

获奖情况： 2012 年度国家科学技术进步二等奖

水利水电工程渗流多层次
控制理论与应用

　　无论是 300m 级高坝，还是高陡边坡、大型地下工程建设，均无一例外地涉及复杂岩土体渗流分析与渗流控制问题。然而，水利水电工程渗流控制长期缺乏可供借鉴的成熟理论、方法和技术。国内外因渗控系统失效导致水库渗漏、坝基失稳、坝堤溃决、隧洞涌水等工程事故时有发生，地下水渗流诱发的大型滑坡更是屡见不鲜。本项目通过理论分析、技术研发与工程应用相结合，系统研究了复杂岩土体渗透特性的模型化描述、渗流过程的精细化模拟以及渗流效应的多层次控制等问题，在材料、结构和工程的不同层次上揭示了复杂介质的渗透特性与渗流机理，研发渗流精细模拟与渗流控制的关键技术。

　　主要技术创新

　　（1）在理论层面，揭示了复杂岩体及粗粒料渗透特性的多尺度效应与演化特征，建立了考虑赋存环境与变形过程的岩体渗透张量演化模型；首次提出了裂隙岩体井（孔）渗流三维解析方法、非稳定渗流分析的 Signorini 型变分不等式方法；发展了基于多相渗流过程、状态、参数和边界的渗流控制理论，解决了复杂渗控结构渗流精细模拟与渗流控制优化的理论难题。

　　（2）在技术层面，研发了基于水流振荡波理论的复杂岩土体渗透参数快速测试技术、基于开挖卸荷原理的岩体渗透特性现场试验技术、基于结构面控制的岩体渗透参数反演技术；提出了防渗排水系统渗控效应数值模拟的 SVA 方法，集成了稳定/非稳定、饱和/非饱和及多相渗流条件下渗流场精细模拟与渗控效应评价系统，填补了我国岩土体渗透性测试与渗流分析多项技术空白。

　　（3）在应用层面，提出了针对宽级配防渗土料的反滤设计准则，极大地拓宽了高坝防渗土料的选用范围；揭示了堤防减压井淤堵机理，提出了延长减压井寿命的新型结构；提出了充分利用河谷地质体的"阻水结构"形成天然帷幕以及基于岩体各向异性渗透特性的库坝区防渗帷幕及排水孔幕优化设计方法，突破了水利水电渗控设计主要依赖工程经验的局限。

　　推广应用情况

　　研究成果已成功应用于三峡、水布垭、光照、瀑布沟、紫坪铺、锦屏、长江堤防等大型水利水电工程，产生直接经济效益 7.75 亿元。目前，正在溪洛渡、向家坝、糯扎渡、白鹤滩、乌东德、大岗山、双江口、两河口、卡拉、丹巴等工程库坝区渗流控制方案优化设计中推广应用。

代表性图片

基于水文地质结构的渗控系统综合优化

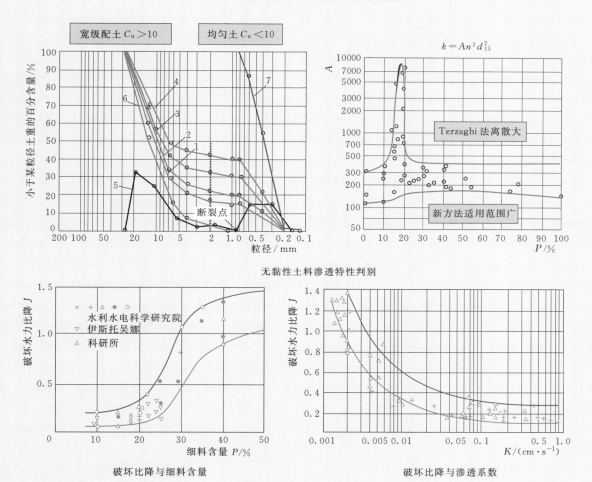

无黏性土料渗透特性判别

破坏比降与细料含量　　　　　破坏比降与渗透系数

防渗土料的渗流控制研究

完 成 单 位：武汉大学、中国水利水电科学研究院、河海大学、长江水利委员会长江科学院
主要完成人员：周创兵、周志芳、温彦锋、张家发、陈益峰、蔡红、王锦国、荣冠、张伟、姜清辉
联 系 人：李维朝　　　　　　　　　　联系电话：010－68786270
邮 箱 地 址：liwc@iwhr.com

任务来源： 国家攻关项目、水利部科技创新项目、国家自然基金重点项目、企业项目、国际合作项目
完成时间： 1991—2012 年
获奖情况： 2013 年度国家科学技术进步二等奖

高混凝土面板堆石坝安全关键
技术研究及工程应用

　　面板坝是目前发展最快的坝型，为国家重要基础设施。20 世纪末以来国内外高面板坝出现脱空、面板开裂、挤压破坏和严重渗漏等问题，在造成巨额经济损失的同时也清楚地表明，高面板坝安全问题尚未得到根本解决。高面板坝安全事关国计民生，安全理论和关键技术需进一步深化。随着水资源开发战略的进一步实施，我国将建设一批高面板坝，包括茨哈峡（高 254m）、大石峡（高 251m）等，这些工程地形地质条件复杂，坝高库大，保障安全意义更为重大。

　　本项目在多项国家科技攻关、国家自然科学基金等支持下，针对高面板坝安全建设这一重大课题，提出了变形协调和动态稳定止水两项设计新理念，并在筑坝核心技术方面取得一系列突破，成功建设了马来西亚巴贡（国外最高，项目组设计并承建）、九甸峡（覆盖层上世界最高）、宜兴上库（陡峻地形）和紫坪铺（经受汶川地震考验）等工程。

　　主要技术创新

　　（1）提出了变形协调新理念，揭示了堆石料的颗粒破损和流变变形机理，提出了考虑颗粒破损的本构模型和流变模型，构建了接触面损伤模型，建立了变形协调准则、判别标准和变形安全设计计算方法，解决了因变形不协调引起面板挤压破坏等影响高面板坝结构安全的核心问题，为高面板坝安全建设提供了理论基础。

　　（2）提出了动态稳定止水新理念，提出了止水新结构和新材料，建立了几何非线性大变形模型，提出了止水量化设计准则，研制了高水压三向大变位止水仿真试验设备；基于孔结构、界面过渡理论，提出了面板混凝土抗裂、耐久的新方法，解决了面板止水及防渗安全的核心问题，形成了 200m 级高面板坝止水防渗、面板防裂配套技术。

　　（3）针对复杂地形地质条件上安全建设高面板坝问题，实现了用离心机对坝体、坝基与防渗体系复杂结构以及高挡墙相互作用机理的模拟，建立了数学模型并揭示了深覆盖层和狭窄、陡峻地形条件下高面板坝的应力变形规律，提出了防渗墙与趾板的柔性连接方式，成功建设了九甸峡和宜兴上库等高面板坝。

　　（4）开发了量测范围 520m 的遥测遥控水平垂直位移计、耐 3.5MPa 水压力的高精度双向固定测斜仪等新型监测仪器；建立了考虑填筑、水压与时效耦合影响的坝体和面板应力变形计算模型，开发了预测运行期性状分析软件，形成了高面板坝安全监测成套技术。

　　（5）提出 4 项国家级施工工法，研制了专项施工装备，形成了与新设计理念配套的高面板坝优质、安全施工技术。

推广应用情况

（1）项目成果已应用于国内外 25 座 200m 级高面板坝。其中已建并安全运行工程 8 座，包括马来西亚巴贡、老挝南俄二级、厄瓜多尔马扎尔以及国内的九甸峡、潍坑、吉林台一级、紫坪铺、董箐等工程，涵盖了复杂、不良的特殊筑坝条件以及强震区筑坝情况。应用的 17 座在建待建工程有猴子岩、江坪河、玛尔挡、羊曲、马吉、茨哈峡、大石峡工程等。

（2）依靠创新成果，承建或参建了马来西亚巴贡、苏丹麦洛维、老挝南俄二级、厄瓜多尔科卡科多辛克雷 4 座面板坝工程，合同额超过 200 亿元；咨询和专利产品供货的国际工程 8 座，国内工程 140 余座；专利产品总合同额达 2.8 亿元。

（3）项目成果仅在巴贡、九甸峡等 6 个工程产生的直接经济效益超过 14 亿元。

代表性图片

马来西亚巴贡面板坝（坝高 203.5m）（东南亚已建最高面板坝）

甘肃九甸峡面板坝（坝高 136.5m ＋深厚覆盖层 56m）

（深厚覆盖层上世界已建最高面板坝）

四川紫坪铺面板坝（坝高 156m）（成功经历汶川大地震考验）

完 成 单 位：水利部交通运输部国家能源局南京水利科学研究院、中国水利水电科学研究院、中国水利水电
建设股份有限公司、中国水电顾问集团西北勘测设计研究院、甘肃省水利水电勘测设计研究院、
中国水利水电第七工程局有限公司、中国水利水电第十二工程局有限公司、中国水电建设集团
十五工程局有限公司

主要完成人员：贾金生、郦能惠、徐泽平、宗敦峰、李国英、郝巨涛、鲁一晖、王君利、吕生玺、米占宽

联 系 人：郝巨涛　　　　　　　　　　　　　　　联系电话：010 - 68781532

邮 箱 地 址：hjt@iwhr.com

任务来源： 国家 863 计划项目、国家自然科学基金项目
完成时间： 2000—2014 年
获奖情况： 2015 年度国家科学技术进步二等奖

精量滴灌关键技术与产品研发及应用

本项目主要内容如下：

（1）创建了地表滴灌高均匀性灌水器、地下滴灌祛根抗堵灌水器等产品设计理论与方法，攻克了低压下灌水器灌水均匀度下降、地下滴灌作物根系入侵堵塞等国际技术难题。建立了依据灌水器性能需求直接确定流道结构参数的逆向设计方法，提出了兼顾水力和抗堵塞性能的低压滴灌灌水器结构优化设计指标，构建了常压和低压高均匀性灌水器设计理论与方法。

（2）创制了高均匀性灌水器、压力补偿式抗堵灌水器等产品及滴灌管材回收再生利用技术，性能达到国际先进水平，实现了从仿制到自主创新的跨越。创制的地表滴灌常压高均匀性灌水器的出流均匀性提高 10% 以上，低压高均匀性灌水器的流量偏差 1.25%，发明了农用废弃塑料水浮选分离法及其再生工艺方法，研制的滴灌废弃管带回收再生装置使滴灌管带的回收再生率提高 30% 以上。

（3）构建起适合我国区域特色的精量滴灌技术集成应用模式，有效解决了现有滴灌系统运行能耗高、灌水均匀度低、投资成本大等难题。集成了适用于大田粮食作物的低压高均匀性地表滴灌技术集成应用模式，灌水均匀度提高 8%～10%，系统能耗降低 16.8%；集成了适用于林果作物的宽幅压力补偿式滴灌技术应用模式，压力调节幅度同比增加 10m 以上，工程投资减少 25%；集成了适用于经济作物的祛根抗堵型地下滴灌技术应用模式，亩均投资同比降低 30%～50%。

主要技术创新

研发了地表滴灌高均匀性灌水器、地下滴灌抗堵塞灌水器、低压压力调节器设计理论与方法，从根本上攻克了低压下灌水器灌水均匀度下降、地下滴灌作物根系入侵堵塞等国际技术难题，填补了我国精量滴灌产品设计理论与方法空白。创建的常压和低压高均匀性灌水器设计理论与方法，保证了灌水器流态指数始终处于 0.44～0.49 之间，流量偏差低于 2.5%，达到国际上公认的高灌水均匀度范围。建立了低压压力调节器出口预置压力与各参数间的定量关系，首次构建了低压压力调节器结构优化设计方法，实现了压力调节器的低压启动及宽幅压力下的正常运行，使滴灌系统灌水压力均匀性提高到 90% 以上。相关技术成果拥有完全自主知识产权，授权国家专利 108 项，入选国家重点新产品 10 项。

推广应用情况

以精量滴灌技术与产品为引领，形成了核心技术、产品和标准，带动国内节水灌溉产业发展并缩短与发达国家差距，实现国产节水技术产品在中国及全球市场的推广和应用，推动了行业创新能力建设和科技进步。构建起适合我国区域特色的低压高均匀性、宽幅压力补偿式、祛根抗堵型精量滴灌技术集成应用模式，在全国 16 个省区玉米、小麦、甘蔗、油橄榄、

经济林等作物上推广应用 1414 万亩，辐射全国近 3000 万亩节水农田，实现直接经济效益 62.23 亿元，节水量 297.78 亿 m³。

代表性图片

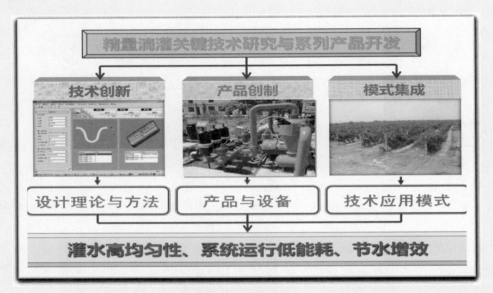

成果研发技术路线图

完 成 单 位：甘肃大禹节水集团股份有限公司、中国水利水电科学研究院、华北水利水电大学、水利部科技推广中心、中国农业科学院农田灌溉研究所

主要完成人员：王栋、许迪、龚时宏、王冲、高占义、仵峰、黄修桥、王建东、张金宏、薛瑞清

联 系 人：王建东　　　　　　　　　　　　　　联系电话：010－68786583

邮 箱 地 址：wangjd@iwhr.com

任务来源："十一五"国家科技支撑计划课题、国家自然基金面上项目、国家杰出青年科学基金项目等

完成时间：1995—2014 年

获奖情况：2016 年度国家科学技术进步二等奖

长距离输水工程水力控制
理论与关键技术

为了实现水资源的高效利用和配置，我国修建了一系列输水工程，具有规模大、线路长、气候差异显著等特点。就水力控制而言，属于典型的强非线性、高维、多过程、多相、多流态和多约束的水力系统，安全控制难度和复杂性前所未有，极易出现爆管、结构物破坏、漫堤溃决和冰害等事故。长距离输水工程的安全运行是保障国家水资源安全的关键。针对长距离输水工程复杂水力学和水力控制难题，项目组以安全、高效、稳定输水为研究目标，采用理论分析、数值模拟、模型试验和原型观测相结合的方法，对长距离输水系统的运行特性和控制方法进行了系统深入的研究，研究建立长距离输水系统水力仿真与控制的理论方法，研究有压无压转换、急流缓流过渡、水气与冰水多相复杂流动水力瞬变机理和演变规律；研发长距离管道输水系统成套水力控制新技术和长距离明渠输水系统集散控制技术，并针对高纬度地区冬季冰盖下输水出现的技术难题，研究了长距离输水系统冰害防治与冰期运行控制技术。通过以上研究工作，项目组在长距离输水系统现代控制理论和控制技术方面取得了一系列重要突破。

主要技术创新

（1）建立了复杂长距离输水系统水力仿真与控制理论方法。揭示了有压无压转换、急流缓流过渡、水气两相瞬变、冰凌冰盖全过程生消演变 4 项机理；提出了基于图论的复杂管网、渠网的非恒定流数值模拟方法和水力参数辨识理论；揭示了渠道扰动波的叠加、相消规律，创建了控制参数的时域—频域联合在线整定技术。

（2）提出了长距离管道输水系统成套水力控制新技术。发明了分段低压输水新技术，揭示了其共振原理，提出输水单元水流振荡方程及防共振设计方法，降低管道承压 70%～90%；发明了适应水击控制的多喷孔套筒调流阀和压力自适应空气阀调压室，减小管道水击压力 20%～30%；提出了长距离有压管道复杂工况下的成套水力优化控制技术。

（3）提出长距离明渠输水系统"前馈—反馈—解耦"集散控制技术。利用扰动波叠加相消机理，提出了"改进前馈＋水位流量串级反馈＋解耦"的闸门群集散控制技术，实现了"粗调""细调"与"协调"作用的有机衔接，提高了明渠输水控制系统的响应速度，解决了长距离明渠输水大滞后问题，提高控制系统响应速度 3～4 倍。

（4）提出了长距离输水系统冰害防治与冰期运行控制技术。提出了适应气候及冰情复杂变化的冰期自适应控制技术和冰期与非冰期输水模式转换的变闸前水位控制技术，使冰期与非冰期输水模式转换时间缩短 80%，冰期输水能力提高 10%～15%；阐明了冰力对输水结构物的危害，提出了建筑物防冰塞临界控制水深、新型双缆浮筒式拦冰索等系列冰害防治技术。

推广应用情况

成果已在引黄济青、引黄济津、引滦入津、云南掌鸠河调水、宁波白溪调水和南水北调中线工程京石段等19项大型输水工程中得到应用，并在10余项在建的重大调水工程中得到推广，惠及人口2.1亿，工程节支增收逾18.68亿元，产品销售量超过1.5亿元，为我国长距离输水系统安全、稳定、高效运行提供了技术支撑，取得了巨大的社会效益和经济效益。

代表性图片

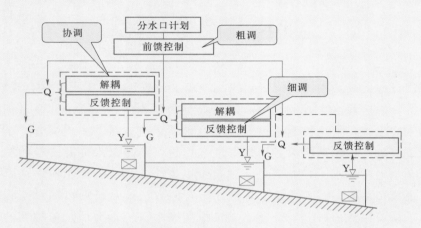

"改进前馈＋水位流量串级反馈＋解耦"的闸门群集散控制技术

流冰输移试验

完 成 单 位：中国水利水电科学研究院、天津大学、清华大学、长江委设计院、武汉大学、南水北调中线干线工程建设管理局

主要完成人员：刘之平、练继建、杨开林、谢向荣、黄跃飞、汪易森、陈文学、王长德、马超、郭新蕾

联 系 人：杨帆　　　　　　　　　　　　联系电话：010 - 68781126

邮 箱 地 址：yangf@iwhr.com

任务来源： 国家计划项目、部委计划项目
完成时间： 1990—2013 年
获奖情况： 2016 年度国家科学技术进步二等奖

高混凝土坝结构安全关键
技术研究与实践

混凝土坝是世界高坝建设的主要坝型之一。欧美和苏联在引领混凝土大坝建设过程中曾发生过严重开裂漏水、溃坝等重大事故，造成巨大生命财产损失，表明混凝土大坝安全问题尚未得到根本解决。自 1990 年以来，在国家科技支撑等重大科研项目支持下，提出了基于大坝真实性态的设计新理念，形成了安全优质高效建设成套技术，解决了高混凝土坝施工期开裂、运行期高压水劈裂和性态预测误差大等难题，成果应用于三峡巨型工程和锦屏一级、小湾等 300m 级特高坝工程，为这些世界级工程的成功建设做出了重要贡献，为南水北调中线水源工程丹江口大坝的加高提供了重要技术支撑，效益巨大。

主要技术创新

（1）提出了基于大坝真实性态的设计新理念。针对国内外以材料力学、刚体极限平衡法为基础设计 200m 以上高混凝土坝存在的问题，提出了有限元等效应力、变形体时程动态稳定、高压水劈裂等分析方法及控制标准，取得重大技术突破。提出了拱坝合理体形设计方法并开发了配套软件，发明了高混凝土坝抗高压水劈裂的柔性防渗、自反滤防渗结构。成果纳入规范并应用于小湾、锦屏一级等 300m 级工程，其中小湾工程总渗漏量为 2.4L/s，为世界同类工程最低。

（2）发现了多元胶凝粉体的紧密堆积和复合胶凝效应，基于该发现提出了配制高坝混凝土的新方法，解决了传统方法配制混凝土时高强度与高抗裂、高耐久难以兼顾的难题，开启了高坝工程大规模使用Ⅰ级粉煤灰、石灰石粉掺和料的先例。应用于三峡三期 400 万 m³ 混凝土，抗裂系数提升 13.1%～50.0%，未见裂缝产生。成果纳入规范并得到广泛应用。

（3）提出了施工防裂智能监控新方法，创立了高混凝土坝安全、优质、高效成套施工技术。实现了混凝土拌制入仓、仓面环境控制、通水冷却、表面保护全过程智能监控，全面提升了温和区与高寒、大温差区混凝土坝施工防裂水平。制定了 7 项国家级工法，研制了 11 项专有施工设备。应用于三峡三期、锦屏一级、藏木等高坝工程，是工程未发生危害性温度裂缝的关键。三峡工程施工创造了单工程年浇筑混凝土 548 万 m³ 的世界纪录。

（4）提出了高混凝土坝后期温升、混凝土性能衰减预测等 9 个模型，开发了混凝土坝真实性态仿真平台。实现了大坝从混凝土浇筑、运行到老化的仿真与预测，解决了高混凝土坝性态预测误差大的难题。用于锦屏一级等工程变形预测，误差小于 3%。提出了基于微裂纹全景定量分析的混凝土损伤评价方法，建立了微观损伤与弹性波测定宏观性能之间的关系。用于丹江口等老坝工程，为决策提供了科学依据。

推广应用情况

本项目研究成果广泛应用于我国三峡、锦屏一级、小湾、拉西瓦、大岗山、向家坝、龙

滩、藏木、景洪、丹江口等91座高混凝土坝以及埃塞俄比亚、缅甸、柬埔寨、老挝等国家7座高坝工程，取得了显著的经济效益和社会效益。

（1）发明的坝面柔性防渗和坝前自反滤防渗结构，应用于小湾拱坝，工程总渗漏量为2.4L/s，远小于国际同类工程。

（2）多元胶凝粉体配制混凝土技术应用于三峡工程，为确保和提高三峡工程混凝土质量创造了有利条件。

（3）混凝土防裂智能监控系统应用于锦屏一级、藏木等工程，未发生危害性裂缝，已推广应用到黄登、丰满重建工程。

（4）混凝土坝真实性态仿真平台用于小湾、锦屏一级、大岗山等工程，为这些特高坝的蓄水安全评估提供了关键支撑；用于丹江口大坝安全评估，提出了上游面裂缝处理思路，成果为工程采纳，保障了大坝的安全。

代表性图片

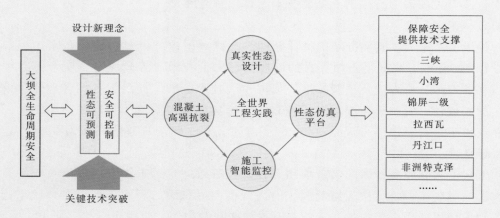

成果技术路线图

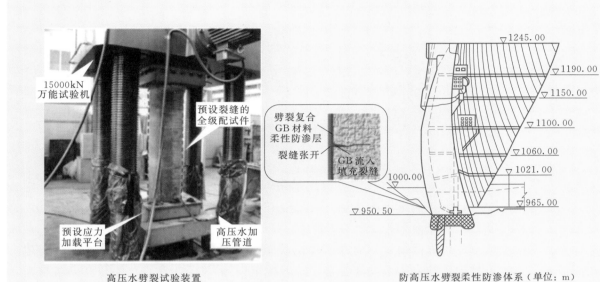

高压水劈裂试验装置　　　　　防高压水劈裂柔性防渗体系（单位：m）

高压水劈裂试验及柔性防渗体系

完 成 单 位：中国水利水电科学研究院、华能澜沧江水电股份有限公司、中国葛洲坝集团股份有限公司、水电水利规划设计总院、中国长江三峡集团公司、北京中水科海利工程技术有限公司

主要完成人员：贾金生、张国新、周厚贵、陈改新、王民浩、王永祥、王毅、刘毅、郑璀莹、涂劲

联 系 人：刘毅　　　　　　　　　　　　　　联系电话：010 - 68781543

邮 箱 地 址：liuyi@iwhr.com

任务来源： 国家科技攻关计划、国家重点基础研究发展计划（973）项目、部委计划项目、国家自然科学基金项目

完成时间： 2001—2013 年

获奖情况： 2017 年度国家科学技术进步二等奖

中国节水型社会建设理论、技术与实践

我国是世界主要经济体中受水资源胁迫程度最高的国家。自 20 世纪 80 年代以来，我国水资源问题日益凸显，正常年份全国缺水 500 亿 m³，传统粗放的水资源开发利用方式已难以保障经济社会可持续发展，建设节水型社会成为保障国家水安全的必然选择和根本出路，被中央确立为新时期治水的优先战略，然而既有理论技术与标准远不能满足我国节水型社会建设实践需求。本项目植根于国家节水型社会建设实践探索，持续 15 年联合攻关，开展了节水型社会建设"基础研究—技术突破—实践应用"的全链条创新。建立了基于社会水循环全过程效率提升的节水型社会建设基础理论方法，突破了农业灌溉、火力发电、公共供水等重点领域多项关键节水技术与工艺，构建了覆盖经济社会主要用水领域的国家节水技术标准体系，提出了节水型社会建设推进模式、水价机制和制度方案，制定了国家标准 64 项，行业标准 13 项，支撑发布鼓励/淘汰工艺技术 179 项，在国家中长期科技发展规划纲要实施中期评估中被遴选为"水和矿产资源"领域标志性成果，支撑引领了 21 世纪以来全国节水型社会建设实践。

主要技术创新

项目取得了以下四方面主要创新成果：

（1）原创建立了基于社会水循环全过程效率提升的节水型社会建设理论方法，首次确立了取供、输配、用耗、消费各个环节的水资源高效利用准则，构建了社会水循环分环节和整体用水效率表征函数，提出了各环节用水效率提升的调控方法，被鉴定为"形成了节水型社会建设思想库蓝本和实践导论"。

（2）创新突破了农业灌溉、火力发电、公共供水等重点领域节水技术与工艺。原创提出了基于水分胁迫机理的寒区水稻控制灌溉技术，推动了东北地区水稻灌溉技术变革；原创提出了旱区作物限额补灌与光伏提水技术，填补了农牧区高效限额灌溉技术空白；首次将纳米膜材料引入灌溉领域，创造了微润灌溉技术，实现了从间歇式灌溉到连续式灌溉的重大发展；发明了大型火电机组间接空冷 SCAL 型系统，实现了火电空冷机组的国产化和大型化，支撑引领了北方缺水地区火电机组从水冷到空冷的跨越；创新研发了城镇供水管网压力管理和漏损控制技术与产品，显著降低了公共供水输配过程的损失。以上技术和工艺的主要技术指标达到国际领先水平，并得到大规模的推广应用，显著提升了我国主要行业的用水效率。

（3）通过对用水单元用水效率持续多年的跟踪、测试、评价，解析了分行业用水原理和效率变化规律，提出了主要行业水循环系统优化方法与关键参数，在重构国家节水技术标准体系构架的基础上，构建了较完整的国家节水技术标准体系，包括 23 项主要行业取水定额、22 项主要部门技术规范、12 项主要器具和设备节水强制性标准、20 项单元载体节水导则，

填补了多项节水标识和认证技术空白，促进了全民全行业节水。

（4）创新提出了节水型社会建设实践技术路径，建立了我国总量控制和定额管理相结合的节水型社会建设总体模式及分区范式，设计了基于社会水循环系统调控的国家节水制度框架，创新了面向供需双向调节的水价理论与定价方法，破解了节水理论应用和技术推广的重大实践难题。

推广应用情况

成果整体应用于本世纪以来全国节水型社会建设实践，支撑了"十一五"到"十三五"全国节水型社会建设规划编制、31个省（自治区、直辖市）用水效率控制指标拟定和用水定额制修订以及100个国家级和200个省级节水型社会试点建设，推动了最严格水资源管理制度的出台与实施；研发的农业节水技术累计推广超过5000万亩，火电空冷技术应用于全国所有新改建空冷发电机组，管网漏损控制技术应用到全国超过40%的自来水公司，促进了我国水资源开发和利用方式的战略转型。

代表性图片

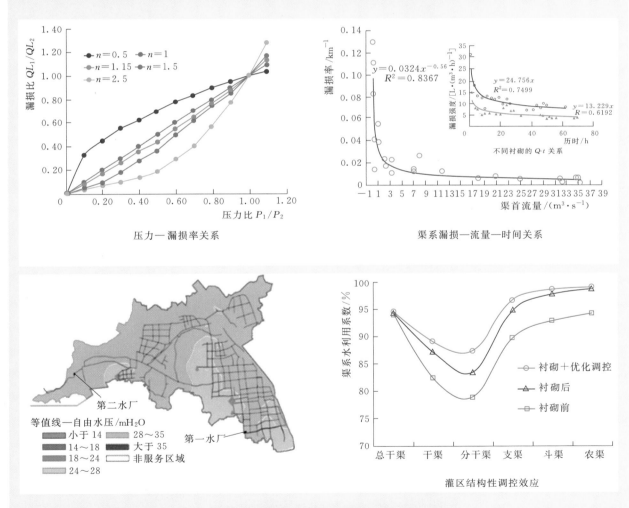

复杂输配水系统效率评价与调控方法

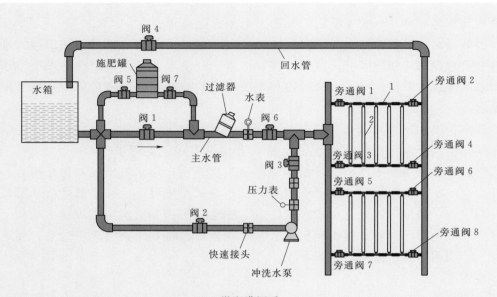

微润灌溉系
1—φ16mm PE 管；2—微润管

完 成 单 位：中国水利水电科学研究院、中国标准化研究院、中国电力工程顾问集团华北电力设计院有限公司、中国电子信息产业发展研究院、清华大学、株洲南方阀门股份有限公司、深圳市微润灌溉技术有限公司

主要完成人员：王建华、王浩、陈明、赵勇、詹扬、李海红、吕纯波、白雪、胡鹏、杨庆理

联 系 人：李海红　　　　　　　　联系电话：010－68781816

邮 箱 地 址：lihh@iwhr.com

任务来源：国家杰出青年科学基金、国家自然科学基金重点项目、工程项目
完成时间：1985—2013 年
获奖情况：2017 年度国家科学技术进步二等奖

泥沙、核素、温排水耦合输移关键技术及在沿海核电工程中应用

本项目主要内容如下：

（1）泥沙、核素、温排水耦合输移理论和方法研究。针对核电工程设计及运行过程中提出的温排水、泥沙、核素输运过程模拟精细化、同步化、准确化以及取排水布置最优化等核心技术问题，采用理论分析、数据同化、技术研发与工程实践相结合的技术路线，系统性地建立了核电工程中泥沙、核素、温排水耦合输移的理论与方法，并在沿海核电工程研究中得以成功应用。

（2）复杂边界水沙两相变密度紊流模拟技术研究。项目针对河口海岸大尺度区域计算特点及径流结合潮流的长波输运特点，构造了更加适应复杂岸线边界的水沙模拟体系斜对角笛卡儿坐标方法，揭示了工程泥沙模拟技术中的三种基本物理模式，从理论上推导出泥沙底部边界条件三种类型，建立了全三维水沙两相变密度紊流模型，该模型将水沙耦合输移的难点模化为输沙关系的判定，有效提升了复杂条件下泥沙输移模型的适应性，在泥沙浓度和床面变形计算结果的精度上有大幅提高。

（3）泥沙颗粒与核素的相互作用机制以及泥沙输移、床面变形过程中核素迁移的物理—化学过程模式研究。基于高分辨率显微技术，在纳米尺度上深入研究了泥沙颗粒与核素的微观作用机制，基于对大量泥沙颗粒表面形貌的统计分析，建立了表征泥沙形状和表面形貌的数学方程，构建了核素与泥沙颗粒相互作用的表面络合模式，解决了核素在泥沙颗粒表面非均匀分布的难题。

（4）沿海核电温排水（核素）物理模型设计方法及取排水布置优化方法研究。系统研究了模型变态率对温度场及流场模拟的影响规律，据此提出了沿海核电工程温排水、核素迁移物理模型试验比尺和变态率的取值原则和范围；归纳分析了我国沿海潮流特征，依据工程海域潮流特点，深入研究了可保障沿海核电安全及水环境安全的取排水布置优化方法。

主要技术创新

（1）构建了全三维水沙两相变密度湍流模型，使得国际上流行的 CH3D 模型（美国）和 DELFT3D 模型（欧洲）不能解决的螺旋流输沙等真实三维水沙计算这一难题变为可能；提出了工程泥沙计算的斜对角笛卡儿坐标方法，克服了河口及海岸工程大尺度泥沙计算复杂边界的困难。该技术全面提升了水沙模拟的准确性和可靠性，是解决核电工程取、排水口头部、取水泵房内部泥沙冲淤的技术关键，应用该技术提高了核电工程安全运行的保证率。

（2）首次提出了包含泥沙颗粒表面形貌信息的数学泥沙概念，基于数学泥沙确定了泥沙颗粒表面非均匀电荷分布规律，量化了核素与泥沙表面形貌之间的微观作用机制，建立了泥沙输移和床面变形过程中核素迁移转化的物理—化学过程模式，使水—沙—核素—床面之间

的静态模型变为动态模型，该技术大幅提升了核素在海域分布和积累模拟结果极值包络范围的合理性，是保护环境敏感区域和生态红线的关键，应用该技术提高了核电工程环境安全的程度。

（3）系统研究了模型变态率对温度场及流场模拟的影响规律，提出温排水物理模型设计方法，解决了模型变态率选取不合适造成温度场和流场与实际产生较大偏差的问题。从减小温排水环境影响、确保核电安全出发，在对潮流特征归纳分类（顺岸往复流、离岸往复流、旋转流）基础上提出远排差位式、远排分隔式及混合式取排水布置方法和适用条件，提高了核电工程的安全保证率，降低了工程投资运行成本。

推广应用情况

研究成果已成功应用于我国 90％以上的沿海核电，取得了显著的经济效益与社会效益。采用研发的耦合模拟技术研究了滨海核电温排水、泥沙及核素输运规律，结合工程海域潮流特征对核电厂取排水工程布置进行了优化，实现了工程安全、环境安全和节省投资的目标，节约工程建设及运行成本数亿元，同时优化后的排放口可以显著减小核电温排水对海域环境生态系统的影响，确保了核电与水环境的协调性。

代表性图片

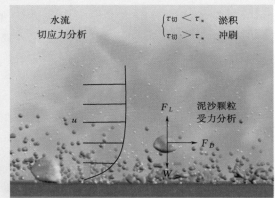
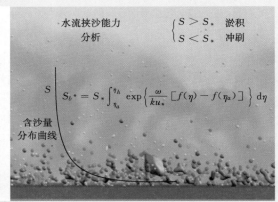

河床冲淤的两种模式

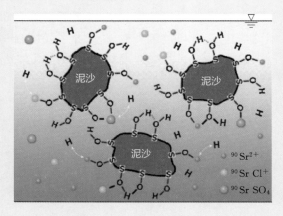

泥沙与核素的络合模式

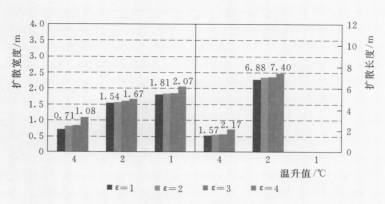

变态率对温排水扩散宽度的影响

完 成 单 位：清华大学、中国水利水电科学研究院、交通运输部天津水运工程科学研究院

主要完成人员：方红卫、纪平、张红武、赵懿珺、何国建、张华庆、李孟国、袁珏、黄磊、刘晓波

联 系 人：杨帆　　　　　　　　　　　　　　联系电话：010-68781126

邮 箱 地 址：yangf@iwhr.com

优秀成果汇编
——纪念中国水利水电科学研究院组建60周年

国家级科技奖励

三 等 奖

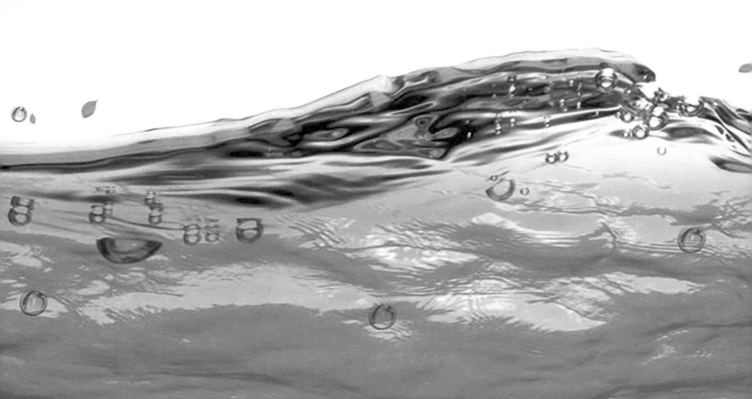

任务来源：水利电力部重点项目
完成时间：1978—1983 年
获奖情况：1985 年度国家科学技术进步三等奖

粉煤灰的超量取代技术在水工
混凝土中的研究和应用

粉煤灰作为掺和料在水工混凝土中应用的研究，包括粉煤灰的微观结构、物化性能，粉煤灰混凝土力学、热学、变形和耐久性等性能系统的研究及高掺粉煤灰混凝土的性能和掺灰工艺研究。在大化工程大坝内部混凝土掺灰高达 57%，改善了大坝混凝土的温控，取得了良好的效果。除大化工程外，本项研究还结合池潭等水电工程混凝土推广应用粉煤灰，在国内首次将粉煤灰应用于 157m 高东江双曲拱坝水位变化区混凝土取得了成功。为了进一步改善大坝内部贫混凝土性能，解决较粗粉煤灰在水工混凝土中应用，提出了超量取代法设计粉煤灰混凝土配合比，达到了节约水泥，提高贫混凝土的和易性，改善水工混凝土质量，简化温控的效果，并将超量取代法首先应用于大化、池潭等水电工程。在此期间，还接受水电部委托，组织、协调水电系统的粉煤灰在水工混凝土中研究应用，把粉煤灰由单纯的节约水泥提高到作为改性材料使用。

主要技术创新

（1）利用超量取代法配制粉煤灰混凝土，在大坝工程贫混凝土中取得成功，应用在大化和池潭水电工程取得良好的效果。

（2）从理论上解决了粉煤灰混凝土应用于寒冷地区水电工程的抗冻耐久性问题，并将粉煤灰混凝土应用于东江双曲拱坝外部水位变化区混凝土。

（3）在理论上和实践中解决了高掺量粉煤灰混凝土长期强度问题。粉煤灰混凝土的"贫钙"问题在实际工程中并未发现。

推广应用情况

目前所有水利水电工程，在有条件的情况下，均首先考虑用粉煤灰作混凝土掺和料。除取得节约效果外，更重要的是改善了工程质量，粉煤灰已成为功能性材料在水利水电工程中得到普遍应用。

完 成 单 位：中国水利水电科学研究院、河北省水利厅工程局、大化水电指挥部、水电部第四工程局
主要完成人员：甄永严、李金玉、宋齐明、蔡继勋、游恩荣
联 系 人：甄永严　　　　　　　　　　　　　　　联系电话：010 - 68781547
邮 箱 地 址：linli@iwhr.com

任务来源：水利电力部微型计算机应用试点重点项目
完成时间：1980—1985 年
获奖情况：1987 年度国家科学技术进步三等奖

富春江水电厂多微机分布控制系统
（一期工程）

为提高电厂的安全运行和经济运行水平，改善与提高电厂对电力系统调频调峰调压的性能，迫切需要研制一套计算机监控系统。当时，国内曾在火电厂和水电厂进行过小型机实现集中式监控的试验研究，由于计算机监控系统硬件故障率高，均未能成功。根据这些经验，本项目确定研究方向为应用当时刚刚出现的以高可靠性大规模集成电路芯片为核心器件的单板计算机（购入和自制）为基本器材，以分布处理方式联合多台微型机共同工作，构成一个功能较强的高可靠性的系统。

主要技术创新

（1）当时最新产品是 8 位微型机系列，其处理速度与处理能力有限，在监控系统的重要模块单元上应用，不能完全满足要求。要获得一个高质量的系统，必须突破常规的处理速度与处理能力的限制。决定本系统采用完全以不同优先权等级的中断申请及执行相应中断服务程序的新的工作方式，这样可以显著提高各单元和整个系统的处理速度和处理能力，完全满足本监控系统各模块单元执行实时任务的需要。为此，自己研制了计算机监控系统各层次的完全以中断方式工作的操作系统。

（2）已有的国内外单板机产品不能完全满足本监控系统的各种特殊需要，在要求对大量开关量进行高速处理的事件顺序记录功能单元，需要自己研制与英特尔公司单板机系列产品完全兼容的专用单板机。采用完全自下而上分层中断的工作方式，成功研发出事件顺序记录分辨率为 1ms 的单板机系列，这是当时国际最高指标。

（3）开发了发电最优机组组合及负荷分配的优化程序，首次将优化程序用于水电厂运行中，指导实时运行中的开停机及负荷分配决策。据富春江电厂统计，执行优化程序可增加年均发电量 1.8％左右。一年增加的电费收入，相当于本监控系统投资的两倍多。

推广应用情况

系统总体技术及机组经济运行计算等在富春江电站二期及其他电站获得应用。

完 成 单 位：中国水利水电科学研究院、水利电力部富春江水电厂
主要完成人员：王金生、苏开佛、钟道国、林肖男、阎惠民
联 系 人：王金生、楼耀章　　　　　　　　　　联系电话：010 - 68518038
邮 箱 地 址：jidian@iwhr.com

任务来源： 自选以及三峡泥沙研究要求的项目
完成时间： 1971—1986 年
获奖情况： 1988 年度国家科学技术进步三等奖

水库淤积与河床演变通用数学模型研究

本项目研究包括数学模型中有关泥沙计算的理论问题研究、数学模型建立及软件编制。整个数学模型是建立在泥沙运动统计理论和非均沙不平衡输沙基础上的。

主要技术创新

由于泥沙运动及河床演变学科并不很成熟，有的方程组不封闭，特别是对于不平衡输沙及非均匀沙而言，研究得很少，为此，对这些难点先后一个个进行了研究：非均匀悬移质不平衡输沙时含沙量沿程变化，含沙量与其级配及床沙级配之间的关系；非均匀沙挟沙能力的多值性，挟沙能力级配及有效床沙级配的概念及一般条件下表达式的提出，异重流的潜入条件补充及不平衡输沙和挟沙能力关系，浑水水库的形成；水库淤积物干容重的机理，初期干容重表达及淤积物密实过程中干容重的变化；冲淤过程中糙率的变化。特别是挟沙能力级配及有效床沙级配的研究，不仅提出了全新的概念，而且提出了泥沙研究的新的领域。

推广应用情况

（1）除三峡水库外，到目前为止，本项研究建立的数学模型已经先后应用于 20 个以上的水库河道等项目。

（2）以本模型为基础，进行局部修改后建立的模型，也获得了较广泛的应用。

（3）模型中的一些泥沙关系，广泛被其他模型应用。

（4）本模型是建立最早、泥沙计算最详细、理论基础深厚、长期应用不衰的一维泥沙数学模型。最近由水利水电规划设计总院和水电水利规划设计总院组织编写的《水利动能设计手册》泥沙分册中，对本模型进行了较详细的介绍，在此之前，本模型泥沙部分的主要内容已收入教科书中。

完 成 单 位：中国水利水电科学研究院
主要完成人员：韩其为、何明民
联 系 人：鲁文　　　　　　　　　　　联系电话：010 - 68786644
邮 箱 地 址：luwen@iwhr.com

任务来源：国家"六五"攻关项目
完成时间：1984—1987 年
获奖情况：1989 年度国家科学技术进步三等奖

华北地区水资源数量、质量及
可利用量的研究

华北是我国水资源短缺问题最早暴露的地区。但在 20 世纪 80 年代初期对华北缺水严重形势的认识，不同部门之间存在很大分歧，从而影响国家采取必要措施缓解华北水危机的决策。本项目通过降水—地表水—土壤水—地下水的水循环和水均衡分析以及水均衡观测试验研究，基本摸清了在不同地下水位埋深条件下区域"四水"转化关系，提出了华北地区地表水资源量、地下水资源量、水资源总量及水资源可利用量等评价成果。

主要技术创新

通过降水—地表水—土壤水—地下水的水循环和水均衡分析，以及水均衡观测试验研究，基本摸清了在不同地下水位埋深条件下区域"四水"转化关系。

推广应用情况

本项研究成果不仅及时澄清了当时对华北地区水资源形势的一些认识，为华北地区提供了统一的地表水和地下水评价成果，同时还为后来的南水北调工程论证等工作奠定了基础。

完 成 单 位：中国水利水电科学研究院、水利部天津勘测设计院
主要完成人员：陈志恺、贺伟程、闻人雪星、郝纯珉、马滇珍、乔翠芳、陆中央、张履声
联 系 人：吴娟　　　　　　　　　　　　　联系电话：010 - 68785613
邮 箱 地 址：wujuan@iwhr.com

任务来源：国家"七五"科技攻关项目
完成时间：1986—1990 年
获奖情况：1991 年度国家科学技术进步三等奖

高坝地基处理技术研究

本项研究针对高坝岩基发展中出现的一些关键技术问题，如岩基渗透稳定性的控制标准、灌浆帷幕新的防渗及其渗透稳定的控制标准、软弱岩层的渗透控制标准等问题从理论到实践进行了全面系统研究。为了科学地确定上述标准，首先研究了灌浆与排水两种渗控措施在渗流控制中的各自地位，灌浆帷幕的厚度、深度、范围以及降压效果与相对渗透性的关系。

本课题从允许渗漏量、岩基渗透稳定、可灌性以及渗控、造价最低等 4 个方面进行了全面的研究。论证了排水帷幕在降低扬压力方面是一种廉价而有效的渗控措施，与普通的水泥灌浆帷幕联合运用将会最有效地降低坝基扬压力，并通过试验资料及工程实例阐明了软弱岩层渗透破坏的机理，论证了在弱透水的软弱岩层上排水帷幕同样是降低扬压力的良好措施，与普通水泥灌浆帷幕相结合，并用反滤保护排水孔孔壁不湿化崩解，软弱岩层的渗透稳定可以保证，不需用高价建造超高标准的灌浆帷幕。

大量系统的研究工作阐明了决定帷幕长期渗透稳定的主要因素是灌浆量及水泥品种，在渗透稳定方面矿渣硅酸盐水泥优于普通硅酸盐水泥，保证质量的首要因素是浆液结石密度，并明确提出应采用低的起始水灰比，推广稳定性浆液进一步研究矿渣水泥作为灌浆材料等问题。

主要技术创新

（1）首次明确地提出了灌浆帷幕的降压效果不单纯决定于灌浆帷幕的防渗性，更重要的是决定于基岩与帷幕渗透系数的比值，对灌浆帷幕在降低扬压力的效果方面首次提出了定量的概念。

（2）明确地提出了普通水泥在一般压力下的帷幕的防渗标准为 $\omega < 0.03\text{L/min}$，此标准无论在防渗或保证坝基渗透稳定方面一般均可满足要求，而且是经济合理的。

（3）明确提出了软弱岩层上的最优渗流控制措施是灌浆、排水、加反滤层。

（4）首次提出了根据现场原型观测资料反求岩基水文地质参数的方法。该方法原理简明、实用性强，是渗流场求逆的一种新途径，可提高渗控设计的可靠性，并应用于实际工程。

推广应用情况

该成果已应用于二滩水电站、宝珠寺水电站、鲁布革水电站、乌拉泊水库等。

完 成 单 位：水电部基础公司、中国水利水电科学研究院
主要完成人员：许国安、杨晓东
联 系 人：许国安　　　　　　　　　　　　　　联系电话：010 - 68786293
邮 箱 地 址：huanglq@iwhr.com

任务来源：国家"七五"重点科技攻关项目
完成时间：1983—1988 年
获奖情况：1991 年度国家科学技术进步三等奖

黄龙滩水电厂水情测报和防洪调度自动化系统

1981—1985 年间针对本项目主要完成了站网论证，高山复杂地形通信布网的设计与计算，全流域通信布网及现场信道质量测试，低功耗雨量遥测站、低功耗水位遥测站、中心站数据接收处理软件，洪水预报软件和洪水调度软件等相关课题的研究。

黄龙滩水情自动测报系统共建 30 个站。其中 1 个调度中心、1 个分中心、5 个中继站、24 个雨量（水位）遥测站。遥测站采用自报式工作体制，中继站、遥测站均无人值守，自动运行。调度中心自动接收遥测站雨量、水位数据，完成计算、存储、查询、显示等功能，提供实时洪水预报和洪水调度方案。

主要技术创新

黄龙滩水情自动测报系统应时而生，是在我国无先例可以借鉴的情况下，面临当时地理条件复杂、技术开发条件差等困难的挑战，完全依靠自己的力量研制成功并投入使用的首套水情自动测报系统，填补了国内空白，其主要技术创新如下：

（1）在国内无先例可参照的条件下，圆满地解决了大流域高山复杂地形水情测报的通信组网的难题，为国内水情测报系统的建设提供了成功的经验。

（2）借鉴国外先进经验，结合我国国情，首次采用了全自报式工作体制，并对国外自报式经验加以完善和发展，解决了数据碰撞等难题。

（3）采用了太阳能光板和蓄电池相结合的供电方式，提高了系统的可靠性，降低了系统建设成本。

（4）低功耗遥测站、中继站设备的开发研制，尤其是一体化的遥测站设备具有结构紧凑、安装方便的特点，法拉第筒式结构有效地解决了野外设备的防雷问题。

（5）洪水预报及调度软件在计算机上自动运行，采用新安江三水源产汇流模型，具有较高的预报精度。

推广应用情况

在黄龙滩水情自动测报系统研制成功后，此成果相继在分布于华中、华南、西南、西北、东北和华北等地的数十座水库、水电站得到迅速推广，并给用户带来了可观的效益。

代表性图片

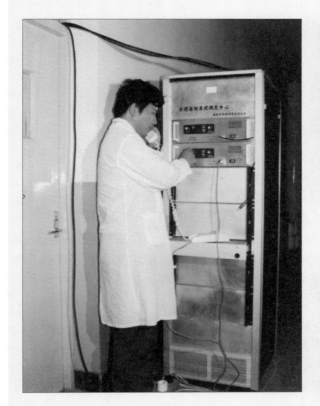

实验室设备调试

信道质量测试

现场安装

完 成 单 位：中国水利水电科学研究院、黄龙滩水力发电厂
主要完成人员：屠明德、张恭肃、夏维进、田秋生、王义忠
联 系 人：孙增义　　　　　　　　　　　　联系电话：010 - 68570546
邮 箱 地 址：sq - hr98@iwhr.com

任务来源：漫湾水电站工程管理局
完成时间：1989—1991 年
获奖情况：1992 年度国家科学技术进步三等奖

漫湾水电站左岸边坡稳定专题研究

  漫湾水电站是云南省澜沧江上修建的一座大型梯级水电站，混凝土重力坝最大坝高 132m。工程于 1986 年 5 月动工兴建，1989 年 1 月 7 日在左岸坝肩边坡开挖施工时发生了一次滑坡，总方量为 10.6 万 m³，此事故不仅延误了电站建设工期，使得枢纽布置发生了重大变化，而且增加了边坡加固量，造成了重大经济损失。本项目正是在这种情况下，在能源部、中国电力企业联合会支持下，由漫湾水电站工程管理局直接组织开展的。主要研究内容为：①滑坡现场调查和反演分析研究；②节理岩体抗剪强度研究；③岩体结构面网络的统计和模拟分析；④边坡稳定性分析和可靠度的综合分析；⑤边坡观测资料分析、研究；⑥边坡明挖爆破试验和监测。

  主要技术创新

  （1）对基本上处于临界状态的边坡进行控制爆破开挖和锚固支护，并进行边坡动态变形的监测和动力稳定分析。

  （2）通过岩体节理面调查和计算机模拟分析来确定岩体节理连通率、RQD 等特性指标，在国外对两组平行节理分析研究连通率的基础上，首次提出了对任意组呈随机分布的节理连通率的计算方法。

  （3）应用试验、经验、理论等多种手段和方法，综合分析节理岩体的抗剪强度。

  （4）应用极限平衡、有限元、块体理论综合分析评价边坡的安全度。

  推广应用情况

  本项目研究成果直接应用于漫湾水电站左岸边坡处理，监测成果和运行 10 余年的实践表明，经综合治理后的边坡处于稳定状态。此外，这项成果应用于李家峡、龙滩等边坡工程，取得了良好的效果。

代表性图片

1989 年 1 月 7 日滑坡发生前左岸地貌

滑坡发生后的左岸地貌

左岸清除滑坡堆积物后的地貌（预应力锚索和锚固洞，锚固桩等工程正在进行）

完 成 单 位：中国水利水电科学研究院、电力部昆明勘测设计院、云南漫湾水电部管理局
主要完成人员：陈祖煜、华代清、凌川、方占奎、张永哲
联 系 人：陈祖煜　　　　　　　　　　　　　　联系电话：010 - 68786976
邮 箱 地 址：chenzuyu@iwhr.com

任务来源： 国家"七五"科技攻关项目

完成时间： 1986—1989 年

获奖情况： 1992 年度国家科学技术进步三等奖

重力拱坝变形过程及转异特征研究

本项目结合黄河上游龙羊峡水电站重力拱坝进行科技攻关研究。龙羊峡水电站是我国"七五"期间在建水电工程中最高最大的重力拱坝，最大坝高 175m。坝址区地质构造异常复杂，北北西、北西向压扭性断裂和北东向张扭性断裂构成坝区构造骨架，对拱坝坝肩稳定非常不利。主要工程地质问题有：①左坝肩上游紧贴坝轴线的伟晶岩劈理带 G_4 在坝头推力作用下，承受拉剪作用，可能产生过分拉裂和反时针方向的相对剪切位移，使库水进入拉裂区，对下游坝肩岩体的稳定产生不利影响；②受坝头推力作用，近坝头地区的大断层可能产生较大的压缩变形，导致拱端和坝体严重拉裂破坏；③在外力作用下，两岸坝肩岩体是否会沿特定的结构面滑移而失稳也是一个存在的工程地质问题。这 3 个问题相互关联，互有影响，使龙羊峡重力拱坝及坝肩的变形、应力和稳定分析问题成为龙羊峡水电站枢纽能否安全运行并发挥其正常经济效益的关键技术问题。针对以上 3 个工程地质问题，本研究项目利用中国水利水电科学研究院自主开发的三维非线性有限元程序 TNOL-02，研究了重力拱坝变形过程及转异特征；近坝断裂深层变形过程及坝肩稳定转异特征；左坝肩坝踵 G_4 开裂及其集中渗漏预警。

主要技术创新

TNOL-02 程序为三维弹塑性有限元程序，可以求解具有复杂地质构造的岩体（包括混凝土）材料的静力数值分析问题。该程序采用了空间定向破坏单元、非定向破坏单元等来模拟坝址区复杂的地质构造。龙羊峡坝址区地质条件特别复杂，为尽可能真实地模拟地质构造，计算分析中共模拟实际构造面 10 条，并隐含模拟了 3 组正交节理裂隙，材料种类达 78 种，当时与国内外同类工作相比，居于前列。为研究 G_4 开裂条件下的坝体及两岸坝肩岩体变形过程，共进行 4 组三维渗流场和应力场互为计算条件的耦合追踪计算，这样的复杂算例当时在国内外尚不多见。

推广应用情况

本科技攻关项目完成之后，利用 TNOL-02 三维弹塑性有限元程序又进行了多个水利水电工程的计算分析，其中包括石门拱坝应力、渗流及稳定综合分析，云河拱坝和坝肩岩体三维非线性有限元分析，黄河小浪底进口边坡稳定分析，三峡升船机上闸首结构分析等多项水利水电工程。

完 成 单 位：中国水利水电科学研究院、西北勘测设计院

主要完成人员：耿克勤、吴永平、包煜君、邵长明、王小润

联 系 人：耿克勤、吴永平   联系电话：010 - 68786547

邮 箱 地 址：gengkq@gxed.com、wuyp@iwhr.com

任务来源： 横向任务

完成时间： 1986—1990 年

获奖情况： 1993 年度国家科学技术进步三等奖

龙滩及漫湾混凝土坝与地基
联合作用仿真分析

主要研究内容

（1）计算初始渗流场 h_0 及相应的渗流荷载 f_0。

（2）计算初始应力场：按初始应力实测资料，由岩石自重、构造力及初始渗流荷载对山体初始应力场 $\sigma_R(0)$ 进行回归分析。

（3）坝基开挖：坝基开挖前要修筑围堰，进行基坑排水，山体渗流场由 h_0 变为 h_1，相应的渗流荷载为 f_1，计算由增量渗流荷载 $\Delta f_1 = f_1 - f_0$ 及因开挖应力释放产生的山体应力场增量 $\Delta\sigma_R(1)$，则坝基开挖后山体应力场为 $\sigma_R(1) = \sigma_R(0) + \Delta\sigma_R(1)$。

（4）坝体竣工：坝体浇筑应考虑坝体温度荷载的影响，按浇筑过程再分为若干计算步进行增量应力分析。在初设阶段，可暂不考虑坝体的温度荷载，按坝体整个浇筑完成，横缝灌浆前作为一个计算步。在坝体施工的同时，山体中的排水隧道也在施工。计算在山体排水隧道完成后的渗流场 h_2 及渗流荷载 f_2，计算渗流荷载增量 $\Delta f_2 = f_2 - f_1$ 及坝体自重作用下大坝及地基的应力增量 $\Delta\sigma_D(2)$ 及 $\Delta\sigma_R(2)$，则坝体竣工后大坝与地基应力场为 $\sigma_D(2) = \Delta\sigma_D(2)$，$\sigma_R(2) = \sigma_R(1) + \Delta\sigma_R(2)$。

（5）大坝蓄水：大坝横缝及帷幕灌浆完成并蓄水。大坝近似按不透水介质考虑，计算蓄水后山体因绕坝渗流所形成的渗流场 h_3 及渗流荷载 f_3，计算渗流荷载增量 $\Delta f_3 = f_3 - f_2$，坝上下游面水压力及大坝建基面扬压力作用下大坝及地基应力增量 $\Delta\sigma_D(3)$ 及 $\Delta\sigma_R(3)$，则蓄水后大坝及地基应力为 $\sigma_D(3) = \sigma_D(2) + \Delta\sigma_D(3)$，$\sigma_R(3) = \sigma_R(2) + \Delta\sigma_R(3)$。

主要技术创新

从研究地基初始应力场和初始渗流场开始，按工程面貌变化过程作增量荷载分析，其中应力分析应考虑地基的非线性影响。即使进行弹性分析，也必须采用增量荷载法。如果将各种荷载，如自重、水压力、渗流荷载、温度荷载等都同时作用于大坝，而不从研究地基初始应力场和初始渗流场开始，按工程面貌变化过程作增量荷载分析，则会得出错误的结果。

推广应用情况

（1）龙滩水电站重力拱坝与地基联合作用分析。

（2）漫湾水电站重力坝与地基联合作用分析。

（3）拉西瓦水电站拱坝与地基联合作用及坝肩稳定分析。

（4）小湾水电站重力拱坝与地基联合作用分析。

代表性图片（龙滩水电站坝与地基联合作用分析）

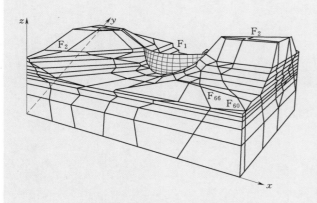

坝和地基有限元计算模型

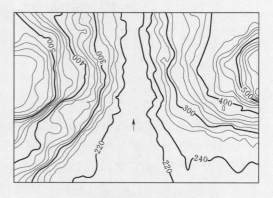

初始地下水位等值线图

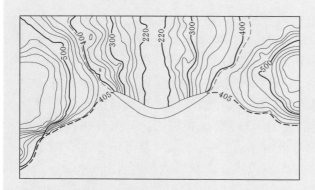

水库蓄水到 405m 高程时的地下水位等值线图

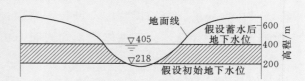

（a）法国 Coyne et Bellier 公司分析结果

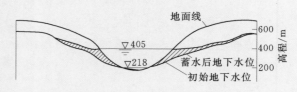

（b）中国水利水电科学研究院分析结果

水库蓄水后帷幕上游岩石承受的增量浮力范围

完 成 单 位：中国水利水电科学研究院、中南勘测设计院、昆明勘测设计院

主要完成人员：张有天、王镭、陈平、陈霞林、喻尊同、徐昕

联 系 人：陈平   联系电话：010－68781351

邮 箱 地 址：chenping@iwhr.com

任务来源： 水利电力部科研项目

完成时间： 1984—1986 年

获奖情况： 1993 年度国家科学技术进步三等奖

应用于大型水轮发电机组的高能氧化锌非线性电阻灭磁及转子过电压保护装置

　　根据机械工业部低压电器基础件"七五"技术发展规划项目及水利电力部科学技术司下达的科研任务，由中国水利水电科学研究院自动化所、上海立新电器厂、葛洲坝水力发电厂共同研制磁场断路器——高能氧化锌压敏电阻灭磁系统。主要研究内容有：高能氧化锌非线性电阻特性研究及检测方法，大能容量设备的氧化锌元件串并联技术的研究，发电机不同运行工况下最大能容量的分析计算，大容量直流磁场断路器的研制，装置的结构、组成及选配方法。

　　主要技术创新

　　（1）磁场断路器是在 DS12 系列直流快速断路器的基础上发展的派生产品。它保留了原断路器的优点，并考虑了灭磁系统的特殊需要，进行了合理的改进。在建压能力及速度、动作可靠性、连续操作能力以及分断小电流方面均表现了良好的特性。其性能满足灭磁系统配套的要求。某些性能达到了国外同类产品先进的水平。

　　（2）灭磁系统中所采用的高能氧化锌压敏电阻，在国外只有在少数国家尚处于开发使用阶段。氧化锌压敏电阻具有非线性系数高、残压低、漏电流小、伏安曲线对称、响应时间快、能量密度大等特点，因此高能氧化锌压敏电阻灭磁系统是一种非常好的灭磁方式，具有技术性能先进、设计思想合理、接线简单、动作可靠、调整维护方便等特点。

　　推广应用情况

　　装置中所有器件包括双断口磁场断路器和高能氧化锌压敏电阻元件均立足于国产化，为批量生产和推广应用开创了良好的条件，已在许多大中型水电站推广应用。

完　成　单　位：中国水利水电科学研究院、上海立新电器厂

主要完成人员：聂光启、谈宝昌、章贤、李伟、蒋睿锋、吴瑞信、高亚平、马群章、孙全忠

联　系　人：李伟　　　　　　　　　　　　联系电话：010－68781706

邮　箱　地　址：aeclw@iwhr.com

任务来源： 水利部水利科技重点项目专项
完成时间： 1989—1994 年
获奖情况： 1995 年度国家科学技术进步三等奖

比转数 1200 轴流泵水力模型
研究及系列产品开发

以原机械工业部排灌机械"七五"期间产品节能更新换代规划要求为目标，以南水北调各类装置模型开发研究所获得的理论、方法、软件与经验为基础，执行国家各项规程和标准，研制比转数 1200 轴流泵水力模型及系列产品，模型泵在国家认可的高精度试验台上进行检测。

本水力模型具有效率高、高效范围宽、空蚀性能好、适宜低扬程范围使用等特点。各项指标均达到并超过了原机械工业部排灌机械"七五"期间产品节能更新换代的规划要求，与国内外相近比转数水力模型相比，本水力模型已达到了国内外同等（或相近）比转数水力模型的先进水平。

本系列产品参照国际标准严格控制质量，标准化程度高，互换性及通用性强，安装维护方便，无振动噪声，运行平稳，空蚀性能好，装置效率比国内同类产品高出 20%～30%，寿命可提高 1 倍以上，节能近 30%，机电一次性投资减少 10%～15%，维修费用减少，具有显著的经济效益和社会效益。

主要技术创新

（1）设计上包含了泵内三维黏性效应及有漩流动影响的实际流体的黏性效应，对传统的升力法作了改进；引用美国 NASA 的二维水叶栅试验数据及亚音速飞机的叶栅试验数据；考虑了轮毂及叶片内外缘两道间隙造成的三维黏性效应影响，并用径向平衡方程计算轴向流速分布；采用二维叶栅奇点分布面元法空泡计算成果，进行空泡设计。

（2）摒弃了水泵生产加工中的粗制滥造，参照国际标准严格控制质量，标准化程度高，互换性及通用性强。尤其是关键零部件如叶片、导叶片，在加工工艺上保证叶型线准确、表面光滑，确保真机的性能。

推广应用情况

比转数 1200 高效节能优质轴流泵被评为 1992 年度国家级新产品，高效节能型优质轴流泵系列产品被评为 1996 年度全国水泵节能推荐产品。已在上海、江苏、河南、浙江、安徽、内蒙古、山东、湖南、湖北、东北平原等低扬程地区广泛推广使用，并已应用于大泵的设计生产使用中。

完成单位：中国水利水电科学研究院
主要完成人员：金勇、张式沱、欧阳诚、杜学儒、许涛
联系人：欧阳诚、苏珊   联系电话：010 - 68515847、010 - 68781722
邮箱地址：bj - kub@sohu.com

任务来源：黄河水利委员会勘测规划设计研究院
完成时间：1989—1992 年
获奖情况：1995 年度国家科学技术进步三等奖

小浪底工程进水塔群结构安全分析和
孔板塔抗震模型试验研究

　　小浪底工程的进水塔是泄洪引水工程的咽喉，关系到整个工程的安危，塔身结构、受力情况和边界条件都十分复杂，尤其是孔板塔最为单薄。对于这种复杂的大型进水塔在强震作用下的抗震性能，国内外的研究成果都很少。为此，受黄河水利委员会勘测规划设计研究院委托，中国水利水电科学研究院对小浪底工程进水塔群结构进行了安全分析以及孔板塔抗震模型试验研究。

　　主要技术创新

　　本项研究工作对不同类型的进水塔，先后分别就 26 种工况用有限单元法，对其在静、动态条件下的位移内力、塔体的强度、抗滑稳定、抗倾覆及其地基的承载力等的安全性作了分析研究，对进水塔群的抗震安全作出判断。为确保进水塔结构的抗震安全，该项研究通过振动台模型试验，对进水塔的抗震安全性做了进一步的研究和分析验证。

　　推广应用情况

　　本项研究成果对小浪底工程进水塔群结构的安全性进行了全面论证，为设计单位确定设计方案提供了重要的论据。本研究成果已经全面纳入小浪底工程进水塔群结构设计的相关文件当中。

完　成　单　位：中国水利水电科学研究院
主要完成人员：陈厚群、侯顺载、杨佳梅、刘存禄、李德云、刘潮珍、张伯艳、曹增延、阳淼
联　系　人：陈厚群　　　　　　　　　　　　联系电话：010–68786560
邮　箱　地　址：chenhq@iwhr.com

任务来源：国家自然科学基金重大项目
完成时间：1989—1993 年
获奖情况：1995 年度国家科学技术进步三等奖

散粒体地基上土石坝混凝土防渗墙研究

本项目针对工程科学技术中尚未解决的土、水与混凝土防渗墙相互作用间存在的疑难问题，进行了 5 个方面的研究：①防渗墙渗流控制；②混凝土与土接触面的本构关系；③防渗墙与土体相互作用的计算分析；④塑性混凝土防渗墙材料特性；⑤原状砂动力特性的研究。

主要技术创新

（1）防渗墙渗流控制。通过总结实测和工程资料，得出若防渗墙破坏，合理设置反滤层可保证大坝安全的结论。

（2）混凝土与土接触面的本构关系。设计了可观测接触面相对位移的大型直剪仪，通过试验得到了接触面的本构关系为刚塑性，否定了 Clough 的接触面上剪应力与相对位移的双曲线型关系。以此为基础提出了一种新的有厚度的接触单元，纠正了国外常用 Goodman 单元和 Desai 单元的不符合实际之处。

（3）防渗墙与土体相互作用的计算分析。静力分析方面：通过开发原程序功能，对计算方法作了全面的改进，包括防渗墙采用梁单元，增加接触面单元，设沉渣单元和考虑混凝土的弹塑性性质；开发了防渗墙绘图程序。在动力分析方面：建立了新型的土体非线性动力剪应变模型，可考虑应力历史的影响；开发的二维动力有限元程序中包括梁柱单元和无厚度接触面单元，可以计算土坝及地基地震后永久变形、剪应力水平和液化损伤度，评估坝坡和混凝土墙和地震安全性。

（4）塑性混凝土防渗墙材料特性。对塑性混凝土强度准则建议采用莫尔—库仑理论是一项重要突破，改变了以往塑性混凝土防渗墙的设计理论。

（5）原状砂动力特性的研究。研制了原位冻结法取原状砂的设备和技术，成功地进行实地取样，最大深度 15m，研制了室内饱和原状砂静动力试验技术。发现剪切波速与动力特性有良好的相关性，可用剪切波速反映砂土的动力特性，对简化和节省取饱和原状砂的工作量和投资有重要意义。

推广应用情况

为小浪底工程深厚覆盖层处理方案确定和工程建设提供了理论依据和技术支持，研制和改造相关试验设备，增强了我国在高土石坝建设方面的技术水平和开拓创新能力。

完成单位：中国水利水电科学研究院、清华大学、河海大学、河北省水利水电设计院
主要完成人员：汪闻韶、俞培基、刘杰、濮家骝、殷宗泽、沈新慧、李万红、刘小生、秦蔚琴、高福田
联系人：刘小生　　　　　　　　　　　联系电话：010 - 68786501
邮箱地址：Liuxsh@iwhr.com

任务来源： 国家"八五"重点科技攻关计划项目课题
完成时间： 1995 年
获奖情况： 1998 年度国家科学技术进步三等奖

农业持续发展节水型灌排综合技术研究

本项目以农业节水灌溉、耕作措施改善、土壤改良、地下水资源保护和增加作物产量为目标，以减缓当地农业水资源供需矛盾、改善农田生态环境为目的，在田间水土管理措施和农田水土管理模式两个层次上研究适宜于当地采用的节水型灌排综合技术及其组合应用模式。通过在河北省雄县和北京市大兴灌溉试验站长期开展的小区试验观测、田间数据测定、数值模拟分析等工作，开展与节水型灌排综合技术相关的应用基础理论和技术研究，具有基础理论研究与生产实践相结合、节水灌溉技术与农艺节水技术相结合、田间管理技术与区域管理技术相结合的显著特点，取得了一系列具有理论创新与应用价值的成果。

主要技术创新

（1）定量描述各种耕作方式下土壤特性参数的时空变异特征和过程，在引入土壤特性动态参数的基础上完成田间水平衡模拟计算，提出夏玉米生长期内的适宜田间水土管理模式。

（2）在利用田间试验数据分析对比作物需水量计算方法基础上，采用改进的土壤水平衡模型模拟分析不同典型年下冬小麦—夏玉米连作的灌溉制度。

（3）研发出粉质土壤稳定性试验的新方法，提出的成套田间土管理技术措施及其组合模式对改善土壤结构、提高土壤水分利用效率及作物产量具有显著效果。

（4）应用地面灌溉数值模拟手段和田间灌溉试验资料，逆向推算土壤入渗参数和田间糙率系数，提出适合当地采用的改进地面灌水技术要素的具体方法和建议。

（5）建立了降雨、地面水回灌水量与地下水位变化的关系，提出的以地下水资源可持续利用为目标、易于操作实施的区域水管理模式在项目区得到应用，取得显著的经济效益和调控效果。

推广应用情况

项目取得的成果在河北雄县推广应用 30 万亩，至 1998 年累计增产粮食和经济作物 20 万 t，增产效益 2.42 亿元；累计节水 4787 万 m³，节约抽水用电 1200 万 kW·h，节水节能效益 840 万元，在取得显著经济、社会和环境生态效益的同时，为华北平原具有类似条件地区的农业可持续发展提供了可借鉴的节水型灌排综合技术管理模式。

代表性图片

田间土壤水力性能试验

田间灌溉试验站及
灌溉试验小区

完 成 单 位：中国水利水电科学研究院
主要完成人员：钱蕴璧、蔡林根、许迪、刘钰、李益农、王少丽、丁昆仑、徐景东、李福祥、刘群昌
联 系 人：许迪　　　　　　　　　　　　　　联系电话：010 - 68676535
邮 箱 地 址：xudi@iwhr.com

任务来源：水利电力部
完成时间：1958—1980 年
获奖情况：1982 年度国家自然科学三等奖

水工混凝土温度应力的研究

　　截至 20 世纪 50 年代，国外虽然提出了水管冷却等温度控制方法，但关于混凝土坝温度应力的研究成果极少，由于缺乏温度应力理论的指导，国内外建造的混凝土坝实际是"无坝不裂"。经过多年不断努力，中国水利水电科学研究院建立了完整的水工混凝土温度应力和温度控制理论体系。该理论体系包括混凝土徐变理论的两个基本定理，重力坝、拱坝、水闸、船坞、隧洞、浇筑块、基础梁等各种水工混凝土结构温度应力变化的基本规律、主要特点和计算方法，拱坝温度荷载、库水温度、水管冷却、寒潮、重力坝加高等一整套计算方法以及温度控制方法和准则。提出了全面温控、长期保温、结束"无坝不裂"历史的新理念，并在我国首先实现了这一理念，建成了数座无裂缝的混凝土坝。

推广应用情况

　　（1）本项目的多项研究成果已纳入我国重力坝、拱坝、船坞、水工混凝土结构等设计规范。

　　（2）本项目提出的一整套实用的温度场和温度应力计算方法及计算公式（如混凝土绝热温升、弹性模量、徐变度、应力松弛系数等）至今仍是我国混凝土坝温控设计和施工的重要依据。

　　（3）依据本项目研究成果编制的专著《水工混凝土结构的温度应力与温度控制》是大体积混凝土方面的重要著作，获国内外广泛好评，1991 年日本建设省大坝中心已将此书全文译成日文。

　　（4）在世界上首先建成了无裂缝混凝土坝。

完 成 单 位：中国水利水电科学研究院
主 要 完 成 人 员：朱伯芳、王同生、丁宝瑛、郭之章、宋敬庭
联 系 人：朱伯芳　　　　　　　　　　　　　　联系电话：010 - 68781457
邮 箱 地 址：bfzhu@iwhr.com

任务来源： 自选项目
完成时间： 1964—1990 年
获奖情况： 1993 年度国家自然科学三等奖

泥沙运动随机理论研究

主要研究内容

单颗泥沙运动（包括静止、滚动、跳跃及悬浮）力学及统计规律；4 种状态的泥沙交换随机模型及统计规律，包括 16 种交换强度及其分布；输沙率的随机模型及统计规律；推移质扩散的随机模型，包括忽略运动与考虑运动时间、点源、线源及面源的扩散分布；非均匀沙交换强度以及输沙率的模型和统计规律；泥沙运动统计理论的应用等。

主要技术创新

本项成果包括思路创新、源头创新以及研究领域创新。

（1）思路创新：避开了单纯的力学与单纯的概率论方法，采用了它们相结合的途径。

（2）源头创新：包括对滚动的力学分析，区分了单步运动与单次运动，建立了 4 种运动状态相互转移的随机模型、转移概率及转移强度，导出了滚动、跳跃、悬浮的输沙率随机模型及分布，统一了输沙率脉动及时均输沙率规律，特别是统一处理了悬移质与推移质输沙率的规律及揭示了其密切关系。

（3）研究领域创新：床面泥沙输移强度为新开创的研究领域，由此可导出若干泥沙运动规律如输沙率等。

推广应用情况

（1）美国流体力学百科全书曾辟专章（第六卷第十八章）介绍本模型，国内《河流泥沙运动力学》《河流泥沙工程》等也均有介绍。

（2）先后收到美国、日本、英国、澳大利亚、新西兰、波兰等国 30 余位专家教授来函索取资料及建立联系。

（3）本项成果还在不平衡输沙研究、泥沙启动等科研中有多项应用。

完 成 单 位：中国水利水电科学研究院
主要完成人员：韩其为、何明民
联 系 人：鲁文　　　　　　　　　　　　　联系电话：010 - 68786644
邮 箱 地 址：luwen@iwhr.com

省部级科技奖励

特 等 奖

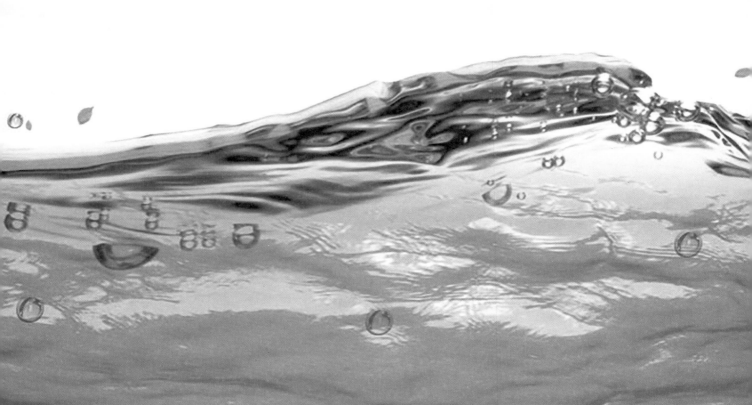

任务来源：国家自然科学基金委重大研究计划
完成时间：2006—2009 年
获奖情况：2010 年度水力发电科学技术特等奖

西部高拱坝抗震安全前沿性基础科学问题研究及其工程应用

为了解决我国西部强震区 300m 级高拱坝抗震安全问题，以防止极端地震下高坝大库溃坝灾变为目标，本项目结合实际在建高坝工程抗震安全评价，对强震区场地相关地震动输入、高共坝体系地震响应计算方法，及其大坝混凝土动态破坏机理等方面的基础性科学问题，进行了系统的研究。主要内容包括：

（1）抗震设防水准框架及其性能目标，场地地震动传播和输入机制，最大可信地震及其场址相关地震动参数确定方法研究。

（2）远域地基能量逸散机制和人工边界处理方法、地基软弱夹层和坝体结构缝的接触问题、高拱坝—地基—库水系统动力分析模型及其求解方法、拱坝—地基体系抗震稳定性和整体失效溃决的定量指标及其评价准则和评价方法研究。

（3）全级配大坝混凝土动损伤和破坏机理及其试验测试方法、声发射测试方法、CT 图像扫描试验技术在重构混凝土材料微细观结构的应用研究、混凝土细观力学分析方法以及初始静载对混凝土动态抗折强度影响机理研究等。

（4）进行了高性能并行计算技术在高混凝土坝大规模地震响应数值计算的方法研究及其高性能并行软件开发。

主要技术创新

本项目取得了一系列技术创新成果：

（1）提出基于综合考虑"地震动输入、结构地震响应以及材料动态抗力"相互配套的基本理念，形成地基—坝体结构—库水相互作用的高坝系统，以防止高坝大库在场址最大可信的极限地震作用下不溃坝为目标，对高坝工程进行全面的抗震安全评价。

（2）提出了场址有效峰值加速度和基于设定地震确定场地相关反应谱的确定方法；提出基于渐进功率谱生成幅值和频率都非平稳的人工模拟地震动加速度时程的新方法和反映近断裂大震地震动特征的"随机有限断层法"。

（3）建立了高拱坝体系地震响应分析模型。该模型能同时考虑拱坝—地基—库水动力相互作用、接触非线性、远域地基辐射阻尼效应、近域地基地质构造以及地震动输入的空间不均匀性等关键影响因素；开发了拱坝体系接触非线性地震响应并行计算软件系统和高性能并行计算平台；同时提出了以变形为核心的高拱坝体系抗震稳定分析方法失效判别准则。

（4）研发了混凝土抗折动态往复加载系列装置以及与医用 CT 配套的专用拉、压动力加载设备；发现了混凝土在轴拉软化阶段存在的应变"Kaiser 效应"；实现了混凝土静、动、拉、压破裂过程的在线 CT 扫描、裂缝图像分析，并基于 CT 成像实现了混凝土材料微细观结构的重构。

（5）建立了计入混凝土应变率效应与损伤演化过程的混凝土三维细观非线性动力学分析理论和方法，提出了全级配混凝土细观骨料模型的随机投放及其细观有限元网格剖分方法，揭示了预静载对混凝土动态抗拉强度的影响机制。

推广应用情况

本项研究形成了一整套强震区高坝大库抗震安全评价的理论体系和方法，并自主研发了一系列分析应用软件。这些研究成果已被广泛应用于经历汶川大地震的重要大坝工程的抗震复核工作。所提出的理论和方法为我国一系列高拱坝，包括小湾、溪洛渡、大岗山、乌东德、锦屏一级、白鹤滩等工程抗震设计提供了科学依据，本项目的研究成果也为修编中的水工抗震规范提供了科学依据，该规范已被批准由行业标准提升为国家标准。其研究成果的广泛应用为我国水利水电事业的进步与发展起到了促进作用，形成了实际生产力，产生了巨大的经济效益与社会效应。

代表性图片

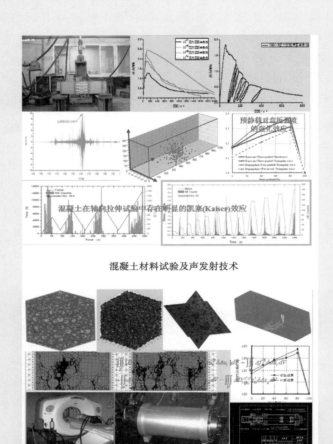

混凝土材料试验及声发射技术

混凝土细观力学模型分析及CT重建技术

全级配大坝混凝土动态性能试验及数值模拟

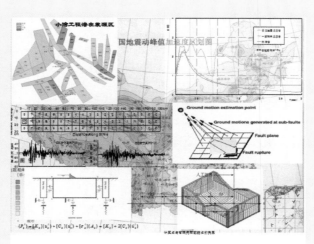

地震动输入

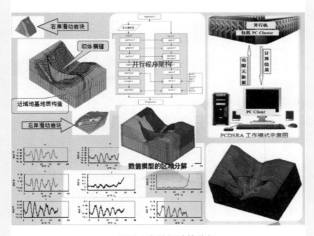

地震响应并行计算分析

高拱坝地震响应计算分析系统及其高性能并行计算平台

完 成 单 位：中国水利水电科学研究院、河海大学、西安理工大学

主要完成人员：陈厚群、吴胜兴、党发宁、马怀发、周继凯、丁卫华、张翠然、沈德建、刘云贺、李同春、
涂劲、张燎军、李敏、王立涛、章青、欧阳金惠、王岩、田威

联 系 人：马怀发　　　　　　　　　　　　　　联系电话：010 - 68786322

邮 箱 地 址：mahf@iwhr.com

任务来源：国家"十一五"科技支撑计划项目、水利部科技创新项目、水电水利规划设计总院重点科研项目

完成时间：2002—2014 年

获奖情况：2014 年度水力发电科学技术进步特等奖

大体积混凝土防裂智能化温控关键技术

本项目以大体积混凝土防裂为目的，基于自动化监测、GPS、无线传输、网络与数据库、信息挖掘、数值仿真、自动控制等技术，研究解决大体积混凝土温控施工监控智能化的理论、方法与关键技术难题，研发大体积混凝土防裂智能化温控系统，并在典型工程中进行应用。主要内容如下：

（1）在系统总结国内数十座混凝土坝温控防裂经验教训的基础上，研究大体积混凝土防裂智能化温控理论方法与实现途径，研究提出智能温控系统的监控指标体系与标准。

（2）基于智能化温控的理念，研发大体积混凝土智能化温控的理论模型，包括理想温度控制曲线、基于实时监测资料的温控效果评价、混凝土温度过程预测、表面开裂风险预测预警、智能通水反馈控制等模型。

（3）根据温控施工智能监控的需要，研究开发大体积混凝土防裂智能化温控关键设备，包括集高精度的数字测温技术、流量测量与控制技术于一体的测控装置，大容量数据无线实时传输装置，水管流量自动换向装置，手持式温度测试仪等。

（4）研究开发大体积混凝土防裂智能化温控系统，将硬件、软件、模型、数据集成为一个系统，实现信息自动采集、实时传输、效果实时评价、温度与应力仿真与反馈分析、智能通水控制、开裂风险实时预警、信息智能发布与干预等功能。

（5）结合鲁地拉、藏木等混凝土坝工程，开展智能温控系统的定制化集成开发，并在工程中部署应用。

主要技术创新

（1）首次提出了大体积混凝土防裂智能化温控理念，即针对大体积混凝土施工监控中的薄弱环节，通过温控信息实时采集与传输、温控信息高效管理与可视化、温度应力仿真分析与反分析、温控效果评价与预警、温控施工智能控制，以温控施工监控的智能化促进大体积混凝土温控施工的精细化，达到预防混凝土开裂的目的。

（2）首次提出了一整套大体积混凝土防裂动态智能化温控的理论模型，包括混凝土目标温度控制曲线、基于实时监测资料的混凝土温控效果评价、混凝土温度过程预测、混凝土表面开裂风险预测预警与混凝土智能通水反馈控制等模型。

（3）研发了大体积混凝土温控防裂智能化温控关键设备，包括集高精度的数字测温技术、流量测量与控制技术于一体的测控装置，大容量数据无线实时传输装置，水管流量自动换向装置等。

（4）研发出一套完整的拥有自主知识产权的大体积混凝土防裂智能化温控系统，包含信息自动采集、实时传输、效果实时评价、温度与应力仿真与反馈分析、智能通水控制、开裂

风险实时预警、信息智能发布与干预、智能保温等模块。

推广应用情况

本项目的研究成果可应用于水电行业大体积混凝土施工尤其是混凝土坝的建设，也可向土木、核电、港口等其他行业推广，应用前景广阔。

2014—2018年，本项目研究成果已在鲁地拉、藏木、丰满重建、黄登、大藤峡等工程获得全面推广，监控工程或坝段未发现危害性裂缝。

代表性图片

丰满重建工程

现场分控站

大藤峡水利枢纽

完 成 单 位：水电水利规划设计总院、中国水利水电科学研究院、北京木联能工程科技有限公司

主要完成人员：张国新、王民浩、孙保平、郭晨、刘毅、李松辉、赵恩国、杜小凯、魏永新、陈惠明、李仕胜、
张磊、刘有志、赵全胜、刘爱梅、王振红、徐华祥、黄涛、贺海龙、胡平、杨萍、李玥、赵丽
娜、李小平、马晓芳、邢少锋、郝志强、刘玉、李金桃、周秋景、李海枫

联 系 人：张国新、李松辉　　　　　　　　　　　联系电话：010－68781717、010－68781548

邮 箱 地 址：zhanggx@iwhr.com、lish@iwhr.com

任务来源：国家重点基础研究发展计划（973 计划）项目
完成时间：2010—2014 年
获奖情况：2015 年度大禹水利科学技术特等奖

气候变化对旱涝灾害的影响
及风险评估技术

　　针对气候变化背景下旱涝灾害"发生了何种演变？为何发生？将来会怎样？如何应对？"等几个问题开展理论与技术研究。以黄淮海地区为研究区，系统分析了黄淮海地区多尺度旱涝灾害演变规律，识别了黄淮海地区旱涝灾害演变的驱动机制，预估了气候变化背景下黄淮海地区旱涝灾害风险，提出了黄淮海地区旱涝灾害风险综合应对的体系，系统构建了气候变化对旱涝灾害的影响及风险评估技术体系。

　　主要技术创新

　　（1）系统揭示了基于广义水平衡演化的区域旱涝事件评价理论与方法体系。在单因子驱动识别的基础上进行多因子的耦合驱动分析，揭示多因子对旱涝灾害驱动的非线性叠加机理，实现了旱涝灾害孕育机理的"分离—耦合"识别。

　　（2）科学揭示了多因子多尺度旱涝灾害孕育机理。在单因子驱动识别的基础上进行多因子的耦合驱动分析，揭示多因子对旱涝灾害驱动的非线性叠加机理，实现了旱涝灾害孕育机理的"分离—耦合"识别。

　　（3）提出了基于三层风险评估的旱涝灾害风险应对理论与方法。采用"层层剥笋"的形式，分层明晰风险应对的重点区域与重点环节，并结合风险因子的可调控特性，将社会经济系统的自适应性能与工程体系建设相结合，对旱涝风险进行综合调控。

　　推广应用情况

　　已在国家防办、国家气候中心及黄淮海等 7 个一级流域和 13 个省（自治区）的防汛抗旱、水资源管理与气候变化应对的业务主管部门得到成功应用，为旱涝灾害风险区划及重点区域水安全保障规划、工程规划设计及重点平原洼地治理、工程安全运行调度与防汛抗旱应急管理、气候变化评估等提供了有力的理论与技术支撑，评估预估结果已被《第三次国家气候变化评估报告》等采纳，取得了显著的社会经济效益。

　　代表性图片

旱涝灾害风险评估技术

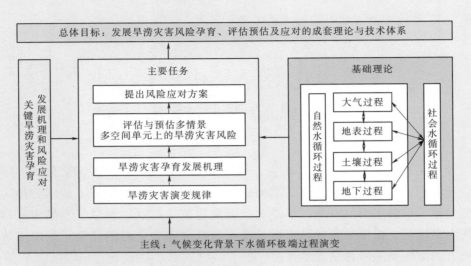

总体思路

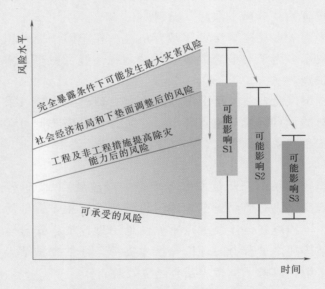

基于"三层风险"评估的旱涝灾害综合应对技术

完 成 单 位：中国水利水电科学研究院、河海大学、东北师范大学、东华大学、南京水利科学研究院
主要完成人员：严登华、王浩、张建云、杨志勇、钟平安、赵勇、宋新山、张继权、翁白莎、鲁帆、秦天玲等
联 系 人：秦天玲　　　　　　　　　　　　　　联系电话：010－68781316
邮 箱 地 址：qintl@iwhr.com

任务来源： 国家高技术研究发展计划（863 计划）项目、"九五"国家重点科技攻关项目、"十一五"国家科技支撑计划项目、国家自然基金重点项目、国家电力公司科技项目、工程项目

完成时间： 1993—2012 年

获奖情况： 2015 年度水力发电科学技术特等奖

我国大型抽水蓄能电站建设关键技术研究与实践

大型抽水蓄能电站是我国的重要基础设施，可以提高电网供电质量和运行稳定性，是电网中最可靠、最经济、寿命最长、容量最大的储能装置。抽水蓄能还是新能源发展的重要组成部分，可以有效降低核电运行风险和运营成本，提高电网对风电和光伏发电的消纳能力，优化电力系统的资源配置，实现节能减排和可持续发展。

虽然抽水蓄能电站的出现在国外已有一百多年的历史，但因其所处地形地质条件复杂、上下库高差大、水头高，库水位涨落频繁，本项目开展时其安全建设问题在世界范围内仍是重大技术问题。如美国托姆索克抽水蓄能电站上水库于 2005 年发生溃决。德国瑞本勒特抽水蓄能电站上水库混凝土面板衬砌开裂漏水严重，1995 年被迫重建。1992 年我国羊卓雍湖抽水蓄能电站引水隧洞发生了严重塌陷，被迫改线。1998 年广州抽蓄二期有压隧洞发生严重内水外渗。此外，国内外不少抽蓄电站因厂房振动过大导致梁板柱结构开裂，严重影响厂房结构安全和运行人员的身心健康，有的造成机墩结构破坏、水轮机破坏，不得不更换水轮机组，损失严重。

以上这些事故在造成巨大经济损失、安全隐患的同时，也清楚地表明抽水蓄能电站的安全问题并未得到根本解决，在水库防渗、开挖风化料筑坝成库、超高压管道衬砌选择以及厂房抗振减噪等方面需要进一步的研究和实践。预计到 2020 年我国抽水蓄能装机将达到 7000 万 kW，一大批水头更高、装机容量更大、地形地质条件更复杂、施工难度更高的抽水蓄能电站即将投入建设，其安全保障意义更为重大。

主要技术创新

（1）提出了沥青和钢筋混凝土面板全池防渗耐久性定量设计新理念。提出了沥青面板适应基础变形的定量设计方法、超低温抗裂沥青改性方法、沥青抗流淌/抗冻断配合比设计方法、沥青面板接头结构材料、沥青老化时间标尺及面板耐久性设计方法、超耐久混凝土、土工膜应变设计标准、薄层碎石置换垫层变形控制技术和土工席垫应变控制技术。

（2）提出了预测库坝长期变形流变模型、坝体变形控制指标、高含水率全（强）风化料与碎石互层、薄层碎石置换、加大反弧段半径、设置聚酯网格和加厚层等垫层应变控制技术，提出了覆盖层上建坝成库设计方法。

（3）建立了超高压输水洞围岩渗流理论体系，发明了围岩灌浆固结圈承载结构及施工方法，提出了围岩临界劈裂压力、应力分析三原则及外水压力分项系数，建立了围岩综合抗渗指标、衬砌选择 ECIDI 量化判断准则。研制了世界上压力最高的渗透试验系统和特高压灌浆

技术。

（4）提出了厂房严控机墩、板梁柱结构自振频率与振幅的"全控制"新理念，发现厂房振动强烈部位仅限局部结构规律并提出局部构件自振特性分析方法，研发了振动测试系统，提出了调整结构刚度及结构与围岩有效连接的抗振措施，成功解决了天荒坪厂房振动问题。

（5）沥青施工突破国外垄断形成了特有技术体系。拌和精度和生产能力达到国外设备同等水平，但造价降低近一半。开发的斜坡摊铺设备质量达到国际先进水平，速度约为日本垄断公司设备速度的 2 倍。提出了面板寿命预测方法并得出天荒坪、十三陵面板的寿命。

推广应用情况

（1）全库防渗技术先后在天荒坪、泰安、张河湾、宝泉、西龙池、呼蓄等大型抽水蓄能工程中得到成功应用。

（2）成库与筑坝技术先后在天荒坪、泰安、宜兴等大型抽水蓄能工程中得到应用。

（3）混凝土衬砌高压输水道与岔管建设技术先后在天荒坪、桐柏、泰安、响水涧、仙游等大型抽水蓄能工程中成功应用。

（4）厂房振动控制技术先后在天荒坪、桐柏、泰安、宜兴、响水涧等大型抽水蓄能工程中得到成功应用。

（5）沥青混凝土机械化施工设备和施工技术先后在宝泉、呼蓄等大型抽水蓄能工程中得到成功应用。

（6）主持编制了 31 部规程规范，成果已纳入上述相关标准。

代表性图片

天荒坪抽水蓄能电站（修建时世界水头最高）

宝泉抽水蓄能电站（国内第一座由国内企业施工的沥青面板衬砌蓄水库）

呼和浩特抽水蓄能电站（世界气温最低的沥青面板衬砌蓄水库）

十三陵抽水蓄能电站（世界同类工程漏水量最小）

完 成 单 位：中国水利水电科学研究院、国网新源控股有限公司、中国电建集团华东勘测设计研究院有限公司、中国电建集团北京勘测设计研究院有限公司、西安理工大学、北京中水科海利工程技术有限公司

主要完成人员：张春生、贾金生、张振有、郝荣国、姜忠见、郝巨涛、鲁一晖、侯靖、王为标、朱银邦、汪易森、黄悦照、郑全春、吕明治、岳跃真、邓刚、欧阳金惠、李冰、余梁蜀、刘增宏、许要武、张克钊、马锋玲、王建华、何世海、夏世法、吴关叶、李曙光、徐建军、张福成、吴宏炜、周垂一、江亚丽、李振中、郑齐峰、孙志恒、李金荣、陈丽芬、汪正兴、刘加进、渠守尚、杨伟才、冯仕能、周长兴、赵贤学、王樱畯、黄昊、刘建峰、李蓉、王登银

联 系 人：郝巨涛   联系电话：010－68781532

邮 箱 地 址：hjt@iwhr.com

任务来源："十二五"国家科技支撑计划项目
完成时间：2012—2015 年
获奖情况：2017 年度大禹水利科学技术特等奖

三峡水库和下游河道泥沙模拟
与调控技术

2003 年三峡水库蓄水运用以来，在防洪、发电、航运、水资源利用等方面开始发挥巨大综合效益。但近年来三峡工程运用中出现了一些新情况与新问题，入库水沙条件大幅度变化、坝下游河道强烈冲刷、对洞庭湖和鄱阳湖影响等。同时，国家推动长江经济带发展战略和建设长江黄金水道对三峡水库运用提出了更高的需求，迫切需要在有效调控泥沙冲淤的条件下优化水库运行。为此，"十二五"国家科技支撑计划开展了"三峡水库和下游河道泥沙模拟与调控技术"项目研究，采用实测资料分析、数学模型模拟、理论和试验研究等手段，研究三峡水库大水深强不平衡条件下泥沙输移规律、来水来沙变化、水库泥沙絮凝、水库排沙比变化规律，揭示河道粗细泥沙交换长距离冲刷、滩群演变和岸滩侧蚀机理、江湖关系变化影响等，研发三峡水库和下游河道泥沙模拟技术、三峡水库综合调度与泥沙调控技术、坝下游航道整治技术等，形成三峡水库和下游河道泥沙模拟与调控的技术示范。

主要技术创新

（1）在泥沙运动规律方面取得了理论创新，系统研究了三峡水库大水深强不平衡条件下泥沙输移规律，首次揭示了三峡水库泥沙絮凝机理；揭示了清水冲刷下推移质输沙及河床二次粗化机理、阐明了坝下游典型滩群演变与水库水沙过程调节的响应关系。

（2）构建了三峡水库和坝下游河道一维、二维、三维水流泥沙数学模型体系，通过引入水库泥沙絮凝因子、强不平衡条件下恢复饱和系数理论公式、非均匀沙挟沙力和混合层厚度计算模式等，提升了水库和坝下游河道泥沙数学模型技术，三峡水库淤积量计算误差为6.9%，较改进前最大误差减小了 28.9%，坝下游河道冲刷计算误差为 12%，大幅提高了模拟精度。

（3）综合考虑自然变化和人类活动的影响，建立了上游 66 座水库的拦沙计算模式，提出了符合未来发展趋势的三峡入库新水沙系列。

（4）揭示了长江与洞庭湖、长江与鄱阳湖江湖分汇关系调整机理及变化趋势，提出了以调控和水系整治相结合的两湖治理对策。

（5）发明了透水坝头和台阶式坝头两种新型航道整治结构技术，提出了坝下游顺直微弯河段和分汊河段等航道治理措施。

（6）系统研究了汛限水位动态变化、城陵矶补偿调度、提前蓄水调度、沙峰排沙调度等技术，提出了三峡水库泥沙调控与多目标优化调度方案。

推广应用情况

三峡水库泥沙调控与多目标优化调度方案在 2013—2015 年长江流域及三峡水库防洪调度中得到了应用，取得了重大经济、社会和环境效益。新型航道整治结构技术及长江中下游典型滩段的治理措施已成功应用于嘉鱼至燕子窝河段、东流水道和周天河段等航道整治工程。长江中下游河道与江湖关系演变规律及两湖治理对策在洞庭湖和鄱阳湖综合规划等工作中得到了采纳。研发的水库和坝下游河道泥沙数学模型及岸滩侧蚀冲刷与河道横向变形泥沙数学模型在金沙江下游梯级水电站和长江中游河道治理等工程中得到了推广应用。

代表性图片

三峡水库泥沙絮凝现场观测取得成功

透水坝在长江东流水道整治中得到应用

完 成 单 位：中国水利水电科学研究院、清华大学、水利部交通运输部国家能源局南京水利科学研究院、长江勘测规划设计研究院、中国长江三峡集团公司、长江水利委员会长江科学院

主要完成人员：胡春宏、张曙光、李丹勋、陆永军、胡维忠、方春明、李国斌、周曼、毛继新、要威、王党伟、黄仁勇、陈绪坚、陆彦、李义天、王延贵、胡兴娥、左利钦、施勇、刘春晶、吉祖稳、王海、假冬冬、徐照明、张会兰、葛华、关见朝、郭小虎、游中琼、孟震、史红玲、陈磊、雷国平、陈莫非、张磊、张燕菁、陈炯宏、王志力、栾震宇、鲁婧、董占地、胡挺、许慧、王敏、刘磊、王大宇、杨霞、尚倩倩、马强、段炎冲

联 系 人：鲁文　　　　　　　　　　　　　　　　　联系电话：010－68786644

邮 箱 地 址：luwen@iwhr.com

优秀成果汇编
——纪念中国水利水电科学研究院组建60周年

省部级科技奖励
一 等 奖

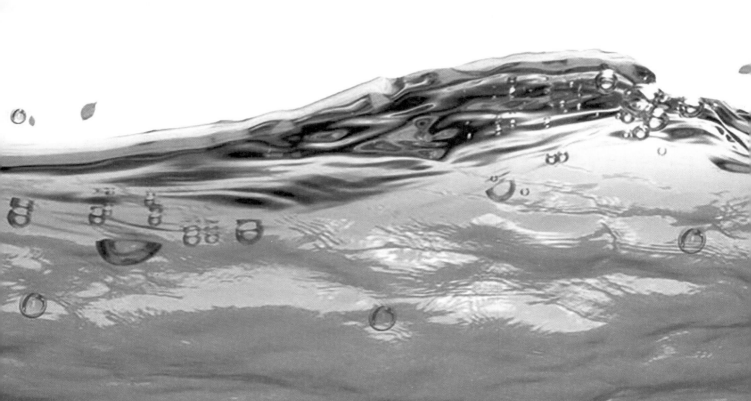

任务来源：国家"七五"攻关计划项目
完成时间：1986—1990 年
获奖情况：1993 年度电力部科学技术进步一等奖

水电站群优化补偿调节及三峡
水库综合利用优化调度

　　本专题研究包括两大部分：①水电站群优化补偿调节；②三峡水库综合利用优化调度。

　　第一部分研究的问题是国内外长期研究而未解决的技术难题，也是本项目的重点。本项研究运用大系统递阶分析原理建立了三层次总体模型。能进行多个大区上百座水电站的联合优化补偿调节计算，能给出运行策略，并进行优性验证。主要原理包括：根据系统有效蓄能最大和风险约束条件，建立了水电站群总体调度规则与单站调度图相结合的多准则调度规程；将水库群优化调度和电力系统优化电力电量平衡有机地结合起来，实现了双重优化的统一解；提出了负荷移置法再结合经济原理，解决了多大区互联电网的电力潮流优化分析难题；运用动态经济学方法，研究了水电站群补偿调节后增加装机容量的优化分配问题。

　　第二部分研究是针对三峡枢纽可行性研究及论证中提出的一些有争议的重大关键技术难题。

　　本项研究提出了解决三峡水库防洪、发电、航运、泥沙等综合利用之间矛盾的对策及三峡电站与葛洲坝电站联合调度的运行方式。

　　主要技术创新

　　（1）首次系统地提出和阐明了水文补偿、电力补偿和库容补偿的基本概念和原理，水电站群补偿调节中存在的容错性特征。

　　（2）首次将水库群最优蓄能关键技术（包括蓄放水次序判别等）、系统电力电量平衡关键技术（包括电站在电力负荷图上的位置布置等）以及多电网间电力潮流优化关键技术（包括负荷移植法等）有机地结合起来，大大拓宽了水电站群优化补偿调节的范畴，使其更加具有科学性、合理性和实用性，并且还克服了"维数灾"问题，显著提高了大系统的求解速度。

　　推广应用情况

　　本项目的理论成果为建立"系统水能学"提供了理论基础，针对三峡工程的合理建议（包括补偿调节及水库调度运行方式、增加机组等）已为三峡工程可行性研究及初步设计采用，关于各大电网联网形成以三峡电站为中心的大电力系统的建议目前已实现。

完 成 单 位：中国水利水电科学研究院、北京水利电力经济研究所、长江水利委员会
主要完成人员：杨柄、黄守信、秦大庸、董子敖、覃爱基、方淑秀、王守鹤、张玉新、尹明万
联　系　人：尹明万　　　　　　　　　　　　　　联系电话：010－68785708
邮 箱 地 址：yinmw@iwhr.com

任务来源： 水利部重大科技项目
完成时间： 1984—1993 年
获奖情况： 1995 年度水利部科学技术进步一等奖

黄河小浪底枢纽泥沙问题研究

　　小浪底工程的任务是以防洪（包括防凌）、减淤为主，兼顾发电、灌溉，除害兴利、综合利用。枢纽由拦河坝、泄洪洞、排沙洞、电厂及其他组成。枢纽泄水建筑物还需考虑汛期常有的高含沙洪水的排泄和汛期水草和漂浮物的排漂建筑物的合理布置。

　　小浪底枢纽模型自 1984 年 12 月起到 1990 年，先后对由中美联合设计组及黄河水利委员会勘测设计院提出的泄水建筑物进水口小圆塔布置方案、龙抬头方案、进口集中塔群布置方案、集中布置调整方案及优化布置方案等进行了大量的试验研究工作，先后对枢纽布置提出若干重大建议。

　　（1）由于进水口位于弯道凹岸下翼，来流必须在风雨沟口急剧转弯，才能到达进水口前缘。为改善进水口前的河势流态，建议在泄水建筑物的右侧，即在风雨沟口修建导流墙，导流墙的作用是迎接来流，调整流态，把来流平顺地导向风雨沟内，以保证在进水口前缘形成有利河势流态，即形成单一的逆时针回流，改善风雨沟内的淤积形态，减少进水口前的淤积。

　　（2）基于弯道水流的特点，进水口前的流速相对比较大，容易产生局部性回流。为此，建议塔群的"阶梯"形排列适当调整，使进口前缘处在同一直线上。

　　（3）小浪底枢纽的来流全部由泄洪洞等泄水建筑物下泄，没有表面溢流建筑物（非常洪水除外），建议设置排漂建筑物（排漂闸及排漂洞）及相应的导流设施，使洪水期的漂浮物顺利排出库外，保证洪水期电厂发电及其他建筑物的安全。

　　（4）建议取消连接电厂、排沙洞进口段的竖井，以避免在排沙洞运用时，来自电厂进口的垂向水流对排沙洞水流的干扰和由此而引起的局部性淤积。

　　（5）增加进水口前沿的流速是减少进水口前淤积重要途径。因此，在运用上应尽量做到先"里"（风雨沟靠里一侧）后"外"的原则，首先使用靠里的泄水设施，特别是泄洪洞。上述重大建议全部为黄河水利委员会勘测设计院在小浪底枢纽设计中采用。

完 成 单 位：中国水利水电科学研究院、黄河水利委员会水利科学研究院、南京水利科学研究院
主要完成人员：窦国仁、王国兵、王向明、于为信、高亚军、韩信、屈孟浩、曾庆华、周文浩、王国栋、陈建国、陈书奎、赵华侠、韩建民、刘建军
联　系　人：鲁文　　　　　　　　　　　　联系电话：010－68786644
邮　箱　地　址：luwen@iwhr.com

任务来源： 三门峡水利枢纽管理局

完成时间： 1989—1994 年

获奖情况： 1995 年度水利部科技进步一等奖

三门峡水电站水轮机过流部件全汛期
抗磨蚀材料试验研究

三门峡水电站装机 5 台，1973 年 12 月 26 日第一台机组投入运行，因汛期泥沙含量大，水轮机过流部件损坏十分严重，1980 年汛期被迫停止发电。通过本项试验研究研制出系列抗磨蚀材料和工艺，解决了含沙水流电站水轮机汛期安全经济运行的问题。

主要技术创新

（1）针对三门峡进行合金材料抗空蚀磨损喷焊防护试验研究，研制出 SPH 系列抗磨蚀材料，使用该材料进行防护的水轮机过流部件经两个汛期运行后，磨蚀程度得到根本的改善，机组可在汛期发电运行。

（2）研制出适用于轴流水轮机大叶片的喷焊工艺，该工艺解决了大工件变形问题、材料表面严重龟裂和与基材结合强度的问题。

推广应用情况

本项研究成果在葛洲坝、刘家峡电站水轮机及泥浆泵等项目中得到广泛应用。

代表性图片

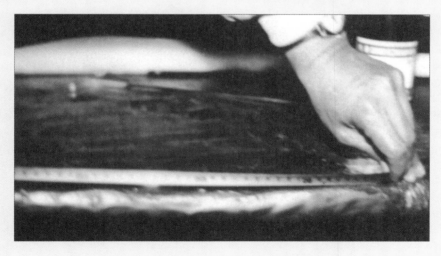

5 号机 1 号叶片头部 SPHG1 防护后磨蚀外观

5 号机未加防护叶片头部磨蚀

完 成 单 位：中国水利水电科学研究院、三门峡水利枢纽管理局
主要完成人员：刘家麟、陈晓平、李勇、张瑞金、王海安
联 系 人：马素萍　　　　　　　　　　　　　　联系电话：010－68781735
邮 箱 地 址：jidian@iwhr.com

任务来源：国家"七五"重点科技攻关项目
完成时间：1985—1993 年
获奖情况：1995 年度水利部应用成果一等奖

三峡回水变动区泥沙模型试验研究

主要研究内容及技术创新

（1）本模型各项比尺设计和试验技术经清水和浑水条件的多次验证，说明水流特性、泥沙输移和河床冲淤规律基本上与天然一致。各方案的实验结果可以反映回水变动区河床冲淤的规律和揭示三峡水库蓄水后重庆港区可能出现的航道情况变化。

（2）三峡枢纽在 160m、170m 和 175m 正常蓄水位方案下，重庆河段将分别处于回水变动区末端和中上段，泥沙将不可避免地发生不同程度的累积性淤积。按统一条件试验结果，水库运用后期第 80 年，河段淤积总量约为 8110 万 m^3，几种不同条件的 175m 方案比较试验说明，运用后期淤积总量可能的变幅为 6800 万～12000 万 m^3。

（3）不同的试验结果表明，淤积的分布部位均集中在某些弯道凸岸边滩、洪水分汊河段和回流缓流区港域。从单位距离的淤积量看，推移质淤积为上游大于下游段，悬移质则相反，下游段大于上游段，从横向分布看，推移质泥沙的淤积集中于河槽和滩唇，悬移质淤积则 60%～70% 分布在滩地。随着运用年限增长，水位逐年抬高，淤积仍呈累积增加的趋势，初期增加快，后期递增减缓。

（4）每年汛后至翌年水位消落前的蓄水期间，160m 方案可使朝天门以下航道和港域条件得到改善，170m 方案和 175m 方案的第 11 年后各相应时期，可使全试验河段的航行条件得到明显改善，航行尺度和水流条件均可满足万吨船队至九龙坡的航行要求，但河段累积淤积量发展到一定程度后，在水位消落冲沙期，特别是大沙年后的消落期，遇较枯来水流量时，九龙坡、铜元局、猪儿碛和金沙碛等浅滩段将出现程度不同的碍航现象。

（5）几次整治试验结果表明，在几个重点浅滩段设置导流丁坝、顺坝，可取得良好的整治效果，码头边滩得以消退，港域扩大，主槽趋于稳定。

（6）考虑 1954 年大水对于防洪调度运用的试验结果表明，在水库运用后期，重庆河段淤积量将进一步增加，在第 87 年淤积基础上，遭遇 20 年一遇洪水（$Q=75300\mathrm{m}^3/\mathrm{s}$）时，唐家沱壅水深度若不超过 10m，则海关以上的水位将不致超过 200m。

（7）试验表明，天然入库泥沙级配的代表性以及模型沙的合理选配和模拟是影响试验结果的重要因素，也是导致试验结果有所差异的主要原因。175m 方案三次试验根据三种条件所得出的结果，给出了淤积量可能变化的上下限范围。

完　成　单　位：长江水利委员会长江科学研究院、中国水利水电科学研究院
主要完成人员：潘庆燊、曾庆华、吕秀贞、杨国玮、黄煜龄、韩其为、陈子湘、王兆印、郭继明、张新玉、梁栖蓉、黄金池、姜军、戴清、陈中祗
联　系　人：鲁文　　　　　　　　　　　　　联系电话：010－68786644
邮　箱　地　址：luwen@iwhr.com

任务来源： 国家"八五"重大科技攻关项目
完成时间： 1995 年
获奖情况： 1996 年度电力工业部科学技术进步一等奖

岩质高边坡稳定分析方法和软件系统

本研究项目全面总结了新中国成立以来水利水电边坡工程的经验教训，在岩质边坡分类、滑坡机理、抗剪强度参数取值、稳定分析方法以及软件系统等方面，开展了系统的研究工作，主要包括以下 4 个方面：①岩质高边坡失稳破坏机理及分析方法的研究；②岩体结构特征与力学特性的研究；③滑坡和边坡岩体工程分类、统计和数据库；④岩质高边坡稳定分析和评价的计算机软件系统。

岩质高边坡稳定分析软件系统，包含有地质资料分析处理、边坡失稳模式判断、岩体结构面网络模拟、边坡和抗剪参数数据库、各种边坡失稳模式的稳定分析等多种功能，初步形成了进行边坡稳定的系统工程分析的体系。

主要技术创新

（1）开展系列的离心模型试验，全面揭示了边坡倾倒破坏的机理，获得了与数学模型一致的结果。发现了倾倒破坏中出现的深层滑裂面现象。

（2）在全国范围内开展水利水电工程边坡登录工作，建成我国水电系统的滑坡和边坡数据库，建成水电工程抗剪强度参数数据库。

（3）实测近 5 万条结构面，在节理岩体网络分析中采用严格的动态规划方法对岩体节理网络进行搜索，在理论上和实践上解决了工程界普遍关心的连通率问题。

（4）开发了基于塑性力学上限原理基础上的边坡二维、三维分析方法，在理论上实现了重大突破，并在此基础上开发了简便实用的边坡稳定分析和评价的计算机软件，初步形成了我国水利水电边坡工程稳定分析和优化设计的理论体系和软件系统。

推广应用情况

本专题研究主要应用于水利水电和土木工程技术领域，为大、中型工程边坡设计提供科学分析论证。在攻关期间直接结合李家峡和龙滩水电站的关键技术问题研究，取得了较高的经济效益和社会效益。本研究成果已广泛应用于小湾、三峡、小浪底、思林、洪家渡、糯扎渡、向家坝、溪洛渡、锦屏等一系列重大工程中，为工程设计提供了重要依据。系统软件经不断发展已形成了边坡稳定分析程序系列 W－SLOPE，目前已拥有 200 多用户，且被边坡设计规范列为专用程序。

代表性图片

边坡倾倒破坏离心模型试验

边坡稳定分析软件系列

完 成 单 位：中国水利水电科学研究院

主要完成人员：陈祖煜、汪小刚、耿克勤、贾志欣、袁培进

联 系 人：陈祖煜、贾志欣　　　　　　　　　　联系电话：010 - 68786976、010 - 68786550

邮 箱 地 址：chenzuyu@iwhr.com、jiazx@iwhr.com

任务来源：电力工业部、中国电力企业联合会科学技术工作部
完成时间：1989—1997 年
获奖情况：1999 年度天津市科学技术成果一等奖

超高压大电流线路阻波器

超高压大电流线路阻波器是电力工业重点科技项目，按照国内短路电流试验设备最大能力设计了 XZK2500 - 0.2/50 - T6 小样机，进行了短路电流试验和温升试验。产品技术性能以 IEC353 标准为基础，达到额定电流和短时电流配合为 Ⅱ 系列或更高，短时电流持续时间为 2～3s 等要求。项目实际研制的产品技术性能已达到或超过国家标准、国际标准的规定，其中短时电流耐受能力、无线电干扰电压等指标符合国际先进标准的要求，完成了包括系列化设计和制造工艺在内的一整套工业化生产技术。T6 系列线路阻波器主要技术指标如下：

适用线路电压等级：220kV、330kV、500kV；

额定持续电流：1250A、1600A、2000A、2500A、3150A；

额定短时电流：50kA、63kA；

额定短时电流持续时间：1s、2s、3s；

额定电感：0.2mH、0.315mH、0.5mH、1.0mH、2.0mH。

研制的新系列产品技术性能可靠、节能性好、实用性强，工艺稳定，质量保证程度高，综合技术经济指标居国内领先地位，达到国际先进水平。

主要创新技术

本项目创造性地运用相关的机械、电气基础理论，形成了大电流多层开放式框架结构主线圈、灌封式调谐装置和绝缘分段结构均压屏蔽环为主要特征的超高压大电流线路阻波器，促进了干式空心电抗器和线路阻波器的技术进步。

推广应用情况

本项目成果首先可推广应用于超高压大电流电力载波系统。随着三峡工程建设，将在我国形成以 500kV 输电线路为骨干网的电力系统，对超高压大电流阻波器需求量很大。组织实施本项目，形成批量化生产能力，向国内外超高压大电流输变电工程提供可靠、节能、实用的 T6 系列线路阻波器，具有显著的社会效益和经济效益。同时，运用项目成果，可进一步开发干式大电流串联电抗器、超高压全可控串联补偿装置（TCSC）等新产品，为提高线路输电能力和系统稳定水平、降低输电损耗作出新的贡献。

代表性图片

运行中的挂式阻波器

完 成 单 位：中国水利水电科学研究院
主要完成人员：朱梦熊、韩荫奇、张彦停、侯春明、杨泽明
联 系 人：杨泽明　　　　　　　　　　　联系电话：022－82852126
邮 箱 地 址：inst@tjinst.com

任务来源：国务院三峡建设委员会办公室
完成时间：2002—2005 年
获奖情况：2005 年度教育部科技成果一等奖

三峡水库水污染控制研究

本项目对长江三峡库区建库前和蓄水初期进行了多河段、多水期、大范围的水文、水质及污染源同步观测；在大型原型观测的基础上，采用一维、二维和三维的水流、水质模型，系统分析了三峡水库蓄水后水质变化规律；从大江大河的实际特点出发，首次提出了岸边水环境容量的概念，完善了水环境容量的计算方法；在系统分析的基础上，提出了确保三峡水库水质安全的水环境容量综合控制方案和污染控制对策。

主要技术创新

（1）首次对长江三峡库区成功进行了多河段、多水期、大范围的水文水质及污染源同步观测，加深对库区水流水质的认识，为数学模型的建立、率定和验证提供了系统完整、翔实可靠的资料。

（2）首次对三峡水库污染物的来源、空间分布、污染指标及负荷进行了全面调研及多方案预测。

（3）建立了三峡水库总体一维、主要城市江段二维、库首三维的水流水质系列计算模型。模型构思科学、验证良好，具有先进性和实用性；利用模型进行的水流水质预测和污染混合区实用化计算方法及成果，可作为三峡水库水质预测的科学依据；该系列计算模型对大江大河及大型水利工程的水流水质模拟具有重要推广价值。

（4）从大江大河的特点出发，首次提出了总体环境容量和岸边环境容量的概念和计算方法，通过计算，提出确保三峡水库水质安全的水环境容量综合方案。

（5）考虑三峡水库特点，对点源、面源、流动污染源等提出了有针对性的控制对策措施。

（6）利用现有先进技术首次建立了三峡水库水环境信息管理系统，为三峡水库的水环境管理和水污染控制提供决策支持。

推广应用情况

本课题的研究成果，已在三峡水库能否按期蓄水的决策、全国水环境容量核定、重庆市水资源保护规划编制、锦屏电站和溪洛渡电站环评以及国家相关科研和三峡环境监测项目中得到应用和借鉴。

完 成 单 位：清华大学、中国水利水电科学研究院、长江水资源保护科学研究所、重庆市环境科学研究院、四川大学、长江水利委员会水文局长江上游水环境监测中心

主要完成人员：李玉樑、黄真理、陈永灿、李锦秀、叶闽、幸治国、李嘉、李崇明、吕平毓、周雪漪、刘昭伟、廖文根、罗以生、李克锋、杨国胜

联 系 人：廖文根　　　　　　　　　　　　联系电话：010 - 68781791
邮 箱 地 址：wgliao@iwhr.com

任务来源：西部科技攻关项目
完成时间：2003—2005 年
获奖情况：2005 年度宁夏回族自治区科学技术进步一等奖

宁夏经济生态广义水资源
合理配置研究

　　针对宁夏经济生态系统的存在的问题，本项目开展了大量的理论探讨和实践研究工作，并提出了经济生态系统的广义水资源合理配置研究的理论、方法和模型。其研究内容主要包括：①人类活动干预频繁的平原区水循环演化机理；②建立平原区分布式水循环模型；③社会经济发展方略及发展格局；④经济社会发展及生态保护需水预测；⑤绿洲生态系统稳定性评价及预测；⑥广义水资源合理配置理论；⑦开发广义水资源合理配置模型；⑧节水与耗水、节水与地下水位及周边生态的定量化关系；⑨水资源承载能力。

　　主要技术创新

　　（1）提出广义水资源合理配置理论及其方法，开发建立了广义水资源合理配置模型体系。

　　（2）针对平原区独特的水循环特点，开发建立了平原区分布式水循环模型，对人工用水为主的逆产汇流过程下的水循环转化机理进行精细模拟，模拟对象不仅包括垂向的水分运移过程，而且还包括水平水循环转化关系，深刻揭示了大面积平原区、人工干扰频繁的水循环转化机理。

　　（3）将平原区分布式水循环模型与广义水资源合理配置模型进行耦合，对区域主水与客水、地表水与地下水之间的转换关系以及在区域中的配置状况进行详细模拟分析，对区域经济社会的发展潜力、缺水形式以及对需水节水与耗水节水潜力进行了科学预测和评估。

　　推广应用情况

　　本项目针对宁夏需水实际，面向区域实践需求，因此项目所获研究成果对于宁夏区域具有极高的实践应用价值和规划指导作用，相关成果已应用于宁夏节水型社会建设规划、"十一五"水利发展规划、"十一五"国民经济发展规划、宁夏生态配水方案和生态保护工程建设、全国水资源综合规划中。本项目在研究中，考虑了模型、技术等的通用性，因此所提出的诸多新理论、新方法、新模型可在我国其他干旱半干旱地区、半湿润地区以及湿润地区进行推广应用。

代表性图片

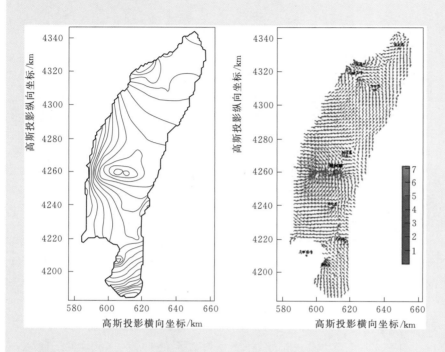

宁夏平原区现状年（2000）承压地下水流场及流向图

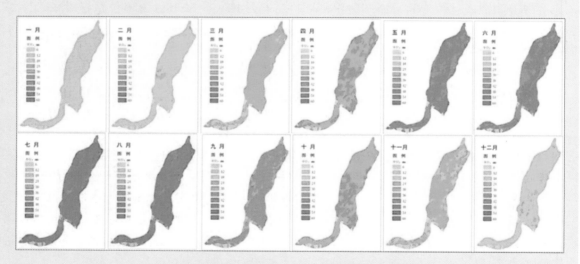

宁夏平原区现状年（2000）月平均蒸发量分布图

完 成 单 位：中国水利水电科学研究院、宁夏水文水资源勘测局

主要完成人员：裴源生、王浩、赵勇、陆垂裕、秦长海、张金萍、刘振英、于福亮、王建华、方树星、魏礼宁、秦大庸、孙素艳、肖伟华、黄晓荣

联 系 人：赵勇　　　　　　　　　　　　　联系电话：010－68785513

邮 箱 地 址：zhaoyong@iwhr.com

任务来源：国家高技术研究发展计划（863 计划）项目
完成时间：2005 年
获奖情况：2006 年度吉林省科学技术进步一等奖

水质自动监测系统关键技术
及集成设备研制

本项目研制了 10 种水质自动监测仪，进行了综合集成，开发了水质监测管理软件系统（HY - WQMS），研制成的水质自动监测集成系统可对 12 项水质重要指标进行连续监测，实现了全系统的自动化控制、信息管理、数据采集、远程传输等，建立了数据共享平台和水污染事件分级通报系统。建立了水质自动采样系统，实现了自动定时采样，能满足多种采样需求。建立了水样前处理系统，有效地解决了水质自动监测系统的固体物堵塞问题。

主要技术创新

（1）研制的 10 种具有自主知识产权的水质自动监测仪，在溶解氧传感器探头的纳米组成生化需氧量微生物膜的固定化等方面取得了创新性成果，申请国家发明专利 5 项。

（2）建立的水质自动监测集成系统采用了 RS - 485 总线连接方式和 Modbus 协议，对水质监测仪进行综合集成，创造性地采用 GPRS 技术进行数据远距离传输，建立了分级报警 GSM 短信传输平台，开发的水质监测管理软件系统（HY - WQMS）使用户通过登录 Internet 即可查看监测数据并监控监测站运行状态，实现了远程数据共享和自动控制功能。

（3）创造性地开发了断面流动方式自动采样系统，满足系统对采样断面不同深度、不同点位以及整个断面均匀采样的各种要求。开发了水样前处理装置，建立了水样的粗滤—离心—沉降三级处理系统，有效地解决了固体物堵塞问题。

推广应用情况

该系统适合于野外条件下运转，用于江河湖库水质监测，也可用于排污口水质监测，具有广泛的适应性和可靠性。已应用于国家自然科学基金资助项目和水利部科技创新项目中，对不同环境条件的生态处理池进行自动周期测定，数据稳定可靠。采取与企业合作开发研究的方式，该监测系统及部分监测仪已在国内批量生产，并广泛应用于北京古北口、浙江嘉兴等全国各省市的水质自动监测站，应用情况良好，获得了有关方面的高度评价，为我国的水质自动监测奠定了技术基础，获得很好的社会效益、环境效益和经济效益。

代表性图片

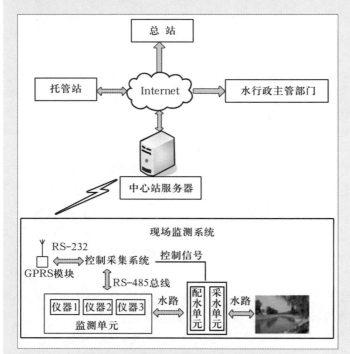

水质自动监测系统结构示意图

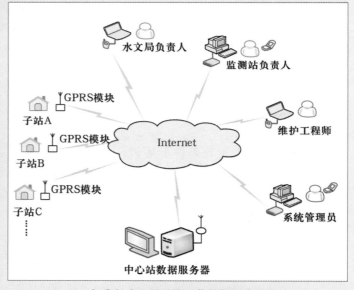

水质自动监测系统通信结构示意图

完 成 单 位：中国科学院长春应用化学研究所、中国水利水电科学研究院

主要完成人员：杨秀荣、周怀东、董绍俊、汪尔康、齐文启、金利通、朱果逸、董献堆、吴荣坤、吴宝辉、杨成、刘长宇、刘晓茹、孙宗光、苏彦群

联 系 人：刘晓茹　　　　　　　　　　　联系电话：010 - 68781891

邮 箱 地 址：liuxr@iwhr.com

任务来源： 宁夏回族自治区水利厅

完成时间： 2005—2006 年

获奖情况： 2006 年度宁夏回族自治区科学技术进步一等奖

宁夏三维电子江河系统

宁夏三维电子江河系统是基于地理信息系统、遥感、网络、数据库、虚拟现实等现代高新技术，利用 DEM 地形数据与高分辨率遥感影像，建立了宁夏回族自治区全区、区内黄河干流凌汛多发河段三维场景，并在三维场景的基础上展现全区范围内的地形地貌、水系分布、防洪工程体系、冰凌信息以及与防洪紧密相关的基础背景信息。系统主要建设内容包括：①利用宁夏 1：5 万比例尺 DEM，15m 与 5.8m 分辨率的遥感影像，建立宁夏回族自治区的三维场景，展示全区三维空间背景、地面实况、行政区划与省会城市，防洪工程体系中的重要水库、堤防，铁路、公路等信息；②利用黄河宁夏段 1：1 万 DEM 和 2.5m 分辨率的遥感影像，建设黄河宁夏段的三维场景；③利用冰凌历史数据和实时监测数据，在三维场景中，实现了对历史或实时的冰凌信息的维护、展示和查询；④实现了基于海量空间数据的分层管理和不同尺度三维场景与不同软件平台之间的无缝衔接、三维 GIS 平台与二维 GIS 平台的信息转换，为基于二维 GIS 平台的软件系统升级提供了条件。

主要技术创新

（1）实现防汛信息管理由二维系统向三维系统的实用化转化。

（2）解决海量数据环境下的防汛信息快速处理、查询、分析等关键性技术。

（3）实现三维冰坝模型的动态生成，在三维系统中进行实时凌汛信息的展示、查询和管理应用，开始了三维决策支持系统关键技术研究。

代表性图片

贺兰山三维场景

银川市三维场景

沙湖三维场景

完 成 单 位：宁夏防洪抗旱指挥部办公室、中国水利水电科学研究院

主要完成人员：苑希民、丁留谦、刘媛媛、万洪涛

联 系 人：苑希民　　　　　　　　　　　　　联系电话：010－68781794

邮 箱 地 址：yuanxm@iwhr.com

任务来源： 原国家计委、水利部
完成时间： 2002—2005 年
获奖情况： 2007 年度大禹水利科学技术一等奖

全国水资源调查评价

全国水资源调查评价主要包括水资源数量评价、水资源质量评价、水资源开发利用情况调查评价、水污染调查评价以及生态环境状况调查评价等内容。调查评价在全国统一水资源分区的基础上，按照统一的技术标准，通过多领域、跨学科协作，全面收集和系统分析整理了各地区和各部门的相关资料，开展了大量的调查和补充监测工作，采用科学的技术手段和方法，经过全国、流域、省（自治区、直辖市）三级反复协调、平衡和审核，成果科学、权威。

主要技术创新

（1）提出了基于水量平衡、取供用耗排水平衡、污染负荷平衡和生态平衡四大平衡的水资源及开发利用与生态环境综合评价理论与技术方法。

（2）揭示了变化环境下基于人类活动影响的水资源及开发利用和生态环境间的动态响应关系。

（3）系统分析了气候变化、人类活动和下垫面改变对水资源演变情势的影响，提出了变化环境下基于近期下垫面一致性的长系列评价成果。

（4）首次提出河湖生态环境需水与水资源可利用计算方法与成果。

（5）首次对全国点源和非点源污染状况进行了全面系统的调查评价。

（6）基于污染物与水体功能间响应关系，对天然和人类活动影响下的地表水和地下水水质进行了系统的调查评价。

（7）首次系统地对全国供水水质和饮用水水源地水质安全状况进行了水量水质联合评价。

（8）全面分析了水资源开发利用对水资源情势演变的影响，分析了供用耗排关系，对我国水资源开发利用程度、水平、用水效率进行了综合评价。

（9）基于生态环境需水量和水资源可利用量，系统评价了我国各流域和区域水资源承载状况及水资源开发利用的潜力。

（10）首次全面系统地评价了与水相关的生态环境状况，提出了河流生态与环境亏缺水量计算方法与成果。

推广应用情况

中国水资源及其开发利用调查评价是新时期水资源领域的重大基础性科学研究成果，是水资源规划的基础、水资源配置和开发利用的基础平台，是水资源管理和保护的基本依据。本调查评价成果已在全国及流域和区域水资源综合规划、"十一五"规划水利发展及节水型社会建设等规划编制，南水北调等重大工程建设，流域和区域水资源调度和管理中得到了广泛应用。

代表性图片

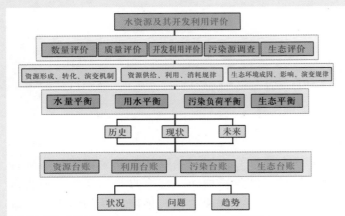

全国水资源调查评价总体技术框图

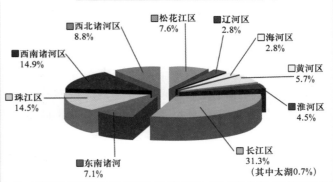

全国各评价分区水资源占比

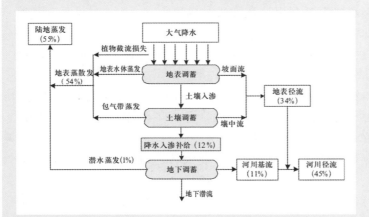

水资源循环示意图

完成单位：水利部水利水电规划设计总院、中国水利水电科学研究院
主要完成人员：李原园、郦建强、黄火键、王建生、彭文启、张象明、庞进武、关业祥、卢琼、唐克旺、颜勇、
张祥伟、张伟、刘小勇、侯杰
联系人：唐克旺　　　　　　　　　　　联系电话：010－68785710
邮箱地址：dwr－wec@iwhr.com

任务来源：国家自然科学基金重点项目
完成时间：2002—2005 年
获奖情况：2007 年度教育部科学技术进步奖一等奖

高拱坝材料动态特性和地震破坏机理
研究及大坝抗震安全评价

西部大开发的战略决策促进了我国水利水电建设的空前发展。一大批 200～300m 级的超高拱坝正在和将在西南、西北等强地震活动区进行建设，设计地震加速度远远超过历史上的最高水平。1991 年兴建的高 240m 的二滩拱坝，设计地震加速度为 0.144g；目前，在建的高 292m 的小湾拱坝和高 278m 的溪洛渡拱坝，其设计地震加速度分别达到 0.308g 和 0.321g；而在建的高 210m 的大岗山拱坝，设计地震加速度则高达 0.5575g。在如此高烈度地震区进行超高拱坝建设，大坝抗震安全成为设计中需要解决的关键技术问题之一。本项目在国家自然科学基金重点项目资助下，对高拱坝的地震响应分析，地震损伤破坏特性以及抗震安全评价等许多方面取得了一系列较重要的研究成果，论证了在高烈度地震区建设高拱坝的可行性和安全性。

（1）进行了高拱坝地震破坏机理的模型试验研究。结合溪洛渡和小湾工程进行了 1/300 比尺的拱坝地震响应和损伤破坏的振动台模拟试验，反映了拱坝横缝、河谷地形及坝体滑裂体以及基础动态能量逸散等因素的影响，检验了拱坝的超载能力。

（2）进行了高拱坝非线性地震响应与地震损伤破坏的数值模拟与大型计算软件的开发。研究了混凝土的速率敏感性对高拱坝地震响应的影响，研究了强震时横缝张合效应对拱坝地震响应的影响，研究了考虑地基不均质性影响的拱坝与无限地基动力相互作用的计算模型，按三维不连续变形方法研究了坝基、坝肩岩体的动态稳定性，研究了拱坝地震损伤的计算模型。

主要技术创新

2000 年后建设的 300m 级的小湾和溪洛渡拱坝设计地震加速度在 0.30g 以上，应力超过现行标准。而高 210m 的大岗山拱坝，设计地震加速度高达 0.5575g。在如此高强度地震作用下建设高拱坝的可行性和安全性成为问题的关键。本成果在这方面取得了以下主要创新，为强震区高拱坝建设提供了技术支持。

（1）进行了溪洛渡和小湾拱坝地震破坏机理的振动台物模试验。首次模拟了坝肩滑裂体及滑裂面上的渗压影响，模拟了无限地基的能量散逸，研制开发的模型坝体材料较好地满足了相似要求。试验结果揭示了大坝的初始开裂损伤的地震动水平以及损伤发展的趋向，并通过动力超载研究拱坝抗震超载能力。

（2）地震波动在无限地基中的散逸有利于降低拱坝地震响应。但国内外拱坝与无限地基动力相互作用的计算模型均建立在均质地基假定的基础上，不能反映拱坝地基的实际。本研究成果建立的模型首次研究了地基模量随深度的变化，地基中软弱夹层、不连续界面对拱坝地震响应的影响。

（3）发展了模拟拱坝地震损伤破坏的弹塑性损伤数值模型，开发了计算软件。

推广应用情况

研究成果应用于大岗山、小湾、溪洛渡、锦屏、乌东德、龙盘、白鹤滩、孟底沟、叶巴滩等高拱坝工程，产生了较大的经济效益与社会效益；并将应用于水工抗震设计规范的修订。

代表性图片

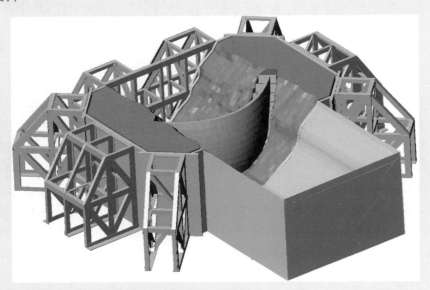

拱坝振动台动力模型试验

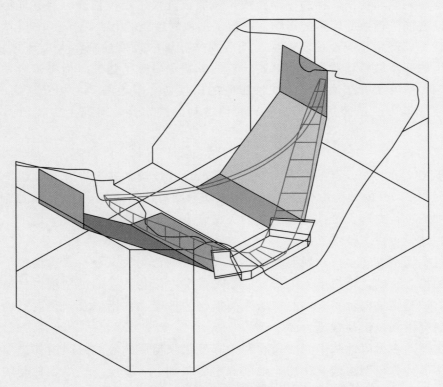

拱坝坝肩滑裂体模拟

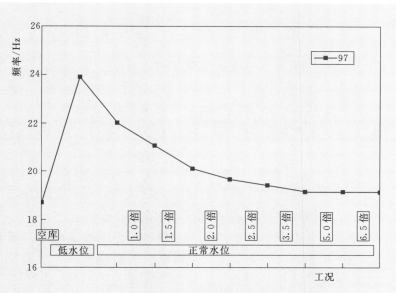

加载前后坝体顺河向基频变化曲线

完 成 单 位：大连理工大学、中国水利水电科学研究院、北京交通大学、郑州大学、烟台大学
主要完成人员：林皋、王海波、王哲、李德玉、陈健云、胡志强、李建波、涂劲、刘君、闫东明、肖诗云、杜
　　　　　　　建国、钟红、张伯艳、逯静洲、王建全、禹莹、杜荣强
联 系 人：王海波　　　　　　　　　　　联系电话：010－6878580
邮 箱 地 址：wanghb@iwhr.com

任务来源：部委计划
完成时间：2002—2006 年
获奖情况：2008 年度大禹水利科学技术奖一等奖

河流生态修复理论研究与工程示范

水利工程对河流生态系统产生的负面影响已引起社会各界的广泛关注，成为水利水电可持续发展的瓶颈问题之一。国家提出了建设生态文明的发展战略，"十一五"规划提出"在保护生态的基础上，有序开发水电"的方针，水利部启动了水域生态保护与修复的规划试点工作。在水利部科技创新等项目的支持下，组织了跨学科的科研团队开展研究，取得"河流生态修复理论研究与工程示范"这一新时期重大科学技术成果。对河流生态修复与保护以及水利工程规划设计和运行管理的理论技术有重大的突破和创新，形成了在高强度人类活动胁迫下的河流生态修复方法，提出了生态水利工程学的理论框架和技术方法，丰富和拓展了传统水利工程学的内涵，也为防洪减灾和水生态等学科建设提供了重要技术支撑。从改善河流地貌特征和水文情势与恢复生物物种等方面，提出了兼顾水生态系统保护的水利工程原理与技术。

主要科技内容包括水利工程的生态影响及其机理分析、河流生态修复规划与评估方法、治河工程生态影响的生态水力学分析、河流廊道生态修复技术、水库生态调度技术、污染水体生态修复技术。在浙江、河北、深圳、重庆等地区河流生态修复工程中进行示范应用，进一步发展和完善了河流生态修复的理论和技术方法，同时也取得了可观的社会、环境和经济效益。除研究报告之外，成果还包括专著 2 部（《生态水利工程原理与技术》和《生态水工学探索》）、学术论文 71 篇，发明专利 2 项，实用新型专利 3 项。

主要技术创新

项目率先倡导生态水利工程学研究，促进了水利工程学与生态学的交叉融合，初步构建了生态水利工程学的学科框架，完善了传统的水利学科，促进了交叉学科的发展。项目成果在国内率先开展了河流生态修复的理论研究和工程示范，总结和集成了河流生态修复技术，较为完整地提供了河流生态修复的理论成果和技术方法，为水生态保护提供了全面的科技支撑。提出了河流生态系统结构功能整体性概念模型；对水利工程的生态胁迫效应进行了科学分类，深入分析了胁迫效应的机理；提出了生态水利工程学的学科基础、研究对象以及学科内容，初步形成了学科框架；提出了河流生态修复规划设计的基本原则；完成了河流生态修复综合技术集成，开发了河流廊道生态工程实用技术；开发了生态水力学计算模型，建立了水力学条件与生物过程变化的相关关系；提出了"兼顾生态的水库多目标调度"技术方法；提出了基于我国国情的河流健康内涵表述和定量评估体系，建立了经济效益—生态效益评估矩阵的数学表达方法；完成了河流生态修复示范工程以及水库污染治理示范工程建设，并取得明显成效。项目立足我国国情，自主创新，发展了适合我国的河流生态修复理论和技术，总体达到国际先进水平，在水利工程的胁迫效应、栖息地定量计算分析和水库生态调度方面居领先地位。

推广应用情况

完成 5 项示范工程应用与示范，包括浙江省海宁市辛江塘河道整治工程、河北省秦皇岛市洋河水库富营养化治理工程、深圳观澜河生态修复工程、重庆市苦溪河生态修复工程、山东省济南市玉符河生态修复工程，取得了可观的社会、环境和经济效益。

发挥了重要的科学指导和技术支撑作用，被《堤防工程设计规范》《河流生态修复规划设计导则》等相关技术规范吸收，并应用于水利部水生态系统保护与修复试点的规划编制与实施的措施中。出版专著 2 部，学术论文 71 篇。课题组论文专著在 2002—2008 年共被引用 1101 次。据《中国期刊高被引指数 2008 年版》统计，成果第一完成人在水利工程学科排名第一，在环境与安全学科排名第四。

代表性图片

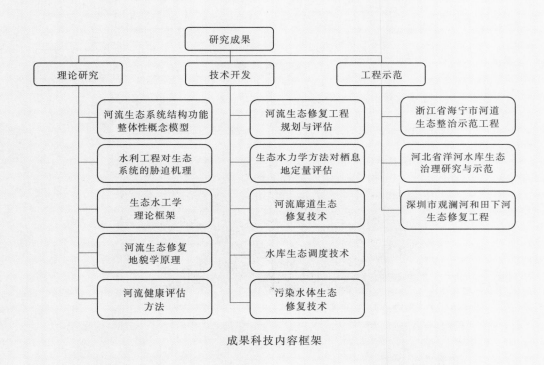

成果科技内容框架

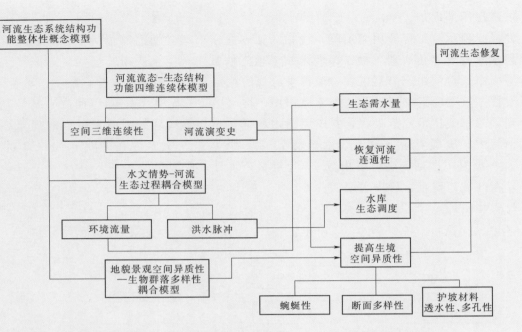

河流生态系统结构功能整体性概念模型及其在河流生态修复中的应用

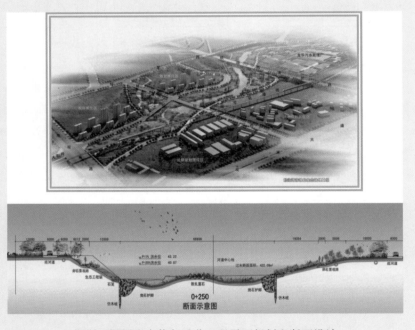

深圳观澜河生态修复示范工程平面规划和断面设计

完 成 单 位：中国水利水电科学研究院、浙江省水利厅、深圳市水务局
主要完成人员：董哲仁、孙东亚、彭静、李文奇、许明华、李永祥、丁留谦、何旭升、赵进勇、杜强、鲁一晖、
　　　　　　　刘来胜、王春来、栾建国、廖伦国
联 系 人：孙东亚　　　　　　　　　　　　　　　　联系电话：010－68781909
邮 箱 地 址：sundy@iwhr.com

任务来源：科技部国家科技基础条件平台项目
完成时间：2004—2007 年
获奖情况：2008 年度大禹水利科学技术一等奖

水资源可持续利用技术标准体系研究

本项目主要内容如下：

（1）分析水资源技术标准体系现状、存在问题与发展需求。系统分析我国水资源领域面临的问题，明确水资源技术标准体系发展任务，对照现行技术标准体系存在问题、产生的不利影响，并在全面了解国际、欧盟及发达国家相关技术标准体系发展特点基础上，进行国内外技术标准体系对比分析，提出了水资源技术标准化建设的未来发展方向。

（2）研究建立水资源可持续利用技术标准体系框架。分析我国水资源发展战略与治水思路，明确人类水资源活动过程，从标准化所应控制和所能控制出发，建立了国家层面的水资源主要技术领域技术标准之间逻辑关系的技术标准体系分类框架。

（3）研究制定重点领域技术标准体系表及其发展计划。综合考虑我国水资源技术标准发展需求的轻重缓急，将水文测报、水环境保护、水资源配置、水资源节约、水污染防治、洪旱灾害防治、水土保持、水工程安全、牧区水利八大领域作为研究重点，进行水资源技术标准需求分析，提出技术标准发展规划以及近期标准优先发展计划和编制技术要点建议。

（4）研究重要技术标准关键技术解决方案。如水资源安全评价指标、江河流域环境影响评价规划、洪水风险图等开展深化研究，提出解决方案和部分技术标准编制草案。

（5）研究提出水资源技术标准体系建设对策，包括投资对策、科技支撑对策、政策保障对策等。

（6）建立了水资源技术标准体系研究成果共享系统，包括国内外水资源标准、相关法律法规等基础资料数据库，实现研究成果面向社会的共享服务。

主要技术创新

（1）开创性。首次从标准化角度系统研究我国水资源问题，首次系统提出我国水资源标准体系功能与发展需求，国外尚无先例。专家评定成果在认识问题、体系框架、标准项目、关键技术等层面取得创新。

（2）广泛性。详尽收集覆盖国内 20 多个涉水行业、国际及 15 个国家的水资源标准和法律法规等，创建首个国内外水资源领域标准和法律法规数据库。翻译了国际标准、其他国家标准 70 余种。

（3）针对性。全面对比分析了国内外水资源标准差异性，指出我国水资源标准及体系存在的不足，提出建立构建水资源标准体系的研究思路、技术方法及重点发展方案。

（4）系统性。从国家水资源统筹管理出发，建立了我国第一个水资源可持续利用技术标准体系分类框架和涉水行业水资源标准一体化发展体系框架。

（5）实用性。广泛征求吸纳行业内外意见，强调成果实用性，提出标准优先发展计划及已颁标准修订建议、在编标准和拟编标准技术要点建议。如水资源安全评价量化指标、洪水风险图编制技术要点、水工程生态环境保护准则、我国66项水文标准与ISO国际标准接轨方案、江河流域规划环境影响评价指南,并提交了《洪水风险图编制指南》等标准文本草案。

(6)重点突出。遴选水文、水环境保护、水资源配置、农业节水、洪旱灾害防治、水土保持、水工程、牧区水利八大领域为重点,提出了标准条目1287项,其中268项标准由项目研究首次提出,并提出关键技术解决方案和水资源技术标准体系实施五大保障对策措施。

推广应用情况

(1)提出的《节水型社会建设评价标准》《园林灌溉技术规范》以及《再生水灌溉技术规范》等8项节水领域技术标准纳入由国家标准化管理委员会联合14个部门颁发实施的"2005—2007年资源节约与综合利用技术标准发展规划"。

(2)部分成果如我国工业节水、生活节水标准存在的问题、发展需求、部分标准发展计划等已被建设部标准定额司应用于相关领域技术标准的制修订工作。

(3)大量成果被水利部标准主管部门及业务主持机构应用于《水利技术标准体系》修订。

(4)课题提出的体系分类框架和近期急需优先实施计划被各业务主持机构和主管部门采纳,有计划地安排标准制修订工作。

(5)完成的"洪水风险图编制指南"应用于《洪水风险图》标准编制。

代表性图片

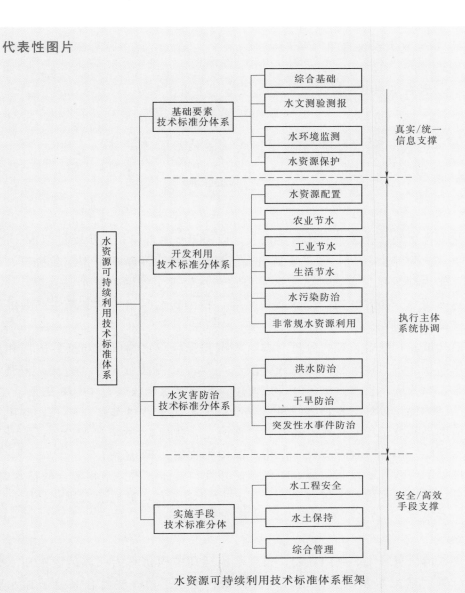

水资源可持续利用技术标准体系框架

完　成　单　位：中国水利水电科学研究院、水利部国际合作与科技司、水利水电规划设计总院、南京水利科学
　　　　　　　　研究院、水利部水土保持监测中心
主要完成人员：刘之平、陈明忠、刘咏峰、李锦秀、马静、王雨春、李娜、高本虎、何定恩、秦福兴、张长印、
　　　　　　　　荣生邦、于爱华、邓湘汉、高季章
联　系　人：于爱华　　　　　　　　　　　　　　联系电话：010 – 68786235
邮　箱　地　址：yuah@iwhr.com

任务来源："十五"国家重大科技专项（863计划）
完成时间： 2000—2005 年
获奖情况： 2009 年度大禹水利科学技术一等奖

精量高效灌溉水管理关键技术与产品研发

项目从推动我国灌区现代化建设总体思路出发，以灌溉水管理科技进步促进节水、降耗、增效、减少环境负效应为综合目标，将"灌溉用水信息化管理、灌溉预报智能化决策、灌溉过程精量化控制"作为创新立足点，对渠系水量监控与水管理、管网输配水调（量）控、精量灌溉预报决策、喷灌水分高效利用、低压高效微灌、精细地面灌溉等6类精量高效灌溉水管理关键技术与产品进行研发。

（1）采用室内外试验相结合、理论分析与数值模拟相配合、定位研究与推广应用相组合的技术路线，应用高新技术对传统技术进行升级改造，形成23项主导技术与方法，提升了关键技术的科技水平，在我国7省（自治区）推广应用，取得节水增收效益14.19亿元。

（2）采用产品结构优化设计与室内外试验相结合、制作工艺改进与新材料开发应用相配套的技术方案，借助高科技手段对传统产品实施更新改造，获得18种产品与设备，提升了关键产品设备的技术性能，部分实现产业化，获得产品销售收益1.67亿元。

（3）采用硬件创制与软件研发相集成、单件产品开发与整体技术体系相融合的技术思路，对研发的6类精量高效灌溉水管理关键技术与产品进行组装配套，形成的实用化技术产品组合模式广泛用于生产实践。

主要技术创新

（1）构建了集水情信息采集、闸门控制、渠系水流运动模拟仿真为一体的灌区用水管理系统，建立了灌溉管网输配水系统安全运行评价方法；创制了竹—塑复合高分子输水管材（道），研发了智能IC卡式机井灌溉控制器等产品；发明了低功耗智能型自记式量水仪表、自控闸门机械离合保护装置、管材试压机，首次提出竹—塑复合管材成型方法和MC尼龙活性料制备工艺。

（2）创制了低压微灌片式齿形迷宫流道灌水器，研制出内镶片式滴灌管国产化生产线关键设备、异形短流道喷嘴喷头等产品；改进完善了喷洒水利用系数及喷灌均匀系数评价方法；发明了摇臂式喷头耐久性能试验机、水力驱动活塞式施肥泵、多钻头高速旋转打孔装置、微灌灌水器抗堵塞和水力性能测试装置。

（3）基于研究得出的区域作物缺水诊断指标阈值，构建起智能化灌溉预报决策方法，创建了微地形空间变异对畦灌性能影响的随机模拟方法；研发了作物水分信息采集与精量控制灌溉系统；发明了地面灌溉水流运动测量仪。

推广应用情况

本项目在成果推广应用、产品设备销售、标准规范编写、科技成果转化等方面取得明显成效。2004—2007年间，项目技术成果已在全国7个省（自治区）推广应用面积1296万亩，获得直接经济效益 14.19 亿元，其中新增产值 12.66 亿元、增收节支 1.53 亿元，使当地灌溉水利用率达到 60% 以上，作物水分生产效率达到 $1.5 \sim 1.7 kg/m^3$；项目研发的产品设备销售收入 1.67 亿元，实现利税 2132.1 万元，配套节水灌溉面积 270 万亩。项目研究成果为 11 个国家和行业标准的编写提供了技术支撑，基于项目成果还申请获得 8 个国家各类科技成果转化及推广计划项目的资助，产生了明显的经济社会效益以及成果转化效应，实现了技术产品创新的市场价值和社会价值，对提高我国灌溉农业生产力起到重要推动作用，促进了灌溉水管理行业的蓬勃发展。

代表性图片

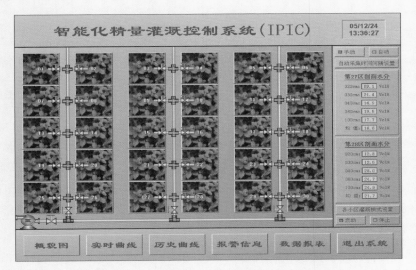

智能化精量控制灌溉系统

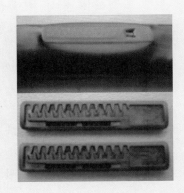

低压片式齿形迷宫流道滴头及滴灌管

灌区用水管理闸门控制系统

完 成 单 位：中国水利水电科学研究院

主要完成人员：许迪、龚时宏、李益农、李久生、谢崇宝、刘钰、刘群昌、高占义、王少丽、程先军、黄斌、白美健、蔡甲冰、杨继富、李福祥

联 系 人：白美健　　　　　　　　　　　联系电话：010 - 68786091

邮 箱 地 址：baimj@iwhr.co

任务来源：其他单位委托
完成时间：2005—2009 年
获奖情况：2010 年度大禹水利科学技术一等奖

长江三峡工程右岸电站计算机
监控系统（H9000V4.0）

　　长江三峡水利枢纽工程是具有防洪、发电、航运等综合效益多目标开发的大型水利工程，长江三峡水利枢纽电站由坝后式电站和地下电站组成，其中坝后式电站分为左岸、右岸两个电站，分别布置在三峡大坝泄洪闸的左侧和右侧，各装机 14 台和 12 台，单机容量 777.8MVA，最大出力 840MVA。地下电站位于右岸电站右侧的山体内，距右岸电站厂房最近点距离约 100m，装机 6 台，单机容量与左岸、右岸电站相同。

　　本成果主要是完成长江三峡工程右岸电站计算机监控系统的设计，有关设备的选型、制造、采购，软件开发，工厂试验，现场指导调试，现场试验，用户培训等，实现三峡右岸 12 台 700MW 巨型机组及附属设备的实时监控。设备包括厂站层各服务器、操作员站及大屏幕投影系统，2 套开关站 LCU、2 套厂用电 LCU、1 套公用系统 LCU、模拟屏驱动 LCU、12 台机组 LCU 以及有关网络设备等。

　　本系统是目前世界上最大的水电站计算机监控系统，系统监控规模庞大，数据测控点多达 47584 点，比左岸进口的监控系统测控点多、难度大。本系统也是我国第一套具有自主知识产权的巨型电站计算机监控系统，按照"无人值班（少人值守）"的原则设计，采用全计算机监控方式、分层分布和开放的系统结构，右岸电站与地下电站监控系统总体设计一次完成到位，分期实施。

　　该项成果总体达到国际先进水平，在系统的三网四层总体结构设计、自适应 AGC 频差系数控制技术、系统可靠性设计等方面居国际领先水平。相比国外的系统，更适合中国国情。目前已在国内外 200 多个项目中得到应用。

　　主要技术创新

　　（1）首次成功研制了面向巨型水电站计算机监控系统的三网四层的分层分布开放系统结构，突破了水电站计算机监控系统的传统结构模式。

　　（2）在 LCU 数据采集首次采用多链路、多线程处理技术，并成功开发了多数据采集服务器负荷平衡管理与互备技术，提高了数据采集系统的可靠性和效率。

　　（3）首次采用自适应、自学习算法确定巨型机组特大型电站在电网中的频率综合调差系数，有效地保证了巨型机组的安全平稳调节。

　　（4）首次采用分层分布的卫星时钟系统，实现了水电厂众多智能设备的时钟统一。

　　（5）首次采用 GTK 图形技术，实现了异构操作系统下的用户界面、功能和性能及软件源代码的全兼容。

　　（6）通过采用数据组包技术、数据压缩和数据插值技术实现了海量历史数据库秒级存取。

　　（7）在国际上水电站监控系统 LCU 上远程 I/O 单元首次应用双环网光纤通信技术。

（8）在国际上水电站监控系统 LCU 总线通信上首次应用多现场总线、分布式光纤通信技术。

（9）在国际上首次采用数据包编号、双网冗余传输技术，实现了完全的双网冗余。

（10）LCU 在设备电源、采集控制电源、CPU、网络、远程单元机箱连接等方面采用多重冗余技术。

推广应用情况

本系统的自主研发和成功应用，打破了国外公司在巨型机组特大型水电站监控系统方面的垄断，推动了我国计算机监控技术的发展。系统的总体技术水平达到了国际同期先进水平，在系统总体结构设计、系统可靠性设计、人机联系、数据通信、自动发电控制等单项技术方面已居国际领先水平，代表了当今国际水电站计算机监控技术和应用的最高水平。

目前，本系统已被直接推广应用到黄河上游梯级、金沙江梯级，厄瓜多尔美纳斯等国内外 200 多个大中型水电站，并有许多单项技术被推广应用到其他水利水电、污水处理或输水泵站、微灌控制等领域。H9000 系统不仅适用于水电站、蓄能电站、泵站、梯级水电站（群），也适用于变电站、风光电场及其他领域。

代表性图片

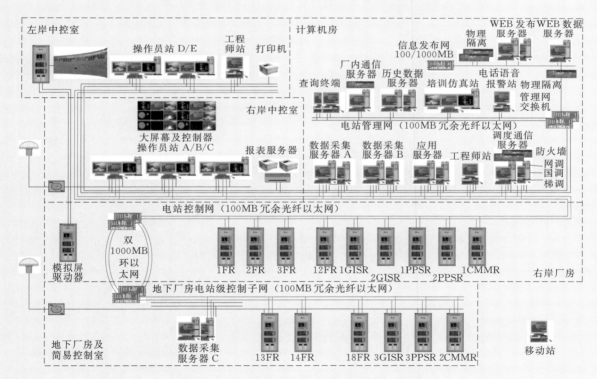

三峡右岸计算机监控系统总体结构图（三网四层）

三峡右岸电站中央控制室及 H9000V4.0 监控系统设备

完 成 单 位：中国水利水电科学研究院、中国长江三峡集团公司、长江勘测规划设计研究有限责任公司
主要完成人员：王德宽、毛江、邵建雄、姚维达、程建、袁宏、王桂平、吴刚、张毅、李建辉、黄家志、文正国、
易先举、谢秋华、瞿卫华
联 系 人：姚维达   联系电话：010 – 68781775
邮 箱 地 址：yaoweida@iwhr.com

任务来源： 国家计划项目、基金资助项目
完成时间： 2001—2012 年
获奖情况： 2013 年度大禹水利科学技术一等奖

高拱坝真实工作性态研究及工程应用

在国家自然科学基金以及其他科研经费的支持下，研究团队紧密合作，围绕高拱坝正常运行和强震作用下的真实工作性态开展了大量科研工作，提出了高拱坝建设的一些新理念，建立了高拱坝真实工作性态的分析方法，提出了相应的高拱坝自重、水压和温度等荷载的模拟方式，发展了渗流场计算中排水孔幕的等效模拟方法、拱坝横缝接触模型、考虑后期温升的绝热温升模型、模拟太阳辐射的坝面温度场模型等，开发了超大规模方程组求解高效并行算法，提出了相配套的混凝土参数和准则的选取方法，提出了提高高坝混凝土抗裂安全系数的建议，研究了混凝土碱骨料反应细观劣化机理，研发了全坝全过程仿真分析平台和强震下大坝从连续小变形到非连续大变形的动力损伤开裂破坏分析系统，研究成果解决了锦屏一级、溪洛渡、拉西瓦拱坝等 300m 级特高拱坝工程建设中遇到的一系列关键科学技术难题。

主要技术创新

（1）围绕高拱坝建设，首次提出了混凝土半熟龄期的概念，以及通过半熟龄期改善温度应力的方法；建立了研究混凝土碱骨料劣化效应的颗粒元细观分析模型；首次提出了考虑库水位变化时拱坝温度荷载的解析表达；建立了太阳辐射条件下基于晴空模型和光线追踪算法的拱坝温度场理论模型。

（2）完整系统地提出了高拱坝真实工作性态研究方法，包括：考虑施工与蓄水过程的拱坝荷载特性及模拟方法、超大规模全坝全过程仿真分析的高效算法、考虑全级配大坝混凝土实际性能的参数选择与评价方法，研发了功能强大的计算平台，率先实现了高拱坝全坝全过程仿真模拟，应用于锦屏一级、溪洛渡、拉西瓦等特高拱坝工程。

（3）建立了强震作用下高混凝土坝从线弹性到损伤开裂再到破坏的全过程仿真模型，实现了结构工程由小变形到大变形破坏的统一模拟，应用于溪洛渡、大岗山等特高拱坝工程，深化了拱坝较强抗震能力的机理性认识，优化了高拱坝抗震措施。

创新点（3）主要由清华大学研究团队完成。

推广应用情况

基于上述创新成果，本项目提出的陡坡并缝结构、坝面保温措施、抗震措施、夏季封拱灌浆、动态悬臂高度控制、推荐蓄水方案等研究成果分别应用于锦屏一级、溪洛渡、拉西瓦等特高拱坝工程。目前，拉西瓦工程已建成投产，大坝工作性态正常，锦屏一级和溪洛渡拱坝也已下闸蓄水，工程质量优良，未发现贯穿性裂缝，裂缝总体数量少于同类工程平均水平。拉西瓦拱坝提前发电 3 个月，锦屏一级工程缩短总工期 10 个月，溪洛渡工程缩短混凝土浇筑工期 7 个月，根据项目建设单位核算，直接经济效益为 2.53 亿元。

我国未来将在西南复杂条件地区修建白鹤滩、乌东德、马吉、松塔等多座 300m 级特高拱坝，本项目研究成果正在这些工程中推广应用，其模型方法也适用于其他工程结构的安全评估。

代表性图片

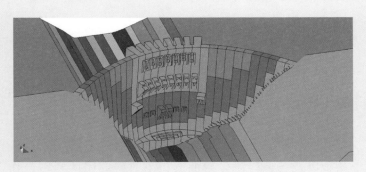

溪洛渡高拱坝真实工作性态仿真模型

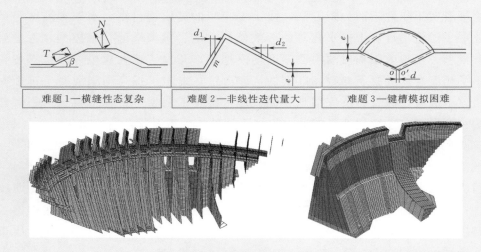

| 难题1—横缝性态复杂 | 难题2—非线性迭代量大 | 难题3—键槽模拟困难 |

群缝模拟本构模型

锦屏一级水电站（坝高305m，世界最高）

完成单位：中国水利水电科学研究院、清华大学、雅砻江流域水电开发有限公司、中国长江三峡集团公司、
中国水电顾问集团成都勘测设计研究院、中国水电顾问集团西北勘测设计研究院

主要完成人员：张国新、朱伯芳、金峰、刘毅、徐艳杰、宁金华、王仁坤、姚栓喜、周绍武、周钟、刘有志、
王进廷、潘坚文、胡平、杨萍

联系人：刘毅　　　　　　　　　　　　　　联系电话：010－68781543

邮箱地址：liuyi@iwhr.com

任务来源：水利部公益性行业专项
完成时间：2005—2010 年
获奖情况：2013 年度大禹水利科学技术一等奖

大型水利枢纽下游河型变化机理与调控

本项研究针对天然河道和水利枢纽下游河道河型变化机理的深层次问题，以水力学、泥沙运动力学、土力学、流体力学和河床演变学等多学科为技术基础，采用资料分析、类比分析、理论研究、模型试验、数学模型计算和实地查勘等多种技术手段开展研究工作。在河型变化理论研究方面，主要研究大型水利枢纽工程运用前后，下游水力泥沙要素变化与河道演变之间的关系，分析边界条件变化对河型河势变化的影响；以类比分析理论为基础，研究水力泥沙要素变化对河道演变及河型变化的影响，建立模拟河型河势变化的水沙数学模型。在河型变化机理与成因研究方面，主要通过分析径流量、流量变幅、来沙量、含沙量变幅、河床组成、河道比降、河道边界条件等与河道平面形态和几何尺度之间的关系，提出天然条件下不同河型的形成条件、影响因素、分类准则等；以实体模型试验为依托，研究冲刷过程中横向展宽与纵向刷深的关系，深泓的冲深及移位，岸壁冲刷和崩岸的出现条件等，研究河型河势的调整规律，探讨大型水利枢纽工程下游河型变化的可能性及变化趋势等。

主要技术创新

（1）首次提出了河型变化的边界约束方程，从理论上推导出完全由河岸控制、完全由进出口边界控制以及由进出口边界和河岸边界共同控制等三种边界方程，建立了模拟河型河势变化的平面二维水沙数学模型。

（2）提出了天然河道河型相互转化的基本模式，天然河道中四种河型之间能够相互转化，其中水沙条件是河型转化的外在主导因素，边界条件和河道比降是河型转化的内在决定性因素。

（3）揭示了大型水利枢纽下游河道的河型变化机理，分析了不同河型变化的动力学机制，提出了水利枢纽下游河型具有向弯曲型变化的趋向性。

（4）建立了大型水利枢纽下游河型变化的综合性判别指标，剖析了不同洪水和含沙量过程对河势河型变化的作用。

（5）预测了国内典型水利枢纽下游河型的变化趋势，提出了下游河道综合整治和调控措施，得到了三峡水库和小浪底水库运用后下游河道的河型总体上不会改变、丹江口水库运用后下游丹江口至皇庄河段的河型发生变化的重要结论。

推广应用情况

三峡和小浪底水库运行后下游河道河势发生变化，但河型总体上不会有改变，加强水库调控，实施河势控制和河道整治措施等研究成果已在长江和黄河流域综合规划修编及河道治理工程中得到应用和推广，取得了显著的经济、社会和环境效益。提出的河型变化边界约束方程、模拟河型河势变化的平面二维水沙数学模型和河型变化综合性判别指标等成果，填补了大型水利枢纽下游河型变化机理研究的空白，促进了学科发展，整体上达到国际领先水平。

代表性图片

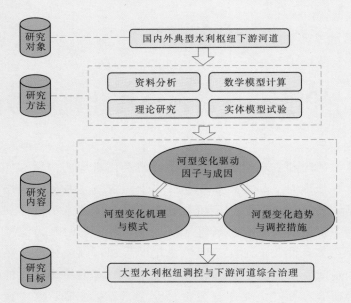

研究技术路线图

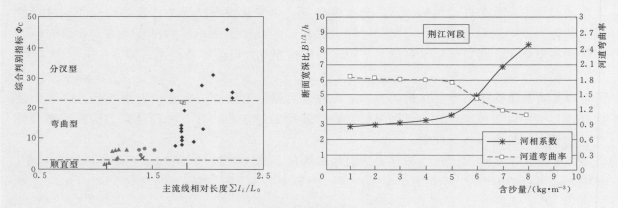

河型变化判别指标

完 成 单 位：中国水利水电科学研究院、国际泥沙研究培训中心、长江科学院、黄河水利科学研究院
主要完成人员：胡春宏、曹文洪、吉祖稳、方春明、卢金友、田世民、张燕菁、董占地、陈绪坚、姚仕明、
　　　　　　　王卫红、王延贵、胡海华、关见朝、黄莉
联　系　人：吉祖稳　　　　　　　　　　　　　　　联系电话：010－68786631

任务来源：中国水电工程顾问集团公司
完成时间：2006—2011 年
获奖情况：2013 年度水力发电科学技术一等奖

混凝土坝抗震安全评价体系研究

本项目主要内容如下：

（1）大坝抗震设防标准研究。在调研总结国外相关大坝抗震设计导则、规范基础上，结合我国国情以及汶川地震后国家有关部门对大坝抗震安全的要求，研究提出我国大坝抗震设防标准的建议。

（2）大坝场址地震动参数研究。结合国内外强震记录及美国下一代衰减关系，对标准设计反应谱进行统计、回归；对于重要工程，研究更为符合实际情况的场地相关设计反应谱的确定方法和途径；对于"近场大震"情况，研究合理确定场址"最大可信地震"的方法。

（3）大坝混凝土动态性能研究。在归纳总结近年来结合小湾、大岗山等工程进行的大坝混凝土动态性能的试验研究成果基础上，提出大坝动态强度和动态弹性模量的工程抗震设计取值建议。

（4）大坝抗震动力分析和安全评价方法研究。针对混凝土重力坝和拱坝，研究提出基于有限单元法的大坝设计理论、方法及配套的抗震安全评价准则；在对大坝—基岩体系整体非线性地震反应分析理论及数值模拟技术进行深入研究基础上，结合实际工程抗震设计，初步研究提出最大可信地震作用下大坝不发生库水失控下泄的定量安全评价准则。

主要技术创新

（1）结合我国国情，提出了对于工程抗震设防类别为甲类的重要工程采用"两级设防"的建议。

（2）在对大量国内外强震记录进行分析基础上，采用美国 NGA 衰减关系进行各种条件下的反应谱计算分析和统计回归，给出了适用于一般工程的标准设计反应谱；对于重要工程，提出了采用"设定地震"方法确定其场地相关设计反应谱的方法和途径；对于"近场大震"情况，提出了采用"随机有限断层法"考虑面源破裂过程的场址"最大可信地震"的确定方法。

（3）提出了大坝动态强度和动态弹性模量的工程抗震设计的取值建议。

（4）研究提出了基于有限单元法的大坝设计理论、方法及配套的抗震安全评价准则；在结合工程抗震设计研究基础上，提出了对于工程抗震设防类别为甲类的重要混凝土坝工程的深入抗震分析中需要模拟的关键技术要素和基本要求；在对大坝—基岩体系整体非线性地震反应分析理论及数值模拟技术进行深入研究基础上，结合实际工程抗震设计，初步研究提出最大可信地震作用下大坝不发生库水失控下泄的定量安全评价准则。

推广应用情况

本项目研究成果已在颁布实施的《水电工程水工建筑物抗震设计规范》（DL 5073—2015）中得到全面采纳，并被广泛应用于三峡、白鹤滩、溪洛渡、大岗山等重要混凝土的抗震设计及抗震安全复核研究工作中。

代表性图片

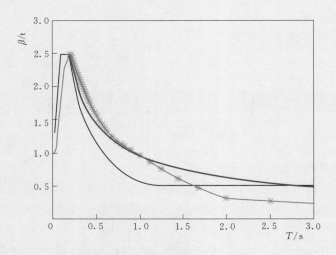

标准设计反应谱的确定

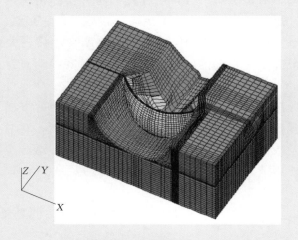

拱坝地基整体系统抗震分析

完 成 单 位：水电水利规划设计总院、中国水利水电科学研究院、清华大学、大连理工大学、中国地震局地
　　　　　　球物理研究所

主要完成人员：周建平、党林才、杜小凯、严永璞、陈厚群、林皋、张楚汉、陈观福、李德玉、钟红、金峰、
　　　　　　王海波、胡志强、王进廷、俞言祥

联　系　人：李德玉　　　　　　　　　　　　　　　　联系电话：010 – 68786518

邮 箱 地 址：lideyu@iwhr.com

任务来源：国家自然科学基金重点项目、水利部948计划技术创新与推广转化项目
完成时间：2001—2011年
获奖情况：2013年度水力发电科学技术一等奖

全坝外掺氧化镁微膨胀混凝土新型
筑坝技术研究及应用

本项目主要内容如下：

（1）氧化镁（MgO）混凝土筑坝的基本理论研究。提出了MgO混凝土筑坝的室内试验与工程实际膨胀差、时间差、地区差、有效膨胀量等基本理念及定量算法，首次能合理分析MgO混凝土补偿混凝土坝温度收缩变形、减小温度应力的效果。

（2）MgO混凝土膨胀计算模型研究及其相应的软件系统研发。建立了考虑混凝土龄期、氧化镁掺量以及温度历程的微膨胀混凝土计算模型，并研制开发了相应的全坝全过程仿真分析软件系统，首次实现了氧化镁筑坝全坝全过程仿真分析。

（3）MgO混凝土拱坝设计方法研究。提出一套新的全坝外掺MgO拱坝的设计方法，包括体形选择、MgO补偿设计和动态分缝设计，并应用于多座实际工程中。

（4）MgO混凝土膨胀性能试验方法研究。对外掺氧化镁混凝土，提出了80℃养护快速测定最大膨胀量和一级配混凝土温度200℃、压力1.5MPa、压蒸时间4h的安定性压蒸测试方案，改进并完善了MgO混凝土安定性及膨胀量测试方法。

（5）MgO混凝土筑坝施工工艺与质量控制方法。提出了外掺氧化镁混凝土筑坝的施工质量控制方法，包括外掺氧化镁混凝土质量控制的标准，外掺氧化镁混凝土的辅助措施，浇筑过程控制方法和标准，施工均匀性控制程序和标准等。

（6）MgO微膨胀混凝土拱坝技术规范的研究。提出了相应的技术规范。

主要技术创新

（1）在外掺MgO微膨胀混凝土新型筑坝理论研究方面，实现了从定性分析到定量计算的进步，为全坝外掺氧化镁混凝土筑坝技术和推广奠定了理论基础。主要创新点包括：

1）提出了氧化镁混凝土的室内试验与工程实际膨胀差、时间差、地区差等基本理念以及有效膨胀量算法，首次能合理分析MgO混凝土补偿混凝土坝温度收缩变形、减小温度应力的效果，纠正了过去错误的认识和算法。

2）建立了考虑混凝土龄期、氧化镁掺量以及温度历程的微膨胀混凝土计算模型，并研制开发了相应的全坝全过程仿真分析软件系统，首次实现了氧化镁筑坝全坝全过程仿真分析，并成功应用于多个实际工程的仿真分析中。

（2）在外掺MgO混凝土筑坝设计方法方面，提出了新的设计理念并完善了外掺MgO混凝土筑坝设计体系。主要创新点包括：

1）提出了一整套外掺氧化镁拱坝设计方法，包括拱坝体形设计、氧化镁补偿设计、动态分缝设计等，其中，动态分缝设计是指坝体分缝根据施工进度采用仿真方法动态确定。

2）提出了采用外掺氧化镁加适量分缝方式来简化或取代温度控制措施的设计理念，从而

达到减少和防止混凝土裂缝，简化施工程序的目的。

推广应用情况

本项目研究成果已成功应用于1座重力式围堰和8座拱坝的建设中，其中，龙滩下游重力式围堰正常运行2年后拆除；三江、鱼简河、落脚河、马槽河、老江底、黄花寨、河湾及那恩等6座拱坝完建并已正常蓄水运行，未发现危害性裂缝。

另外，《全坝外掺氧化镁混凝土拱坝技术规范》（DB52/T 720—2010）已批准发布，外掺MgO混凝土筑坝已有规范可依据，本项目具有更加广阔的推广应用前景。

代表性图片

坝高110m的黄花寨外掺氧化镁碾压混凝土拱坝

坝高71.5m的三江外掺氧化镁常态混凝土拱坝

完成单位：中国水利水电科学研究院、贵州省水利水电勘测设计研究院、中国水电顾问集团中南勘测设计研究院、贵州中水建设管理股份有限公司

主要完成人员：张国新、朱伯芳、冯树荣、杨卫中、杨波、杨朝晖、赵其兴、徐江、周秋景、郑国旗、申献平、陈学茂、肖峰、罗代明、吴龙珅

联系人：张国新、杨波　　　　　　　　　　　　联系电话：010－68781717、010－68781350

邮箱地址：zhanggx@iwhr.com

任务来源：部委重点项目及其他计划
完成时间：2003—2013 年
获奖情况：2014 年度大禹水利科学技术一等奖

水力机械研发平台

在开展水力机械模型测试技术、CFD 数值模拟与优化设计方法、固液两相流等科学研究的基础上，建设了高精度水力机械模型清、浑水试验台及磨蚀测试系统，形成了软硬件结合的水力机械研发平台，为提高我国水力机械行业整体水平，解决运行稳定性、机组效率、空蚀和磨损等难题提供了重要技术支撑。

主要技术创新

（1）首创了水力机械模型浑水测试系统。发明了薄膜隔沙装置、滤网式阻沙装置和高精度泥沙浓度测试方法，解决了在浑水条件下水力机械外特性、空化初生和磨损特性测试等相关技术难题，首创了水力机械模型浑水测试系统。

（2）新建了水力机械模型清水测试系统。研制出了高精度的流量计原位标定系统和卧式静压轴承，发明了高精度静压轴承扭矩测量装置，提高了水力机械模型性能测试精度，建成了国际一流的水力机械模型清水测试系统。

（3）开发了水力机械模型磨损试验方法。自主开发了"易损涂层法"，实现了水力机械模型磨损部位和强度的快速测试，填补了水力机械模型磨损测试的空白。该方法已编入水利行业标准《水轮机模型浑水验收试验规程》和《水泵模型浑水验收试验规程》。

（4）开发了具有自主知识产权的 HMP2003 数值模拟软件。采用 CFD 数值模拟和模型试验相结合的研发技术线路，开发了具有自主知识产权的 HMP2003 数值模拟软件，具备全三维黏性湍流数值模拟及优化设计，全流道三维定常、非定常流动数值模拟，水力机械内部两相流数值模拟及磨损预估等功能，是水力机械优化设计的有力工具。

（5）研制了磨蚀测试系统。我院自主开发设计的圆盘式绕流磨损试验装置和旋转喷射磨损试验装置，是研究磨损规律、优选抗磨材料、预估材料抗磨性能的特殊试验装置，在国内外均属首创。

推广应用情况

利用该成果开发了一系列性能优异的水力机械模型，完成了三峡等数十个大型水电工程关键技术研究、模型同台对比及验收试验，完成了国家及省部重点、国家自然科学基金、国家重大工程技术攻关和技术论证等项目 40 余项，为主编、参编的 21 项国际标准、国家标准和行业标准的制修订提供了重要技术支撑。为提高我国水力机械行业整体水平，解决运行稳定性、机组效率、空蚀和磨损等难题提供了重要技术支撑，在国内外水电站建设及改造中发挥了重要作用。

代表性图片

浑水试验台

高水头试验台

水力机械磨蚀测试系统

完成单位：中国水利水电科学研究院
主要完成人员：孟晓超、张海平、张建光、唐澍、陆力、徐洪泉、徐国珍、潘罗平、胡旭东、彭忠年、钟玮、
高忠信、陈莹、余江成、马素萍
联系人：马素萍   联系电话：010 - 68781735
邮箱地址：jd@iwhr.com

任务来源："十一五"国家科技支撑计划项目
完成时间：2006—2010 年
获奖情况：2014 年度大禹水利科学技术一等奖

农村安全供水集成技术研究与示范

从全国农村饮水安全工程建设与管理迫切需解决的重大科技问题出发，攻克共性关键技术并推广应用。

（1）针对贫水地区含水层严重缺水问题，形成咸淡水共存区淡水、山区基岩裂隙水和薄层地下水勘查技术模式。

（2）针对现有除氟技术再生难、效率低等问题，开发以粉末吸附剂与混凝剂混配的廉价除氟吸附剂，形成新型高氟水处理成套装置。

（3）针对复合污染问题，研发以膜为核心、集生物预处理、多介质过滤、活性炭吸附等于一体的微污染水净化成套装置。

（4）针对雨水利用中的水质差问题，开发屋顶集雨自动冲洗弃流装置和一体化窖水生物慢滤净化技术，形成单户和村级集雨水质净化成套技术。

（5）对农村供水消毒技术及设备不完善等问题，形成次氯酸钠、二氧化氯、紫外线、臭氧四种适宜农村供水的消毒成套技术，研发高效、低成本、易维护的消毒设备。

（6）针对农村供水普遍缺乏水质检测技术及设备等问题，开发形成适宜中小型水厂和大中型农村水厂的水质监测成套技术及设备。

（7）针对农村供水工程设计人员不足、手段落后等问题，系统形成供水工程规划设计指南、设计图集、辅助设计软件。

（8）针对全国农村饮水安全工程量大面广、层级多、行业管理任务重等问题，创建农村供水领域第一个覆盖全国的农村饮水安全信息管理系统。

（9）针对南方平原河网区、西南山丘区、华北劣质地下水区、西北干旱缺水区和牧区的水源水质特征，研究形成不同类型农村安全供水工程技术模式。

主要技术创新

（1）在国内外首次建立咸淡水共存区地层真电阻率与地下水矿化度间的数学关系和淡水体勘查技术模式；在国内首次建立常规物探技术与高新技术优化组合的基岩山区和内蒙古高原薄层含水层地下水勘查技术模式，大幅提高贫水区地下水勘查效率和精度。

（2）首次开发应用粉末状颗粒吸附剂、彗星式纤维滤料和动床吸附法除氟工艺，开发形成集吸附法和混凝法特点于一体的高氟水处理成套装置，突破高碱度及多指标超标高氟水处理难题，为原始创新。

（3）首次开发应用跌水曝气生物滤池与超滤膜水力清洗组合技术、高效生物滤池与离子交换组合技术，突破了水中溶解性有机物和高氨氮去除难、超滤膜易堵塞、保持生物活性等难题，形成适合中、小型农村供水工程的微污染水净化成套设备。

（4）首次将生物慢滤技术引入窖水净化，原创性开发一体化窖水生物慢滤净化技术，解决分散集雨窖水净化难题。

（5）首次系统形成适合农村供水消毒成套技术；首次将离子膜制碱工艺应用于饮用水次氯酸钠消毒设备开发，有效氯浓度提高 3 倍，盐耗和电耗降低 40%，填补国内空白；新开发无隔膜法次氯酸钠发生器，突破电解槽易结垢、易腐蚀难题，大幅提高使用寿命，盐耗和电耗降低 30% 以上。

（6）首次出版《农村供水工程设计图集》，集中全国有代表性的农村供水工程设计工艺图、结构图，技术先进、实用，填补国内空白；开发形成环状与枝状混合管网优化设计软件，突破环枝状混合管网和新旧共存管网的管网优化设计难题，为国内首创。

推广应用情况

该成果集成了农村饮水安全领域 33 项关键技术，形成了 36 项新材料、新产品和新设备，编写技术标准 4 部，通过建立试点示范工程、行业辐射推广及产品销售等，项目成果已在 20 个省（自治区、直辖市）、67 个县、1088 处农村供水工程应用，受益人口 457.8 万人，取得经济效益 12.01 亿元。全国农村饮水安全信息管理系统、农村供水消毒技术要点、农村安全供水工程成套技术模式等已在全国及示范县农村饮水安全工程规划及行业管理中广泛应用，对提高投资效益、减少管理成本等具有重要作用，经济效益约为 11.50 亿元。

通过上述成果推广应用，对加快解决全国农村饮水安全问题、提高水质合格率，改善农村生产生活条件、减少疾病、提高健康水平、增加农民收入等具有重要作用，社会环境效益十分显著。

代表性图片

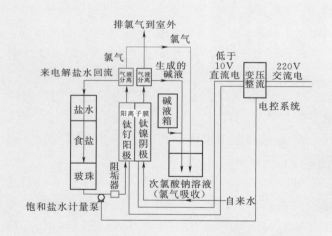

农村供水消毒成套技术及设备

一体化窖水生物慢滤净化技术及应用

全国农村饮水安全信息管理系统及供水设计图集

完 成 单 位：中国水利水电科学研究院、中国灌溉排水发展中心、清华大学、中国疾病预防控制中心环境与
健康相关产品安全所、中国地质调查局水文地质环境地质调查中心、山东省水利科学研究院、
重庆市亚太水工业科技有限公司

主要完成人员：杨继富、高占义、李仰斌、丁昆仑、李振瑜、刘文朝、李文奇、鄂学礼、武毅、张汉松、谢崇
宝、张敦强、胡孟、李斌、刘建强

联 系 人：李斌　　　　　　　　　　　　　　联系电话：010 - 68786523

邮 箱 地 址：libin@iwhr.com

任务来源：水利部公益性行业科研专项项目
完成时间：2008—2011 年
获奖情况：2015 年度农业节水科技一等奖

鄂尔多斯地区综合节水与
水资源优化配置研究

项目针对我国能源重化工基地—鄂尔多斯地区研究解决综合节水和水资源优化配置方面的关键技术问题，调整产业结构，优化配置有限的水资源，形成节水型供需水安全体系，促进节水水平和用水效果显著提高，同时要保证生态需水要求，实现水—草—畜系统平衡，使草原生态向良性化方向发展，为我国能源重化工基地全面建设节水型社会提供科技支撑。主要开展以下 3 方面内容研究：

（1）现代农业综合节水技术和建设方案研究：①典型节水灌溉工程技术经济指标测试和评估研究；②综合节水技术经济评价体系及指标研究；③现代农业综合节水建设方案研究。

（2）鄂尔多斯地区水资源综合利用技术与优化配置研究：①鄂尔多斯地区供水系统结构与布局及供水保证可靠性研究；②多种水源综合利用技术研究；③工业、生活和生态用水及社会经济发展需水预测研究；④水资源优化配置技术和产业结构调整方案研究。

（3）鄂尔多斯地区水草畜平衡分析和适宜载畜量控制指标研究：分析家庭草库伦灌溉人工草地不同发展规模的灌溉效应，走以水定草、以草定畜的可持续发展之路，提出鄂尔多斯水—草—畜系统平衡控制指标和适宜载畜量控制指标，为确定草原牧区生态建设提供依据。

主要技术创新

（1）采用模糊综合评价模型对鄂尔多斯市节水灌溉工程适用性进行了综合评价，提出了节水灌溉工程的适宜形式；用可拓物元分析方法建立了工业节水评价模型，提出工业节水改进措施。

（2）建立了鄂尔多斯农业需水量预测组合模型和基于复合 Sigmoid 函数的 GDP 预测模型，为同类地区应用研究提供了新方法。

（3）建立了基于排序矩阵的实码多目标遗传算法的地区产业结构优化模型和农牧业产业结构优化模型，提出了产业结构和农牧业优化方案；提出了实体水和虚拟水相结合的水资源配置方法并进行应用研究，为解决制约鄂尔多斯市社会经济发展的水问题提供了理论依据。

（4）采用灰色关联分析法，建立了水资源承载力综合评价模型；将经济领域的 CGE 模型添加了资源环境约束，对鄂尔多斯市水资源短缺效应进行了模拟研究，分析了不同水价和供水量条件对主要经济指标的影响程度。研究成果整体达到了国际先进水平，在牧区水—草—畜平衡控制指标研究与实践方面达到了国际领先水平。

推广应用情况

项目实施后，鄂尔多斯市农业灌溉节水 7370 万 m^3/a，工业和生活节水 2600 万 m^3/a，城镇污水处理率达到 80% 以上，增加非常规水资源利用量 3800 万 m^3/a；单位 GDP 用水量由 2008 年 154m^3/万元降低到 62.7m^3/万元。经测算：2010 年鄂尔多斯地区综合节水效益新增产值 46596 万元，新增利税 11649 万元，年增收节支总额 34947 万元，经济效益显著。项目组提出的鄂尔多斯牧区水草畜平衡控制指标对草原生态建设具有重要指导意义。该项研究成果在同类地区具有推广应用价值；而且，农业需水预测组合模型和基于复合 Sigmoid 函数的 GDP 预测模型为同类地区的应用研究提供了新方法，可供类似地区借鉴和应用推广。

代表性图片

试验监测

农业节水示范区

完 成 单 位：中国水利水电科学研究院、内蒙古农业大学、内蒙古工业大学、内蒙古遥感与地理信息系统重点实验室、内蒙古水文总局、鄂尔多斯市水务局

主要完成人员：包小庆、李和平、佟长福、高瑞忠、郑和祥、杨燕山、白巴特尔、苗澍、王军、史海滨、格日乐、包银山、张永正、张志斌、吕森、包玉海、刘占平、王宽荣、张海滨、姜华、辛晓锐、赵淑银、徐冰、徐晓民、于婵、韩瑞平、贾永芹、李瑞平、李亮、田德龙、张菲、郑佳伟、王冠宇、张静、崔桂凤、姜淑琴、萨仁其其格

联 系 人：李和平　　　　　　　　　　　　联系电话：0471 - 4690556

邮 箱 地 址：mkslhp@163.com

任务来源："十一五"国家科技支撑计划项目
完成时间：2006—2010 年
获奖情况：2015 年度大禹水利科学技术一等奖

大型农业灌区节水改造工程
关键支撑技术研究

　　针对我国大型灌区节水改造过程中存在的主要技术问题，以保障国家水安全、粮食安全和生态安全为目标，以提高灌溉用水利用效率和效益为核心，对大型灌区节水改造支撑技术开展研究与示范，力争实现大型灌溉节水改造支撑技术的重大突破。根据不同类型灌区的具体条件和经济发展水平，建立因地制宜的节水改造技术集成模式与示范新机制，构建符合我国国情的大型灌区节水改造技术体系，为实现 21 世纪我国灌区社会经济的可持续发展提供科技支撑。为了实现上述目标，项目围绕如下 9 个课题开展研究：课题 1——灌区诊断评价技术与方法及节水改造标准体系研究；课题 2——灌区田间节水改造技术集成模式研究；课题 3——灌区输水技术研究与产品开发；课题 4——灌区用水管理及量水技术研究与产品开发；课题 5——灌区地下水开发利用关键技术研究；课题 6——灌区农田排水与再利用技术；课题 7——灌区大型泵站改造关键技术研究；课题 8——灌区节水改造环境效应及评价方法研究；课题 9——灌区节水改造技术集成模式与示范。

　　主要技术创新

　　（1）首次提出了灌区状况综合评价指标及定量化分析评估方法和大型灌区节水改造标准体系。

　　（2）首次提出稻田水位生产函数模型及水稻各生育期农田水位控制标准。

　　（3）研究构建了实用的高效喷灌、高效低能耗微灌、精细地面灌溉、水稻高效灌溉、渠灌区末级渠系改造等 5 套技术集成模式，研制开发了 6 种新的灌溉设备。

　　（4）研制形成了改性沥青混凝土衬砌防渗技术、管道输水技术体系及技术集成模式、大口径高分子复合材料管材。

　　（5）研制了灌区用水调度成套技术和 15 种量水新装置及设备，解决了缓坡测流精度低的难题。

　　（6）研制形成了地表水—地下水联合调度智能监控系统。

　　（7）研究提出了节水灌溉条件下灌区水盐动态调控模式和北方盐碱地区农田排水再利用模式。

　　（8）研究提出了节水灌溉—控制排水—湿地协同运行技术，研发出了 3 种农田排水新装置，实现了稻田水位自动控制。

　　（9）研究形成了泵站系统模拟仿真及测试技术和泵站系统优化配套与运行管理技术。

　　（10）研究形成了灌区节水改造环境效应评价方法，构建了灌区节水改造环境效应评价指标体系。

推广应用情况

本项目研究成果获得了良好应用，在项目研究期间 2006—2010 年的 4 年时间里共建立、完善各类试验基地 32 个，建成示范区 4 个、面积 1.6 万亩，形成辐射推广面积 48 万亩。在项目示范区及辐射区内节水、增产效益显著，生态环境日益改善，居民收入水平呈增长态势，总体实施效果良好。从 2011—2014 年的 4 年时间项目成果已在大型灌区节水改造工程建设与管理中得到了推广应用，累计推广应用面积 2479.9 万亩，取得了显著的经济效益、社会效益和环境效益。

代表性图片

改性沥青混凝土衬砌防渗技术

新型移动式滴灌首部系统和机翼型农渠量水设施

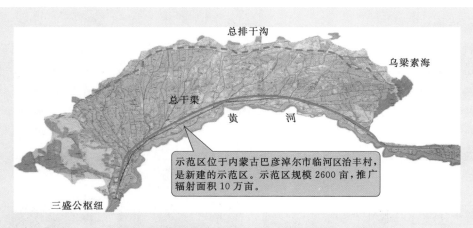

成果在北方典型渠灌区——内蒙古河套灌区的应用

完 成 单 位：中国水利水电科学研究院、中国农业大学、中国灌溉排水发展中心、武汉大学、西北农林科技
大学、中国农业科学院农田灌溉研究所、河北省灌排供水技术服务总站、内蒙古自治区水利科
学研究院

主要完成人员：高占义、许迪、龚时宏、许建中、黄介生、马孝义、刘群昌、黄修桥、徐志昂、高本虎、程满金、
刘钰、王少丽、霍再林、高黎辉

联 系 人：龚时宏　　　　　　　　　　　　　　　　　　　联系电话：010 - 68786515

邮 箱 地 址：gshh@iwhr.com

任务来源：工程项目
完成时间：2000—2014 年
获奖情况：2015 年度水力发电科学技术一等奖

水电工程低热硅酸盐水泥混凝土
特性与应用关键技术

项目立足对低热水泥混凝土全过程特性的研究，在有效解决结构混凝土、衬砌混凝土、抗冲磨温控防裂问题的基础上，积极推动低热水泥混凝土在 300m 级特高拱坝等水电工程中的全面应用。研究内容包括：

（1）低热水泥矿物组成优化、技术标准与生产质量控制。研究了矿物组成对低热水泥及其混凝土性能的影响规律，优化低热水泥矿物组成，提出适用于水电工程混凝土的低热水泥技术标准。结合实际工程，制定低热水泥生产质量控制细则，保证了规模化生产低热水泥的质量。

（2）开展低热水泥和中热水泥长期水化热试验对比研究，探明低热水泥长期水化放热规律。针对低热水泥混凝土长期耐久性的关键应用技术问题，项目从长期强度、长期水化产物等方面系统研究低热水泥混凝土耐久性。

（3）结合三峡工程部分部位、溪洛渡泄洪洞和向家坝消力池抗冲耐磨、白鹤滩地下厂房、洞室和大坝等部位系统地开展了混凝土性能试验研究，揭示了低热水泥混凝土热学、力学特性及其随龄期的发展规律。

（4）基于低热水泥热学、力学特性及其发展规律，结合具体工程情况系统研究低热水泥混凝土温度和应力发展规律，以及与之匹配的温控措施，避免了混凝土温度裂缝。研究低热水泥混凝土热力学特性发展规律与施工工艺的相互关系，形成成套的低热水泥混凝土施工工艺，并建立了低热水泥混凝土全过程质量控制体系。

主要技术创新

（1）制定了适用于水工混凝土特性的低热水泥技术标准，优化了低热水泥矿物组成和制备工艺，使低热水泥具有水化热更低、放热速度更慢、收缩更小、抗裂性更高的特性；建立了低热水泥生产工艺全过程质量控制精细化管理与监造体系，实现了低热水泥的规模化稳定生产。

（2）系统研究了低热水泥与粉煤灰、外加剂等原材料之间的相容性以及混凝土全面性能，掌握了低热水泥混凝土性能随龄期的演化规律；揭示了低热水泥混凝土早期强度和温升发展缓慢、后期强度高、最终温升低的特点，且抗裂性和耐久性更好；提出了低热水泥混凝土配制技术。

（3）采用低热水泥配制出了"高强、低热、高抗裂"的抗冲耐磨混凝土，揭示了低热水泥在抗冲耐磨混凝土温控中的重要作用，有效减少或消除了抗冲耐磨混凝土温度裂缝，解决了抗冲耐磨混凝土"易裂易损"的难题。

（4）对比研究了特高拱坝低热和中热水泥混凝土全面性能、开展了温控防裂仿真分析，揭示了低热水泥大坝混凝土抗裂安全系数高于中热水泥混凝土的规律；率先在特高拱坝完整坝段应用了低热水泥混凝土，验证了低热水泥混凝土性能的综合优势，尤其是后期温度回升低于中热水泥混凝土，为特高拱坝全坝采用低热水泥奠定了技术基础。

（5）掌握了水工混凝土施工工艺与低热水泥混凝土性能发展规律的协调关系，形成了一套完整的低热水泥混凝土施工工法，建立了低热水泥混凝土应用全过程质量控制体系，为水工混凝土温控防裂开辟了一条新的技术途径。

推广应用情况

（1）三峡三期纵向围堰 C 段加固块、船闸完建、电源电站、右厂房蜗壳二期和消能防冲建筑物等部位采用了约 30 万 m^3 低热水泥混凝土，基本未发现温度裂缝。

（2）溪洛渡泄洪洞共浇筑低热水泥抗冲耐磨混凝土 20.9 万 m^3，采用低热水泥后出现裂缝的仓面比采用中热水泥大幅度降低。

（3）向家坝水电站消力池共浇筑低热水泥混凝土 59.04 万 m^3，施工阶段和运行期汛后检查中均未发现温度裂缝。

（4）白鹤滩水电站 5 条导流洞共使用低热水泥浇筑混凝土 137 万 m^3，未发现危害性温度裂缝。

（5）溪洛渡拱坝在 30 号和 31 号坝段浇筑了低热水泥大坝混凝土约 1.3 万 m^3，在温控措施相同情况下，低热水泥大坝混凝土平均最高温度比中热水泥的低 4.6℃。经过 3 年运行，未发现裂缝。

代表性图片

向家坝消力池

溪洛渡 30 号、31 号坝段浇筑低热水泥大坝混凝土

完 成 单 位：中国长江三峡集团公司、中国水利水电科学研究院、长江水利委员会长江科学院、中国建筑材
　　　　　　料科学研究总院、中国电建集团华东勘测设计研究院有限公司
主要完成人员：樊启祥、李文伟、杨华全、陈改新、姚燕、洪文浩、彭冈、聂庆华、樊义林、李新宇、文寨军、
　　　　　　董芸、高鹏、李果、纪国晋
联 系 人：陈改新　　　　　　　　　　　　　　　　联系电话：010－68781469
邮 箱 地 址：chengx@iwhr.com

任务来源：中国长江三峡集团公司
完成时间：2010—2014 年
获奖情况：2016 年度水力发电科学技术一等奖

金沙江下游巨型电站群
"调控一体化"控制系统研究

本项目研发了面向巨型水电机组电站群远方"调控一体化"实时生产控制系统，成果应用于三峡集团公司金沙江下游巨型机组梯级水电厂群，并推广应用于国内 20 余处流域集控中心、新能源集控中心。

金沙江下游河段水量大、落差集中，是金沙江流域乃至长江流域水能资源最丰富的河段，三峡集团公司在成都设立金沙江下游梯级调度中心电调自动化系统，对金沙江下游的溪洛渡（18 台 700MW）、向家坝（8 台 770MW）两巨型电站进行远方"调控一体化"管理。巨型水电站因其对电网的安全稳定运行影响极大，因此对控制系统提出了极其苛刻的准确性、稳定性要求。巨型电站本身的测点规模巨大，控制系统的数据采集及处理能力也面临巨大考验。

本项研究针对"调控一体化"管理要求、海量数据的传输与处理、"边调试、边运营、边完善、高强度"投运模式、多上级调度模式等各类技术和工程难题，提出了一系列理论创新及技术突破，成功实现了梯级巨型电站"调控一体化"控制系统，为巨型机组电站群实现远程"调控一体化"、现地无人值班的总体目标奠定了技术基础。研究成果代表了当今国际巨型水电站群远程调控技术的最高水平，推动了我国流域梯级"调控一体化"技术的全面发展。

主要技术创新

该项研究在系统高可靠性冗余设计、集群通信、海量数据传输与处理、负载均衡、智能报警、广域多站同步调试、智能平台管理、多重控制闭锁、梯级自动发电控制以及对枢纽下游发电航运实时优化控制等方面实现了重大技术突破。

（1）在世界上规模最大的梯级水电站之一首次完成远程调控一体化和设备全范围的远程控制，实现了现地"无人值班"（少人值守），系统运行稳定可靠，远程调节与控制的成功率为 100％。

（2）在国际上首次研制成功大型水利枢纽发电航运安全与闸门实时优化远程控制技术，在国际上首次实现了远程自动控制闸门补水，确保枢纽下游水位变幅满足航运安全的要求。

（3）在国际上首次研制成功高可靠性的基于多重冗余服务器集群的 M - SPC 多规约、多通道的通信技术，实现负载均衡、无缝切换、相互校验的集群通信技术，实现了集控中心与电站的高速、高可靠性通信。

（4）首次研制成功通信双缓存异步处理技术，避免了数据处理对通信速度的影响，提升通信能力约 10 倍，较好解决了电站事故时雪崩数据上送的数据阻塞问题。

（5）改进国际通信标准，首次设计研制了通信单边点表技术，解决了通信双端点表导致的数据一致性问题，显著提高了系统的安全性和可维护性。

（6）首次研制成功配置信息异地在线同步技术，解决了广域多站大型控制系统配置信息同步的难题，确保广域多站控制系统之间配置信息的高效同步与系统安全。

（7）首次采用了梯级集控中心与厂站同步接机调试技术，实现电站与集控同时具备现场自动控制能力，确保安全的同时，显著提高了集控接机效率，创造了两年投运 26 台 770MW 及以上巨型机组的世界纪录。

（8）研制成功了面向设备对象、基于相关量分析的实时智能报警技术，对报警信号进行智能分析与推理，做到"该报必报，绝不多报"，避免次要报警对重要报警的湮没。

推广应用情况

金沙江下游巨型机组电站群远方"调控一体化"控制系统自 2012 年 9 月上线运行以来，通过近 2 年的时间，完成了向家坝、溪洛渡共 26 台巨型机组，44 套现地控制单元（LCU）与电站的同步接入、同步投运工作。该项目于 2014 年 10 月通过最终验收，项目的技术水平及实施水平获得用户高度评价。

该项成果在水电控制集群通信、海量实时数据传输与处理、闸门与发电协同远控、智能报警等方面拥有自主知识产权，具有推广价值，标志着我国巨型梯级水电站"调控一体化"技术已居国际领先水平。该系统为类似项目的实施提供了宝贵的经验。

目前，以该项目研究成果为基础的"调控一体化"监控系统已成功推广到黄河上游集控中心、中广核成都集控中心等 20 余个水电和新能源集控中心。

代表性图片

类别	名称	总装机/MW	巨型机组	集控量级	控制方式	调控一体化
国际	加拿大 La Grande 梯级水电站	13950	否	千点	下发计划	否
	法国电力公司水电装机	22040	否	千点	下发计划	否
	EDELCA 卡罗尼河梯级	15547	否	千点	下发计划	否
国内	三峡梯调	25277	有	2 万点	下发计划	否
	澜沧江集控	14375	有	6 万点	集中控制	综合点上送
	大渡河集控	18000	有	8 万点	集中控制	综合点上送
	成都调控中心	20260	有	30 万点	集中控制	全监全控

成果指标对比

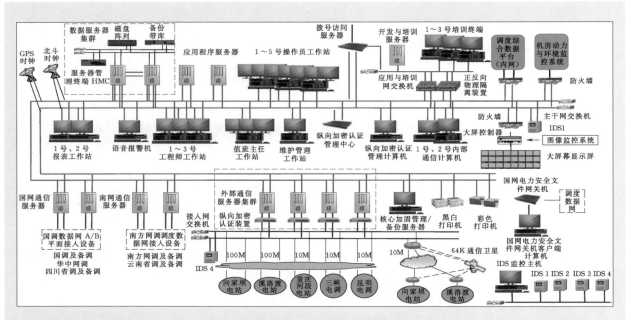

金沙江下游集控中心电调自动化系统结构图

完 成 单 位：北京中水科水电科技开发有限公司、中国长江三峡集团公司、长江勘测规划设计院有限责任公司

主要完成人员：程永权、王德宽、宋远超、毛江、王峥瀛、王桂平、谭华、龚传利、黄天东、张明君、韩长霖、瞿卫华、杨春霞、王宇庭、陆劲松

联 系 人：杨春霞
联系电话：010 - 68781965
邮 箱 地 址：jkyangcx@iwhr.com

任务来源："九五"国家重点科技项目、三峡工程科研项目、中水科技公司研发专项、横向委托项目

完成时间：1987—2016 年

获奖情况：2017 年度大禹水利科学技术一等奖

混流式水轮机全系列水力模型
研究和推广应用

本项目主要内容如下：

（1）国内率先开展混流式水轮机内部流态观测试验研究，探索内部流动及水压脉动规律，将转轮叶片进口边正、背面初生空化临界线、叶道涡临界线及尾水管涡带临界线等有关稳定性的特征线结合到水轮机模型综合特性曲线上，建立水轮机内部流态稳定性特征与外特性参数的对应关系，划分稳定运行区域和非稳定运行区域。

（2）突破传统转轮设计方法的局限，创新叶片变环量分布和叶片积叠成型等技术，改良翼型，形成了独特的混流式水轮机水力设计方法，水力模型最优效率率先在国内突破 93%、94% 大关，一跃赶上国际先进水平。

（3）针对径流式水电站丰枯水期特点，率先提出水轮机"枯水期转轮""双转轮配置"的技术理念，研究成果实现枯水期水轮机效率相对提高 30%～80%，由于避免了转轮大幅度偏工况运行，从而根本解决了机组水力稳定性问题。

（4）针对水利部面向近万座农村水电站组织开展的农村水电增效扩容改造工程提出的多约束多目标的水力设计问题，自主创建了具备多约束多目标优化设计能力的混流式水轮机水力设计系统，共开发了覆盖混流式水轮机全水头范围、性能优秀的 17 个系列 158 个混流式水轮机水力模型。

（5）提出水电站水轮机技术改造解决方案，建立"量体裁衣"的个性化解决流程。

主要技术创新

（1）创建水轮机水力稳定性表征形式，国内首次绘制了包含各种临界线的水轮机模型综合特性曲线，将混流式水轮机的研制目标和评价标准推向新的高度，形成全新的水轮机特性评价体系。

（2）独立自主创建的混流式水轮机全流道水力设计方法，可显著降低低水头机型叶道间横流对效率的影响，可提高高水头机型的空化性能，开发的水轮机水力模型相关性能指标达到国际领先水平。

（3）创建混流式水轮机"丰枯水期双转轮配置"技术，攻克了径流式水电站丰枯水期流量差别大、水轮机难以兼顾运行的技术难题，实现枯水期机组高效稳定运行。可减少电站装机台数，大幅节省投资，也为有效利用生态流量资源提供了优选方案。

（4）独立自主开发的混流式水轮机水力设计软件系统，具备多约束多目标优化设计能力，可实现混流式水轮机"量体裁衣"式定制，满足混流式电站建设和增效扩容改造的需求。

（5）系统总结归纳出水电站技术改造的六大类解决方案，并建立了完整、科学、高效、

可靠的个性化解决流程，对水电站增效扩容改造工程起到了引领作用。

推广应用情况

混流式水轮机内部流态观测及水力稳定性研究的成果，加深了行业对混流式水轮机水力稳定性规律的认识，相关内容纳入大中型水轮机招标文件。本成果成功应用于国内外 200 多座电站，约 460 台机组，全部达到或超出预期指标；国内已有 15 家有规模和影响力的水轮机制造企业引用该成果，推动了行业的技术进步。

年增发电量 9 亿 kW·h，按采用本成果所增发的电量初步估计，年直接经济效益 2.7 亿元，年间接经济效益 9 亿元；机组寿命取 30 年，直接经济效益 81 亿元，间接经济效益 270 亿元。取得了巨大的社会经济效益。

代表性图片

混流式水轮机模型机组和模型转轮

完成单位：中国水利水电科学研究院、北京中水科水电科技开发有限公司
主要完成人员：彭忠年、陈锐、田娅娟、薛鹏、王鑫、莫为泽、陆力、马素萍、邓杰、李铁友、马兵全、朱雷、
　　　　　　　张建光、张海平、孟晓超
联　系　人：彭忠年　　　　　　　　　　　　　　　　联系电话：010 - 68781730
邮　箱　地　址：pengzhn@iwhr.com

优秀成果汇编
——纪念中国水利水电科学研究院组建60周年

省部级科技奖励
二 等 奖

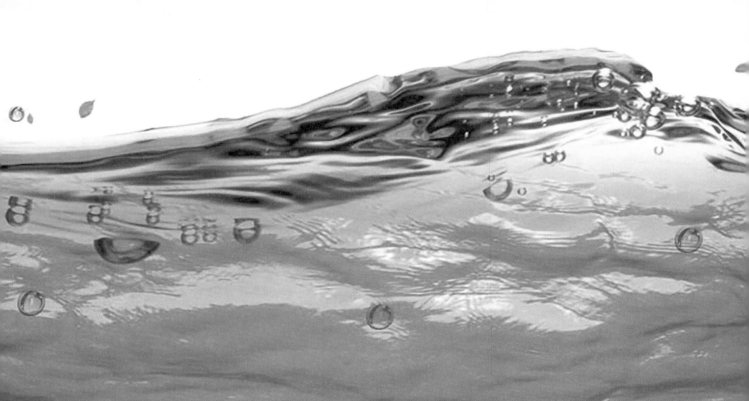

任务来源： 水利电力部科研项目
完成时间： 1978—1980 年
获奖情况： 1980 年度水电部科学技术进步二等奖

弹性水锤对水电站调节稳定影响

　　本项目结合江西"七一"水电站扩大机组容量，保持调压井断面积不变，研究水电站系统运行的稳定性问题。采用自动控制理论同水力学方程结合的方法进行计算研究，结果认为通过整定调速器参数可以维持调压井和水电站稳定运行。

　　主要技术创新

　　考虑引水隧洞、各种调压井、压力管道、水轮机组特性曲线、调速器参数和尾水管道等，采用自动控制理论进一步研究水电站系统运行稳定性问题，首次提出调压井断面积可以小于托马临界稳定断面积的重要结论。

　　推广应用情况

　　对于长引水洞大容量水电站，调压井的工程投资占总投资的比重较大，通常按托马公式计算调压井面积还要乘上安全系数，使调压井尺寸很大。本项研究成果起带头作用，引起了国内广泛研究，证明是合理的，最终修改了调压井设计规范，取消了安全系数，对中小型电站调压井断面积可以小于托马临界面积设计。研究成果产生很大的经济效益。

完 成 单 位：中国水利水电科学研究院
主要完成人员：肖天铎、董兴林
联 系 人：杨帆　　　　　　　　　　　联系电话：010 - 68781126
邮 箱 地 址：yangf@iwhr.com

任务来源： 水利部科技司
完成时间： 1979—1981 年
获奖情况： 1981 年度水利部优秀科技成果二等奖

双螺旋形波纹塑料排水管研究应用

1979 年 2 月，水利部科技司在江苏昆山召开了第一次全国地下排灌科技座谈会。这次会议明确地将地下排灌管道材料的研究列为重点科研课题，并将波纹塑料排水管的研究应用列入了课题计划。

在这次会议的积极推动下，用高密度聚乙烯制造的平行环形波纹塑料管在 1979 年年底研制成功，并在上海、天津、北京等地进行了不同规模的试点应用，取得了较好的成果。为了给有反滤防沙要求的轻质土地区制造出一种管滤合一的塑料排水管，水利部安排了跨部门的合作，研制可预缠滤料的双螺旋形波纹塑料排水管。

主要技术创新

双螺旋形波纹塑料排水管研制成功，为我国暗管排水管道材料增加了一种新品种，填补了国内空白。由于该管的波纹呈双螺旋形，可以方便地进行纤维状滤料的缠绕，因而为进一步开展管滤合一的管材研制打下了坚实的基础。研发管材其外形、刚度和冲击强度均已达到美国、荷兰等先进国家的标准要求，排水性能与畅销 34 个国家的荷兰管接近。

推广应用情况

在上海，该管已大面积地应用于粮田、菜田。北京、天津、内蒙古、新疆等十几个省（自治区、直辖市）也得到推广应用。在南方渍害田中应用，排水治渍效果良好，经过排水治理，一般三麦能增产 10％～15％，棉花、早稻增产 10％以上。经济和社会效益显著。

代表性图片

双螺旋波纹塑料排水管施工

外缠纤维料的双螺旋
波纹塑料排水管

完成单位：中国水利水电科学研究院、上海塑料制品工艺研究所
主要完成人员：瞿兴业、赖民基、余玲、石凤霞、周德康、裘新华
联系人：余玲　　　　　　　　　　　联系电话：010 - 68518265
邮箱地址：wanggf@iwhr.com

任务来源：国家"六五"科技攻关项目
完成时间：1985 年
获奖情况：1986 年度水利电力部科学技术进步二等奖

大型高压土工试验设备研制

20 世纪 80 年代国内已有的一些土工试验设备在应力水平、试样尺寸和测定项目方面都难以满足高土石坝建设的需要。为了正确测定堆石料、砂砾料或砾质土的各种参数，根据国家"六五"科技攻关项目的需求，研制了一套大型高压土工试验设备，其中有：大型高压三轴仪，试验直径 300mm、高 700mm，最大周围压力 7MPa，轴向最大出力 2500kN；大型平面应变仪，试样尺寸为 400mm×200mm×400mm（长×宽×高），最大小主应力为 2.5MPa；大型压缩仪，试样直径 300mm 及 500mm，高 180mm 及 1000mm，最大轴向压力为 7MPa 及 9MPa；大型击实仪，击实筒直径 300mm，高 287.5mm，单位击实功能 592.6kJ/m³ 及 2702kJ/m³ 和大型加压渗透仪，试样直径 300mm 等 5 种大型土工试验设备。

主要技术创新

（1）本套试验设备的技术指标如轴向出力、侧向压力、试样尺寸，迄今仍是国内最大的，达到国际上同类仪器的水平。

（2）仪器采用较先进技术，如电液伺服控制系统、电测传感器、自动采集数据、微机自动处理等，都是首次用于国内土工试验设备上。

推广应用情况

23 年来，应用大型高压土工试验设备，进行了国内外 32 座高土石坝或面板堆石坝筑坝材料的强度和变形特性的试验研究，提出了坝体设计所必需的试验数据。

昆明勘测设计院科研所按照本大型三轴仪技术参数，制造了一套三轴仪。

代表性图片

大型高压三轴仪

大型压缩仪

完 成 单 位：中国水利水电科学研究院、南京电力自动化设备厂、上海水工机械厂、成都科学仪器厂、上海
船舶研究所、水电部第二工程局修造厂
主要完成人员：朱思哲、柏树田
联 系 人：柏树田   联系电话：010 - 68786546
邮 箱 地 址：huanglq@iwhr.com

任务来源：水利电力部成都勘测设计院
完成时间：1982—1985 年
获奖情况：1986 年度水利电力部科学技术进步二等奖

拱坝静动力分析程序 ADAP - CH84 和
二滩抛物线拱坝抗震分析研究

中国水利水电科学研究院抗震防护所自 1984 年年底开始，对二滩拱坝进行了全面的静动力分析研究工作。1985 年 5 月，提交了正式研究报告；同年 7 月和 10 月，又分别提交了按设计施工过程分析的坝体自重应力成果和按库水有限元分析的地震动水压力成果。

主要技术创新

本次研究开发形成的 ADAP - CH84 版本，经二滩拱坝多家单位多种应力分析手段的验证，其理论模型较为先进，计算分析的成果可靠，是国内拱坝应力分析程序中一个较为先进、完善和有效的程序。

推广应用情况

本项研究成果对二滩抛物线拱坝的应力条件和强度安全度，进行了全面论证，为设计单位确定设计方案提供了重要的论据。本项主要研究成果已直接或间接列入二滩水电站的设计文件，对提高我国的拱坝设计水平，已经发挥并将继续发挥重要的作用。

完 成 单 位：中国水利水电科学研究院
主要完成人员：陈厚群、侯顺载等
联 系 人：陈厚群 联系电话：010 - 68786560
邮 箱 地 址：chenhq@iwhr.com

任务来源： 内蒙古自治区农牧业委员会
完成时间： 1987—1989 年
获奖情况： 1990 年度内蒙古自治区农牧业丰收二等奖

家庭草库仑水利建设

针对牧区草原生态环境恶化和水草畜不平衡的现状，积极推行节水政策，提高水资源利用效率和草地畜牧业生产经济效益，实现区域性水草畜系统平衡，遏制草原退化、沙化，恢复生态。研究区位于毛乌素沙地中心的鄂托克前旗，总面积 12318km²，多年平均降水量268.1mm，蒸发量为 2514.8mm。主要研究内容包括：

（1）优良牧草引种试验研究。主要品种包括紫花苜蓿、青贮玉米、饲料玉米、串叶松香草、籽粒苋等优良牧草及各种蔬菜品种。

（2）优良牧草节水灌溉制度研究。主要完成了紫花苜蓿、青贮玉米、饲料玉米 3 种优良牧草节水灌溉制度研究，并推广了模式化栽培技术。

（3）塑料管井快速成井技术和节水灌溉技术研究与应用。在抽水试验的基础上，提出了成套塑料管井（包括多管井）快速成井技术成果。推广了喷灌、低压管道灌溉技术。

（4）节水节能井渠灌溉系统模式研究。内容包括水源工程、提水机具和输配水系统等，分析确定了 15 种可行的牧区井灌系统方案，计算分析了各个方案的节水、节能和经济指标，以节水、节能和经济指标作为评价准则，应用层次分析法建立了牧区井灌系统优化模式评价模型，结合模糊综合评判法优选出满意的灌溉系统方案或模式。

（5）灌溉家庭草库仑建设模式研究。根据以水定草、以草定畜，实现区域性水—草—畜系统平衡的原则，提出的人工种植冷季补饲和舍饲两种新型草地畜牧业生产经营模式，较自由放牧型亩均天然草地产值提高 63.6%～209.7%。研究区天然放牧畜均天然草场 1.852hm²，每建 1hm² 人工饲草料基地可保护或置换 62.45～101.2hm² 天然草场。

主要技术创新

集优良牧草引种试验、节水灌溉制度、节水节能灌溉系统和灌溉家庭草库仑建设模式研究于一体的集成创新，首次在牧区研究与推广应用。

推广应用情况

研究成果在内蒙古自治区、新疆维吾尔自治区、甘肃省、青海省、宁夏回族自治区等干旱、半干旱草原地区得到了全面的推广应用，取得了巨大的生态、经济和社会效益。

代表性图片

灌溉家庭草库仑中饲料玉米长势

青贮玉米引种试验观测　　　　　　　　　节水节能试验观测

完 成 单 位：水利部牧区水利科学研究所
主要完成人员：韩玉凤、杨玉林、李和平
联 系 人：李和平　　　　　　　　　　联系电话：0471 - 46900556
邮 箱 地 址：mkslhp@nmmks.com

任务来源：横向项目

完成时间：1989 年

获奖情况：1991 年度能源部科技进步二等奖

紊流诱发水工结构振动的模拟试验

1985 年，安康水电站升船机导墙—排架系统位于溢流坝段中孔消力池的水跃区中，且排架系统高达 105m，导墙厚度仅 5m，这样薄而高的混凝土结构，在水跃强紊流压力脉动作用下，其振动和稳定问题堪忧。为此，1985 年受原国家电力公司北京勘测设计研究院的委托，对其进行了紊流诱发振动的模拟试验及分析研究。首先根据紊流压力脉动的基本方程及弹性结构的动力方程，导出了满足水力—弹性相似的模型律，并首次利用特制的加重橡胶制成 1：100 的导墙—排架系统水弹性相似模型进行紊流诱发振动模拟试验。通过试验，确定原设计存在重大工程隐患，提出改进消能和降低导墙高度相结合的减振措施的建议并为设计所采用。

1988 年，广西大化水电站位于溢流坝消力池内的闸墩（高 47m，厚 3.2m）受水跃强紊流作用产生了严重的振动。受广西电力勘测设计研究院的委托，1988 年再次用加重橡胶对它进行试验研究。通过试验，验证了第一次加固方案的效果，并为原型观测所验证。在此基础上，提出 1988 年加固方案，并为设计所采用。

主要技术创新

在综合考虑紊流压力脉动和弹性结构相互作用（水弹性，流固耦合）的基础上，率先基于紊流压力脉动的基本方程和弹性结构的动力方程，论证并提出了在以水为模型试验介质的一般水工模型上，对水工混凝土结构因紊流诱发振动进行全水弹性模拟试验的相似准则和方法，为通过模拟试验解决紊流诱发振动奠定了基础。

基于上述准则，在国内外率先构建了两个以特制的加重橡胶为模型材料的、实际工程中的导墙和闸墩在水跃型紊流诱发振动的模拟试验。

推广应用情况

通过安康水电站的水弹性试验，发现原设计方案存在重大安全隐患，提出改进消能和降低导墙高度相结合的减振方案，使最大动应力降低到原方案的 1/5～1/4，为工程所采用。通过对大化水电站加固前后的振动进行模拟，提出 1988 年加固方案为工程所采用。

代表性照片

安康导墙——排架系统全水弹性模型试验

大化闸墩全水弹性模型试验

大化闸墩加固方案原型

完 成 单 位：中国水利水电科学研究院

主要完成人员：谢省宗、林勤华

联 系 人：杨帆

邮 箱 地 址：yangf@iwhr.com

联系电话：010 - 68781126

任务来源：水利部淮河流域水利管理委员会
完成时间：1983—1991 年
获奖情况：1992 年水利部科学技术进步二等奖

南水北调东线工程斜式轴流泵装置水力
模型及大型低扬程水泵

　　南水北调东线工程斜式轴流泵装置水力模型及大型低扬程斜式轴流泵装置研究使轴流泵水力模型研究由立式、卧式发展为斜式，由轴流泵泵段研究发展到轴流泵装置研究（带进出水全部流道及检修闸门门槽、快速闸门门槽等）。斜式轴流泵装置流道水力型线优化设计研究使其装置流道的水力损失大大减小，达到或接近灯泡装置贯流流道的水力损失；装置流道与叶轮设计、导叶设计相匹配；装置流道与水工结构、机电配套等相协调，是一整套大型低扬程水泵新技术。

　　研究成果有：①比转数 950 的黄盖湖型斜 15°轴流泵装置水力模型；②比转数 1200 的蔺家坝型斜 15°轴流泵装置水力模型；③比转数 850 的刘山、解台型斜 45°轴流泵装置水力模型；④比转数 1050 的台儿庄型斜 45°轴流泵装置水力模型。

　　南水北调东线一期工程斜式轴流泵装置上述两种机型四档模型，其性能参数与指标已达到并超过国内外同类装置的性能水平，具有性能优异、流量大、扬程低、效率高、高效区宽广、结构简单、制造容易、安装维修方便、价格低等优点，是低扬程与超低扬程范围的理想机型，是南水北调东线一期工程可供选择的机型。

　　主要技术创新

　　斜式轴流泵装置机型、斜式轴流泵装置流道设计、斜式轴流泵装置配套叶轮、导叶设计及装置试验。

　　推广应用情况

　　研究成果即时应用于湖南岳阳黄盖湖铁山嘴斜 15°轴流泵装置（叶轮直径 3.0m、额定转速 136r/min、额定流量 30m³/s、配套电机功率 1600kW），为湖区近 12 万亩排渍及保障工农业稳定发展做出了贡献。

　　叶轮直径为 3m 的斜式轴流泵已广泛推广使用。太浦河斜 15°轴流泵，单机流量 50m³/s、叶轮直径 4.1m，是国内最大的斜式轴流泵装置，已于 2003 年建成使用。

完 成 单 位：中国水利水电科学研究院、淮河流域水利管理委员会设计院、江苏农学院、江苏水利勘测设计院
主要完成人员：金勇、朱起凤、袁伟声、沈潜民、冯汉民、谢潜民、宋兆光、张式沱、叶承农、袁家博
联 系 人：欧阳诚、苏珊　　　　　　　　　　联系电话：010 - 68515847、010 - 68781722
邮 箱 地 址：bj - kub@sohu.com

任务来源： 国家"七五"重点科技攻关项目
完成时间： 1989 年
获奖情况： 1992 年度电力工业部科学技术进步二等奖

堆石料、垫层料的动力特性研究

主要研究内容

（1）建立了一套适用于测试大型三轴试件（试件尺寸为 $\phi30cm\times75cm$）在不同应力状态下的剪切波速和纵波波速的装置（包括波的发射、接收和记录系统），将其与大型动三轴试验机结合起来，可测试试件从小应变到大应变范围的动力特性。

（2）将上述波速测试装置与大型动力三轴试验机结合起来，对天生桥面板堆石坝坝料进行不同应力状态下的动力试验，给出了波速与应力的关系、最大动剪模量与应力的关系、小应变（10^{-6}）至大应变（10^{-2}）范围的动剪模量比与动剪应变幅的关系及阻尼比与动剪应变幅的关系。

（3）在清河坝料的试验中，既测得剪切波速又测得纵波波速，从而得出了相应的坝料的泊松比。

（4）对不同级配的两种料的动力特性进行比较，并给出了粗料和细料所得结果的差别。

主要技术创新

大三轴试件的剪切波速测试装置和相应的测试技术。

推广和应用情况

已用于测试天生桥、清河等土石坝坝料的动力特性，并获得两项专利。

完 成 单 位：中国水利水电科学研究院
主要完成人员：常亚屏、王昆耀、陈宁
联 系 人：常亚屏　　　　　　　　　　　　　联系电话：010－68786701
邮 箱 地 址：huanglq@iwhr.com

任务来源：水利部重点项目
完成时间：1989 年
获奖情况：1992 年度能源部科学技术进步二等奖

在水轮机调节系统动力分析中描述
水轮机特性的一种新方法

中国水利水电科学研究院承担了上海 704 所为大化水电站配套的控制设备出厂验收试验任务，为此专门开发适应于转桨式水轮机的实时仿真软件，提出了迅速收敛、计算量又少的描述水轮机特性的方法。

主要技术创新

（1）非线性数字仿真常采用表格插值法，在每一步长的运算中需要进行大量费时的除法运算，本项目研究提出了水轮机流量和力矩特性特征阵，在实时仿真运算时仅用加法和乘法，从而大大缩短每一步长的运算时间。

（2）成功开发了转桨式水轮机实时仿真软件，保证了大化水电站配套的控制设备出厂验收试验任务的圆满完成，受到业内专家高度评价。

推广应用情况

本项目研究成果已纳入相应的行业技术规范。

完 成 单 位：中国水利水电科学研究院
主要完成人员：孔昭年
联 系 人：孔昭年　　　　　　　　　　　联系电话：010 - 68786215
邮 箱 地 址：kongzn@iwhr.com

任务来源：横向项目
完成时间：1992—1993 年
获奖情况：1993 年度电力科技应用二等奖

漫湾水电站 1993 年非正常度汛
安全性及对策研究

漫湾水电站计划于 1993 年 6 月 30 日第一台机组发电，由于表孔闸门未能安装，汛期表孔自由溢流水舌将冲击厂房顶。因此，汛前亟待研究尽可能减少表孔泄流对厂房和尾水平台冲击影响的可行运行方案及相应安全技术措施，为按期安全发电决策提供技术依据。主要研究内容如下：

（1）利用历年洪水资料求得水舌冲击厂房顶、通风洞及尾水平台的分段时间，解决安全冲击时间问题；

（2）通过水工模型试验观测泄流流态及水舌冲击厂顶的时均及脉动压力；

（3）对厂房结构应力及裂缝进行分析；

（4）用三维有限元对厂房进行动力响应计算。

主要技术创新

采用多学科综合分析论证的技术路线，研究方法正确先进，内容完整，路线可靠，对策可行，理论上局部有所突破。

推广应用情况

漫湾工程管理局采纳了本项研究成果，并组织实施，电站第一台机组按期发电，提前半年发电，对解决云南省电力短缺，为云电东送的起步做出了重要贡献。经 1993 年度汛表明：调节可行，结构安全，达到了预期成效。

完 成 单 位：中国水利水电科学研究院、漫湾建设管理局、昆明勘测设计研究院

主要完成人员：张玉生、陈炳新、高季章、凌圳、罗世厚、严烈冰、章福仪、张玉美、赵毓芝、李世琴、谢先庭

联 系 人：杨帆　　　　　　　　　　　　　联系电话：010 - 68781126

邮 箱 地 址：yangf@iwhr.com

任务来源：横向课题（工程技术服务）
完成时间：1993 年
获奖情况：1993 年度电力工业部科学技术进步二等奖

大孔隙地层水泥膏浆灌浆技术

本项目根据大孔隙地层所具有的架空和不均匀特性及大渗漏量工程特点，从帷幕灌浆设计、灌浆材料选取和施工工艺等方面开展大孔隙地层帷幕灌浆技术研究，主要研究内容如下：

（1）以封闭主要渗透通道为主、钻孔灌浆与超前地质勘探相结合的逐序加密的帷幕灌浆设计方法。

（2）通过室内系列材料性能试验和灌浆工艺模型试验研究，提出了一系列的廉价膏状灌浆材料配比和纯压式、自上而下的循环钻灌施工工艺。

主要技术创新

（1）开发了一系列适合于大孔隙地层灌浆的水泥膏浆配方和一套成熟的水泥膏浆灌浆施工工艺。

（2）结合膏浆特点研制了一套水泥膏浆搅拌机，该搅拌机具有容量大、制浆效率高、搅拌速度可调、扭矩大等特点，灌浆施工方便，具有良好的工程适应性。

推广应用情况

（1）大孔隙地层水泥膏浆灌浆技术在海南龙塘水轮泵站坝基溶洞漏水封堵灌浆、贵州红枫水电站堆石坝体帷幕灌浆等工程得到了成功应用，解决了大孔隙地层浆液易被水流冲走和浆液流失问题。

（2）近年来，水泥膏浆灌浆技术在广西红水河乐滩水电站枢纽工程坝基岩溶堵漏防渗灌浆工程、重庆彭水水电站上下游围堰堵漏防渗灌浆、重庆鱼洞长江大桥主桥墩围堰堵漏防渗灌浆等大量工程中得到了成功应用，取得了良好的经济效益和社会效益。

代表性图片

水泥膏浆材料

水泥膏浆室内抗冲试验

完 成 单 位：中国水利水电科学研究院
主要完成人员：杨晓东、张金接、张怀友、赵宇等
联 系 人：张金接　　　　　　　　　　　联系电话：010 - 68781778
邮 箱 地 址：zhangjj@iwhr. com

任务来源：国家自然科学基金
完成时间：1990—1992 年
获奖情况：2003 年度中国电力科学技术二等奖

深度平均的紊流全场水环境新模型
及其在大水域冷却池中的应用

本项目研究和开发深度平均的 $k-\varepsilon$ 紊流全场模型，模拟温排水或污染物在大型受纳水域中的对流扩散规律。应用深度平均紊流全场模型，进行了唐山陡河电厂温排水在陡河水库水温分布的模拟计算，并与原体观测结果和物理模型试验结果进行比较，取得了较好的结果。

主要技术创新

（1）在数值模拟方面，长久以来，人们按照水体流动特点，将受纳水域分为近区和远区分别模拟，近区重点考虑出口动量产生的掺混，远区主要考虑对流和扩散，分别采用积分模型和扩散模型模拟，这样的模拟方法存在的主要问题是近、远区的衔接。为了弥补近、远区模型衔接的不足，进行深度平均的紊流全场模型的研究开发，将深度平均的近区紊流模型和远区扩散模型结合起来。全场模型由流场中各点不均匀的当地紊流输运系数，利用近代紊流模型来封闭并直接求解雷诺时均方程组，因而不受积分模型和扩散模型的限制，避免了计算水域近、远区的人为划分和衔接的困难。

（2）采用深度平均的紊流全场模型，对陡河电厂温排水排入陡河水库后的水动力学和水温分布进行模拟计算，并与原体和物理模型观测结果比较，进行模型计算精度的分析，评价其适用性。

推广应用情况

本项目的研究不仅为大型浅水水域流动和污染物的扩散分布计算提供了一种模拟方法，还为其他模型的开发提供了基础模型。该模型用于水—沙两相流水深平均平面二维和准三维模型的开发和研究，并应用于码头附近水域的悬沙淤积计算。

代表性图片

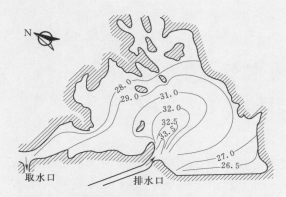

陡河水库数学模型计算水温分布结果（单位：℃）

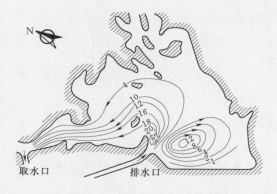

陡河水库数学模型计算流函数等值线

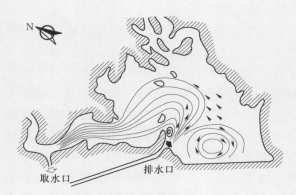

陡河水库现场观测流态

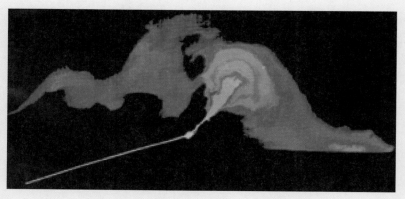

陡河水库现场红外遥感水温分布观测结果

完 成 单 位：中国水利水电科学研究院、清华大学、江西省电力设计院
主要完成人员：倪浩清、龙中林、刘兰芬、周力行
联 系 人：刘兰芬
邮 箱 地 址：liulan-0120@163.com
联系电话：010-68781972

任务来源：国家计划委员会
完成时间：1991 年
获奖情况：1994 年度水利部科学技术进步二等奖

中华人民共和国国家标准 GBJ 146—90
《粉煤灰混凝土应用技术规范》

规范编制组进行了广泛的调查研究，认真总结了我国粉煤灰混凝土成果和工程的实践经验，参考了有关国际标准和国外先进标准，针对有关技术问题，从粉煤灰的分级、配合比设计、粉煤灰替代水泥的最大限量，到粉煤灰混凝土的工程应用，以及粉煤灰混凝土的施工、检验等开展了科学研究与试验验证工作。

推广应用情况

规范内容全面系统，可操作性强，对工程实践起到非常好的指导作用；本规范的应用，使得在坝工混凝土中应用粉煤灰，成为当前坝工技术的主要进展之一。在混凝土中掺用粉煤灰除了能节约水泥，改善混凝土的性能外，还可以变废为宝，减少占用耕地，避免和减轻对环境的污染，无论是经济效益还是社会效益都十分显著。仅就经济效益而言，在三峡工程中使用的混凝土，通过优化节约 3 亿元，与在混凝土中掺Ⅰ级粉煤灰有密切的关系。

本标准除水电系统应用外，其他行业也得到广泛应用。

完 成 单 位：中国水利水电科学研究院、中国建筑科学研究院、铁道部科学研究院、冶金部冶金建筑研究总院、上海市建筑科学研究所
主要完成人员：杨德福、甄永严、水翠娟、石人俊、彭先、钟美秦、谷章昭、盛丽芳、杜小春
联 系 人：甄永严　　　　　　　　　　联系电话：010 - 68781547
邮 箱 地 址：linli@iwhr.com

任务来源： 能源部重点科研项目
完成时间： 1990—1993 年
获奖情况： 1994 年度水利部科技信息二等奖

土石坝筑坝材料基本参数数据库
系统及参数取值

　　本数据库是我国第一个土石坝筑坝材料基本参数数据库。数据库中共建立了 6 个基本数据库，分别为工程基本概况数据库，黏性土物理性质数据库，非黏性土物理性质数据库，压缩、渗透性数据库，抗剪强度数据库，邓肯模型参数数据库，并编制了可进行数据操作、概率统计分析、相关分析等一系列功能的 SGK 系统，可方便地查询数据，对各个数据进行概率统计分析和各指标间的互相关分析。

　　主要技术创新

　　SGK 系统可方便地对各数据库进行系统管理和数据管理，可对各数据库进行各种查询与统计，可对各库各指标按要求进行概率分布参数统计和概率分布模型检验，特征数据中可显示打印某种土各个指标的简单统计特征值和各个概型的统计特征值。概型分布设置有岩土工程中常用的正态分布、对数正态分布和极值 1 型分布 3 种概率分布模型。概型检验设置了适用于小子样检验的 K-S 检验法，A-D 检验法和适用于大子样检验的 x^2 检验法。互相关分析选用了一次函数、双曲线函数、幂函数、指数函数、负指数函数、对数函数和 S 曲线等 7 种函数关系进行互相关分析。

完成单位：中国水利水电科学研究院
主要完成人员：刘今瑶、张广文
联系人：刘今瑶　　　　　　　　　　　　联系电话：010-68786546
邮箱地址：huanglq@iwhr.com

任务来源：*新疆水利厅*
完成时间：1994 年
获奖情况：1994 年度新疆维吾尔自治区科学技术进步二等奖

博湖西泵站技术改造的研究与实施

本项目针对博湖西站 6 台大型轴流泵存在的抽水效率低（平均不到 47%）和流量不足（单泵流量不到 7.5m³/s）等问题，研制了水力性能优良的技改用水泵水力模型，使改造泵在保持老泵基础部件、主轴和电动机不改动的条件下，只更换水泵转轮和导叶等几个关键部件，就使其最优扬程从老泵的 8m 降至 3.5m，与西泵站的平均扬程接近，从而大幅度提高了改造泵的抽水效率（从老泵的 47% 提高至 65% 以上），节电 38% 以上；并大幅度增大了抽水流量（从老泵的 7.5m³/s 增大至 10.5m³/s），流量增大 40%，满足了巴州不断增大的农业灌溉和塔里木河补水等生态用水需要。

推广应用情况

博湖西泵站 6 台改造泵已运行 15 年，泵站最大抽水流量达 70m³/s，较原设计值增大50% 以上；泵站平均每年抽水 8 亿 m³ 以上，最大年抽水 12 亿 m³，已累计抽水 120 亿 m³ 以上；灌区面积正从 1994 年的 100 万亩扩大至 300 万亩。改造泵提高抽水效率，每年较老泵节电 400 万 kW·h 以上，增大流量产生的效益更大，值得推广应用。

本技术曾在福州东风排涝站等泵改项目中应用。

完 成 单 位：中国水利水电科学研究院、博湖扬水站
主要完成人员：张允达、韩宪坤、赵志明、方安友、莫为泽、杜秀玲
联 系 人：张允达　　　　　　　　　　　　联系电话：010－68781735
邮 箱 地 址：*jidian@iwhr.com*

任务来源： 电力工业部、中国电力企业联合会
完成时间： 1991—1993 年
获奖情况： 1996 年度电力工业部科学技术进步二等奖

大型水电站机组全自动清污滤水器

全自动滤水器是中国水利水电科学研究院在综合国内外先进技术的基础上，针对我国水电站、泵站的具体运行工况研制开发的新型系列滤水器。水电站机组全自动清污滤水器是大型水电站机组技术供水自动控制装置中的一个重要组成部分，是为实现机组供水系统自动化而研制的元件，由滤水器执行机构和自动控制机构两部分组成。

主要技术创新

本系列滤水器可设计成立式、卧式，结构有刮板式、复合排污式、双级过滤式、滤网快拆式等多种型式，各种型式的滤水器均有在线运行的自动过滤、自动清污、自动排污功能，不影响正常供水。本系列产品主要用于水电站、泵站技术供水系统，是水电站、泵站技术供水系统的必备装置，尤其适用于无人值班的水电站。

推广应用情况

多年来，一直被水电水利规划设计研究院和中国电能成套设备有限公司列为水电工程主要机电设备推荐产品。作为全自动清污滤水器的专业生产厂家，我单位组织机构健全、生产设施齐全，据统计，每年投入市场不同通径的滤水器在 80 台左右，产值可达 240 万元。

本产品可以满足各类用水设备对水质的不同要求，投入市场后，无论是对已建电站的更新换代，还是应用于在建、拟建水电站，其前景和经济效益都十分乐观。

代表性图片

全自动清污滤水器

完 成 单 位：中国水利水电科学研究院
主要完成人员：苏九逵、刘同安、刘淑芳、杨虹、唐利剑、曹洪恩
联　系　人：郭江　　　　　　　　　　　　联系电话：022－82852157
邮　箱　地　址：inst@tjinst.com

任务来源：国家"八五"科技攻关项目
完成时间：1995 年
获奖情况：1997 年度电力工业部科学技术进步二等奖

高土石坝坝料及地基土动力工程性质研究

本项目主要研究内容如下：

（1）对动力试验仪器作了重要改进，增添了小应变测试装置，扩展了仪器功能。

（2）利用改进的大型动三轴仪，对几种粗粒料进行了高应力循环加荷试验。

（3）在大型动三轴仪上研究了不同排水条件下饱和砂砾料的液化特性，探讨了粗粒含量、透水性、相对密度，橡皮膜嵌入等影响，提出了防砂砾料液化途径。

（4）对防渗体土料进行了抗震裂试验研究，提出了震裂的初步判别模式和试验方法。

（5）按密度控制和用原位剪切波速控制制备砂土试样，模拟原状砂的结构性，进行循环加荷液化试验。

（6）对瀑布沟坝防渗体土料进行了高应力水平（围压 1.54MPa，轴压 7.6MPa）的动力试验，发现其地震总应力抗剪强度仍近似直线。

（7）对防渗体土料进行了加筋与不加筋试样的动力试验，比较了两者的结果。

（8）利用动扭剪仪，对防渗体土料和砂进行了复杂应力条件下的动强度试验研究，计入了主应力轴偏转、中主应力和双向振动影响，提出了可供工程应用的校正值。

（9）用施加循环应变的方法研究了等压和偏压固结条件下饱和砂土的动力性状。

（10）对瀑布沟坝基砂土进行的固结比 $K_c>1$、$K_c=1$ 和 $K_c<1$ 时饱和砂的循环加荷试验表明：周期压缩剪切的动力应力比成倍地高于伸长的动应力比。

（11）在探讨瀑布沟防渗体风化料受压破碎后的影响，提出了一个饱和土体的动力广义弹塑性模型，并与试验结果进行了比较。

推广应用情况

本子题在土动力学试验技术和土动力性质研究方面取得了若干重要进展，提供了可供实际工程设计参考应用的成果，为测试技术的规范和抗震规范的修订提供了重要依据，对高土石坝的抗震安全评价方法的建立和完善起了重要的促进作用。有关研究成果已成功应用于瀑布沟、紫坪铺等重要工程，取得了显著的经济效益和社会效益。仅瀑布沟工程地基处理方面就节省资金 2500 万元。按上述技术对紫坪铺面板堆石坝坝料和地基砂砾料进行了动力试验，进而进行的动力分析和安全评价结果表明紫坪铺面板堆石坝的动力性状与其在 2008 年 5 月 12 日汶川地震中表现大致相符。

完 成 单 位：中国水利水电科学研究院、清华大学、河海大学、大连理工大学、天津大学、成都科技大学、黄河水利委员会水利科学研究院、南京水利科学研究院

主要完成人员：常亚屏、郭锡荣、王昆耀、周景星、姜朴、孔宪京、王建华、刘小生、阮元成、梁永霞、何昌荣、潘恕、陈生水、王洪瑾、余湘娟

联 系 人：常亚屏　　　　　　　　　　　　　联系电话：010-68786701
邮 箱 地 址：huanglq@iwhr.com

任务来源：电力工业部重点科技项目
完成时间：1990—1996 年
获奖情况：1997 年度电力工业部科学技术进步二等奖

塑料推力轴瓦技术研究

本项目是针对我国大中型水电机组推力轴承存在问题进行的一项应用技术研究，主要内容为：塑料推力轴瓦的制作工艺、破坏形式及可靠性、运行机理、设计计算、测试技术等。

弹性金属塑料推力轴瓦（以下简称塑料瓦）是由塑料摩擦面、金属弹性层和钢瓦体组成。塑料瓦主要适用于立式水轮发电机推力轴承和导轴承，与传统钨金瓦相比主要有以下突出优点：

（1）取消了水冷瓦结构、水冷瓦冷却水系统及高压油顶起装置，使系统简化，可靠性提高，成本降低，运行维护方便。

（2）塑料瓦在机组轴承冷、热状态以及停机 1 个月内，不需顶起转子可直接启动，尤其适用于在电力系统中担任调峰、调频和事故备用的大、中型电站机组，机组制动转速可降至 10%～15% 额定转速，减少制动闸板和制动环磨损及粉尘污染，在风闸或制动环事故状态，还可进行惰性停机。

（3）初次安装和以后检修过程中均不需对塑料瓦面进行任何刮研，盘车时无需涂抹猪油，仅在瓦面喷少许透平油即可，盘车省时省力。

（4）在油冷却器短时断水情况下，瓦面温度低于 100℃时，轴承仍可安全运行。

（5）塑料瓦不发生类似钨金瓦的"烧瓦"事故，当个别瓦磨损破坏时，对其他瓦和镜板无任何影响。

推广应用情况

第一套真机试验瓦于 1991 年年底在贵州红枫电厂窄巷口电站成功试运行，1992 年底通过由贵州省电力局组织的专家鉴定，获当年贵州省科技进步二等奖。此后，研制了多种型号机组的推力轴瓦及导轴瓦，制作了国内最高转速机组（云南大寨电厂，其转速为 1000r/min）、国内最高 PV 值机组（贵州天生桥电厂，其 PV 值达 106.4MPa·m/s），制作的最大推力负荷机组为 3300t 的葛洲坝电厂 12 号机组（塑料瓦单位比压高达 6.66MPa，单瓦面积近 2750cm²）等。

截至 2003 年，弹性金属塑料瓦已在几十座电站的几百台套机组上运行，运行过程中无一因塑料瓦质量问题出现烧瓦，取得了良好的经济效益和社会效益。

代表性图片

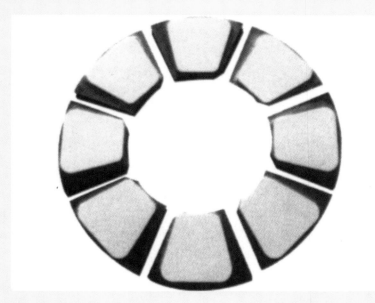

推力轴瓦

完 成 单 位：中国水利水电科学研究院

主要完成人员：张国兴、吴小云、饶寿华、孟建军、魏志良、李承革、姜明利

联 系 人：孟建军　　　　　　　　　　　　联系电话：022 – 82852169

邮 箱 地 址：inst@tjinst. com

任务来源：水利部重点项目
完成时间：1992—1997 年
获奖情况：1998 年度水利部科学技术进步二等奖

万家寨引黄工程大型高扬程耐磨蚀
离心泵水力机型的研究

（1）根据万家寨引黄工程 6 座大型泵站的不同工程参数及特点，研制了 DSB - 01 和 DSB - 03 单吸双级模型泵，LY - 14 型、LY - 16 型和 W115 型立式单吸单级模型泵，机组比转速分别为 180 和 220（双级），140、160 和 200（单级）。清水工况下，5 种模型泵的最优效率分别在 87.28%～90.76% 的范围内，设计工况模型效率在 87.28%～90.5% 的范围内，在含沙量为 5～30kg/m³ 的浑水情况下，模型最优效率均在 87.26% 以上。

（2）针对万家寨引黄各泵站的条件对水泵的磨损量进行了预估，并提出了抗磨防护措施，基本上满足了万家寨引黄工程对水泵的要求。

（3）为提高泵轮关键部件的加工质量，研究了对叶片进行数控加工的方法，提高了叶片的加工质量和精度。

（4）对 DSB - 01 型立式单吸双级泵进行了真机结构设计，经论证分析，选定陕西东雷引黄工程的新民二级站为万家寨引黄工程用泵的中试地点。

（5）对采用工程措施和在总干线三级站及南干线一、二级站采用变速机组来调节流量平衡进行了技术经济分析论证。

主要技术创新

（1）根据我国引黄水泵抽送含沙水的特点，从减轻磨损和提高水泵运行效率的角度出发，研制了适用于抽送含沙水的 5 个不同比转速的水力模型，立式单级泵模型效率达 90.8%，立式双级泵模型效率达 88.7%，处于国际清水泵的先进水平，并远高于国内外抽送多相介质泵的性能指标。

（2）从水力流道设计、结构设计、工艺及抗磨等方面采取措施，来解决泥沙磨损问题。模型磨损模拟试验结果表明，DSB - 01 通过抗磨改进，磨损面积减少了 50%。

推广应用情况

本项目的研究成果已用于万家寨引黄工程泵站的初设并为该工程机电设备国际招标书的编制提供了重要依据。此外，本项目研制开发的水力模型已推广应用于已建泵站技术改造，大幅度提高了水泵的运行效率，产生了巨大的经济效益和社会效益。

完 成 单 位：中国水利水电科学研究院、天津勘测设计研究院
主要完成人员：陆力、周先进、张泽太、徐逸群、张士杰、赵琨、张成冠、李铁友、白京明、朱耀泉、陈晓平、
　　　　　　　沈宗伊、张力伟、张志民、刘桂芹
联　系　人：陆力　　　　　　　　　　　　　　　　联系电话：010 - 68781743
邮　箱　地　址：luli@iwhr.com

任务来源：水利部重点科技项目
完成时间：1994—1995 年
获奖情况：1998 年度水利部科学技术进步二等奖

五强溪三级船闸计算机监控系统研制

为提高船闸运行的自动化程度，确保通航率，有必要研制一套采用工业微机和可编程控制器联网控制的船闸计算机监控系统。五强溪三级船闸计算机监控系统由工业微机、可编程控制器及相应的电气台柜组成，系统主要实现以下功能：

（1）集中控制功能。集中控制包括程序控制和单项控制。程序控制是指船只只要通过某一闸首时，工作门和输水阀门均能按预定的程序自动控制。单项控制是按过闸顺序对船闸的机械启闭设备分别进行控制。船只上行或下行过闸时，在中控室依次控制单项控制按钮便可实现。

（2）现场控制功能。现场控制也可分为程序控制和单项控制，其实现的功能与集中控制相同，不同的是现场控制是在各闸首现场控制台上进行。

（3）系统监控功能。运行人员通过人机接口设备可以完成对船闸进行监视、控制和管理。

（4）故障诊断及处理功能。根据系统反馈的故障信号确定处理方法，事故处理的动作自动完成。同时根据不同的故障情况向运行人员显示出相应的故障画面并发出声、光报警。

推广应用情况

多级船闸利用计算机技术同时实现船闸运行的监视、控制、管理功能在我国尚属首次。五强溪三级船闸计算机监控系统具有现地单项操作、现地连续操作、中央集控单项操作、中央集控连续操作等多种运行方式，较好地满足了在不同阶段的通航控制要求。系统操作简洁、修改灵活、自动化程度高，成功地实现了监视、控制、管理一体化。系统自 1995 年 2 月投入运行以来，实现有效的通航时间近 2 年，在此期间内，本监控系统运行安全可靠，无任何拒动、误动现象，有效地保证了沅水航运的畅通。

代表性图片

控制器及实验台

完 成 单 位：中国水利水电科学研究院、中南勘测设计院、五凌工程建设公司

主要完成人员：苏光明、韩锋、黄石桥、刘志勇、曹玮、丁超、沈国宾、曾德华、刘志

联 系 人：曹伟　　　　　　　　　　　　　　联系电话：010 – 68526533

邮 箱 地 址：inst@tjinst.com

任务来源：国际合作项目
完成时间：1996—1997 年
获奖情况：1999 年度水利部科学技术进步二等奖

AMS 磁体试件结构安全考核离心试验研究

AMS（阿尔法磁谱仪）是著名物理学家丁肇中先生主持的国际合作项目，用于太空中寻找反物质、暗物质以及宇宙射线的实验研究。AMS 的主体——磁体结构是中国科学院电工研究所及中国运载火箭研究院等单位共同研制的。AMS 要用航天飞机送入太空，在航天飞机起飞、降落过程中，该磁体结构能否承受巨大惯性荷载，以及运行中能否保持其结构不变形完成高精密仪器的太空实验任务，需要进行离心试验验证。

主要技术创新

巨型磁体结构进行离心试验在国内外均无先例。采用导磁和阻磁相结合的方案既消除了强磁场对离心机设备的影响，又不影响模拟真实的受力状态。按照美国宇航局对试验加速度的严格要求，需达到 $17.7g$（超出正常要求一倍以上），试验模拟 AMS 在航天飞机起飞、降落过程中的真实受力状态和可能发生的震坏情况。在强磁场的条件下实现高精度应变测量。

推广应用情况

试验研究结果和中、美结构分析专家的计算分析结果相结合，确定了关键部位的应力状态并验证了设计给出的结构安全裕度。中国水利水电科学研究院的出色试验和严谨的研究工作得到了美国宇航局专家的充分肯定，破例免除了对 AMS 磁体结构的第二次离心试验和第三次评审。

1998 年 6 月 2 日，AMS 随"发现号"航天飞机成功升空，在太空正常工作 10 天，6 月12 日顺利返回。

代表性图片

丁肇中亲临试验室进行试验前的方案讨论

美国宇航局送给参加工作单位搭载红旗纪念

完 成 单 位：中国水利水电科学研究院、中国运载火箭研究院总体设计部、北京空间环境工程研究所
主要完成人员：茹履安、韩连兵、陈振官、黄丽清、王立甫、吕刚、敖林、王文虎、侯瑜京、陈玉芬、向树红
联 系 人：茹履安   联系电话：010 – 68786620
邮 箱 地 址：huanglq@iwhr.com

任务来源：水利部水利科技重点项目
完成时间：1994—1998 年
获奖情况：1999 年度水利部科学技术进步二等奖

100、200SP 型新型泥浆泵

泥浆泵是黄河河道清淤疏浚的关键重要设备，与国外相同设备比较存在效率低、能耗大、耐磨蚀性能差、寿命短等突出问题。本研究项目针对黄河河道疏浚含沙量高、泥沙颗粒硬度高、疏浚距离长及泥浆泵用量大等特点，开展水力设计、流动分析、模型试验以提高水力性能并达到国际先进水平，结合原型试验开展抗磨蚀材料及其防护工艺研究以全面提高耐磨蚀特性及使用寿命，开展结构设计研究以便于批量化生产满足工程需要。

主要技术创新

SP 型新型黄河泥浆泵为新一代高效耐磨泥浆泵，单级单吸卧式，采用优化的水力设计、新型的结构型式、最新研制的耐磨材料及其工艺。水力效率高，性能优越，达到 20 世纪 90 年代同类规格泵型的国内领先、国际先进水平；耐磨蚀特性突出，并创造性地将各种不同的防护材料及其工艺成功应用于不同的磨蚀部位，成功解决了高含沙水流泵的严重磨蚀问题。实践证明，其工作寿命为原用泵的 3 倍，经查新证明，填补了国内空白，达到国内领先水平。

推广应用情况

SP 型新型泥浆泵产品（100、200SP 型新型泥浆泵）已成功批量化地应用于黄河河段的疏浚工程，水力性能明显提高，输沙距离大幅度增加，耐磨蚀寿命显著提高。本研究成果已分别通过产品定型、抗磨蚀材料成果、水力性能开发研究等多项成果鉴定，并被水利部确定为定型产品，已投入批量生产，经济与社会效益显著。

代表性图片

SP 型新型黄河泥浆泵

完 成 单 位：中国水利水电科学研究院、山东黄河河务局
主要完成人员：唐澍、姜西林、陈晓平、王昌慈、蒋文萍、刘景国、邓杰、董永泉、朱耀泉、李长海、张希金
联 系 人：唐澍　　　　　　　　　　　联系电话：010－68528086
邮 箱 地 址：tangshu@iwhr.com

任务来源： 横向项目
完成时间： 1996—1998 年
获奖情况： 2000 年度电力科学技术进步二等奖

西北电网水调中心自动化系统

本系统涉及计算机、通信、水文、水资源等学科，在功能设计方面紧密结合水调的工作特点以及今后发展的需要，按照先进、实用、经济的原则，克服无经验、无资料、无规范等不利因素，于 1998 年 8 月基本建成了该系统，并按时投入运行。

西北电网水调自动化系统的主要功能包括：水调信息采集、数据通信、预报调度、实时画面监视、水调水务综合管理统计与分析以及水调高级应用软件。该系统将水调信息采集、数据通信、水务综合统计分析以及水调高级应用结合起来，组成一个完整的水调中心自动化系统。

主要技术创新

西北电网水调中心自动化系统属集成型创新。

（1）在国内首先完整地提出了电网水调自动化系统概念，并开发了集水调信息采集、数据通信、预报调度与水调应用于一体的水调中心自动化系统，实现了洪水预报及水调日常业务分析调度的在线计算功能。西北电网水调中心自动化系统在总体设计、系统配置、信息采集与组织、通信方式等方面设计先进。系统采用双局域网多重冗余设计，系统配置基于客户/服务器的分布式体系结构，开发了具有 Motif 风格的地理信息系统矢量图并用于水情界面显示，实现了卫星云图的多平台共享和应用软件的在线计算。

（2）西北电网水调中心自动化的应用，填补了国内一项空白，并从中获得了衡量电网水调自动化系统的各项技术性能的具体指标，为国内建设同类系统积累了经验。

推广应用情况

（1）该系统的一些主要功能在国家电力公司颁布的我国第一部《电力系统水调自动化功能规范》（试行版）中被采纳。

（2）西北电网水调中心自动化系统建成后，先后有福建省调、东北网调、云南中调、华中网调、湖南中调以及四川中调、广西中调等多个单位来参观学习，该系统的设计思想及系统集成经验为其提供了很好的借鉴作用。

（3）西北电网水调中心自动化系统的运行实践证明，在网省电力公司（有水库水电站）以及流域管理部门推广水调自动化系统具有重要的现实意义。

完 成 单 位：中国水利水电科学研究院、国家电力公司西北电力调度通信中心
主要完成人员：王德宽、朱教新、宣跃、薛金淮、左园忠、陈显瑞、涂少峰、王桂平、梅林、周民、张巧惠、
　　　　　　　丁晓华、冉本银、辛少平
联　　系　　人：王桂平　　　　　　　　　　　　　　联系电话：010－68781775
邮　箱　地　址：wang_gp@iwhr.com

任务来源：横向项目
完成时间：1997—2000 年
获奖情况：2003 年度大禹水利科学技术二等奖

二滩水电站高双曲拱坝水力学及流激振动原型观测

本项目利用水力学的主要研究手段之一原型观测，结合我国已建最高拱坝二滩水电站，研究了高拱坝泄洪时过水建筑物的水力特性和流激振动特性，并对工程的泄水运行安全性进行评价。通过原型观测所得成果没有比尺效应，可直接应用于高拱坝的泄洪消能设计、实施和运行。

本项目观测内容为 7 大类 21 项，主要为：①水垫塘底板的压力特性、水流流态等；②水垫塘及泄洪洞两岸的泄水雾化降雨强度以及重要部位的地面降雨强度；③表孔溢流堰面和差动坎的压力及差动坎补气量；④泄洪洞底板压力特性、空腔负压、出口处底部流速、洞内掺气浓度分布、通气风速、出口流态；⑤在泄水及引水发电水流脉动荷载作用下二滩拱坝坝体、进水塔及二副厂房的振动位移；⑥中孔弧形工作门的模态特性、结构静力动力特性、悬臂段振动位移；⑦1 号泄洪洞弧形工作门的模态特性、闸门结构静力及动态特性。原型观测工作于 1997—1999 年间实施。

主要技术创新

（1）证明了坝身水舌对撞、水垫塘消能效果良好且安全可靠。

（2）证实了泄洪洞小底坡、低弗氏数水流"U"形掺气坎的掺气效果良好，同时发现 40m/s 以上高速水流的泄洪洞中，原设计规范规定的洞顶余幅需要增加。

（3）证明了泄洪引起的拱坝坝体振动属微量级，坝体结构不会因此而产生破坏。

（4）首次得到高拱坝坝身泄洪不同泄洪组合条件下的雾化降雨等值线图，并首次提出水舌入水后产生的激溅水体是主要雾化源。

（5）观测证实中孔和泄洪洞弧门在工作中是安全可靠的。

推广应用情况

本项目观测手段先进，观测内容齐全，其成果全面验证了国家"七五"攻关科研和设计成果，指导该电站的安全运行和调度管理，为工程安全鉴定提供了科学依据。本项目成果对我国在建和拟建的 300m 级的高拱坝泄洪建筑物的设计和运行具有非常重要的使用价值和参考价值，具有推广应用的前景，对这一领域的科技进步有推动作用。本项目的部分观测成果已纳入成都勘测设计研究院主持编写的《拱坝设计规范》和《水工隧洞设计规范》中，用于指导今后的高拱坝设计。

代表性图片

表中孔泄洪

泄洪洞泄洪

中孔泄洪

完 成 单 位：中国水利水电科学研究院、二滩水电开发有限责任公司、成都勘测设计研究院

主要完成人员：刘之平、高季章、刘继广、黄新生、吴一红、程志华、郭军、张东、陈德川、舒涌、陈婕、
王永生、张慧林、李小顺、杨毕康

联 系 人：杨帆　　　　　　　　　　　　　　　　联系电话：010 - 68781126

邮 箱 地 址：yangf@iwhr.com

任务来源： 水利部科技创新项目
完成时间： 2003 年
获奖情况： 2003 年度云南省科学技术进步二等奖

云南务坪水库软基筑坝关键技术研究

主要研究成果

（1）通过大量、系统的室内和现场试验获得了较为符合实际的坝基湖积层软土、复合地基土以及筑坝材料的物理力学特性，为大坝设计、地基加固处理方案论证提供了科学依据，进一步提供了科学依据。

（2）通过土工离心模拟试验、有限元固结分析、数理统计等先进科学手段，对务坪工程振冲碎石桩加固软土方案的可行性进行充分论证，选定了软基碎石桩的置换率，确定了合理的坝体填筑程序和速率。

（3）在现场开展了软基振冲加固的生产性试验，并对软基加固效果进行了系统全面的检测，确定了具体的设计参数、施工工艺和施工技术要求、质量控制等，为工程设计、施工提供了科学、可靠的依据。丰富了软土振冲加固的技术，为务坪水库的顺利建成和今后类似工程的建设提供了成功经验。

（4）通过现场原型观测和观测资料的及时分析，反馈指导大坝的安全施工，并进一步验证了软基筑坝方案和结构设计的合理可行性，同时也为工程的长期安全运行提供了重要的依据。

主要技术创新

（1）首次采用大型土工离心模拟试验技术，对软土地基采用碎石桩置换的加固方案进行了系统的研究，在原型应力水平下再现了不同处理方案下大坝实际的应力应变情况，根据试验成果选定了软基碎石置换率和坝体填筑控制速率，为工程设计方案的最终确定提供了重要的科学依据。

（2）在软土地基加固领域，黏聚力小于 20kPa 的软土通常被认为是采用振冲加固的禁区，本项目通过室内外试验和理论分析，成功地在抗剪强度小于 20kPa、深 33m 的湖积软基上通过振冲加固技术建成了高 52m 的大坝，具有重大的创新意义。

（3）充分考虑了工程的实际情况，将滑坡处理措施与坝基软土加固处理、坝体结构设计等有机地结合在一起，加快了工程建设进度，大大节省了工程投资。

代表性图片

务坪水库软基筑坝（上游）

务坪水库软基筑坝（下游）

完成单位：中国水利水电科学研究院、云南省水利水电勘测设计研究院、华坪县务坪水库工程指挥部
主要完成人员：陈祖煜、周晓光、张天明、林天宏、汪小刚、李作洪、熊天武、陈立宏、杨宁杉
联系人：周晓光
联系电话：010－68786210
邮箱地址：zhouxg@iwhr.com

任务来源：国家电力公司重点项目
完成时间：1999—2002 年
获奖情况：2003 年度中国电力科学技术二等奖

大渗漏量、高流速溶洞地层堵漏和防渗技术

本项目研究内容主要包括溶洞探测技术研究、动水条件下不分散灌浆系列材料研究和不分散灌浆系列材料灌浆工艺研究。项目通过多种重建方法的科学结合和物探技术的综合分析，实现了对溶洞的高精度探测，在探测技术上具有重大突破；研究了深埋地下水流流速、流向测试的方法和技术，主要包括噪声监测测试地下水流速、光电式流速仪及同位素示踪测试渗流流速等；研究了模袋灌浆材料、水泥化学混合灌浆材料、水泥基速凝材料、沥青灌浆材料、堵漏粒料和 PMC 封堵材料 6 种动水下不分散灌浆材料，并进行了室内动水模拟试验验证；研究了模袋灌浆材料灌浆工艺及 AC－MS 水泥双液灌浆、水泥膏浆灌浆技术，自制了双液灌浆压力稳定包、双液灌浆混合灌浆塞。

主要技术创新

（1）开发了一套先进的溶洞探测方法和技术；

（2）开发了一套适合于大渗漏量、高流速的动水条件下进行防渗处理的灌浆材料和灌浆工艺。

推广应用情况

溶洞精确探测技术应用于猫跳河 4 级工程，确定地下 76～89m 范围大溶洞，解决了多年来存在争议的漏水通道问题；引子渡水电站厂房基坑开挖时，发生了溶洞涌水，流量大于 1700m³/h，估算流速为 2.6～2.8m/s，采用溶洞精确探测技术和模袋灌浆堵漏材料及 AC－MS 水泥化学混合灌浆材料进行封堵处理，封堵率达到 100%，保证了厂房基坑开挖的顺利进行；在索风营水电站溶洞堵漏工程中，针对涌水溶洞大、个数多、流速快的特点，采用了不同规格的模袋灌浆进行封堵，然后对于小充填溶洞、溶蚀裂隙进行 AC－MS 控制灌浆进行封堵处理，封堵率达到 100%，为索风营水电站建设实现当年开工、当年截流起到了关键性的作用。

代表性图片

引子渡水电站厂房基坑涌水模袋堵漏

AC－MS水泥双液模拟灌浆

完 成 单 位：中国水利水电科学研究院、国家电力公司贵阳勘测设计研究院、贵州省电力公司红枫发电总厂、
　　　　　　　　葛洲坝集团基础工程有限公司

主要完成人员：郑亚平、杨晓东、周喜德、王波、陈昌巩、张金接、符平、封云亚、肖万春、楼加丁

联 系 人：郑亚平、杨晓东　　　　　　　　　　　　　　联系电话：010－68786247、010－68785313

邮 箱 地 址：diji@iwhr.com、yangxd@iwhr.com

任务来源：国家电力公司

完成时间：分两期进行，一期 1991—1994 年，二期 1998—2002 年

获奖情况：2003 年度国家电力科学技术二等奖

火、核电厂循环供水管道系统局部阻力
及其相邻影响研究

本课题的提出源于电力建设的迫切需要，旨在改变我国电厂循环供水管路水力阻力计算和设计严重落后的局面，最终建立统一的管道水力计算参数库。

本项研究紧密结合科研与设计，在深入调研基础上，筛选出典型的形变件及其典型系统布置，统一了局部阻力损失系数的科学定义，并按此规划设计试验系统及测定方法。研究包括以下关键技术：①形变件局部阻力系数的定义；②形变件内壁糙率对其局部阻力系数的影响研究；③形变件的减阻措施；④形变件局部阻力之间的相邻影响研究及其机理探讨；⑤局部阻力系数相邻影响系数经验公式研制；⑥多断面相对压差测试系统。

主要技术创新

（1）本研究所获得的典型形变件局部阻力系数值比国内现行水力计算用值明显符合实际。

（2）几种弯管的局阻系数—相对糙度的数据、曲线及相应的经验公式，比国外更为合理，填补了国内空白。

（3）形变件局部阻力相邻影响系数测试及机理性试验研究在国内尚属首次，国外也少见此类研究报道。

（4）提出的"典型形变件局部阻力系数、组合弯管相邻影响系数推荐值及经验公式集"统一了我国电力行业水力计算手册，成系列的经验公式集为管道水力计算软件化提供了基础。

（5）尚未见到类同于本项研究所提出的"供水管道系统管件优化布置及水力计算优化"的基本原则和具体对策，这些原则、对策对管系水力设计有较好的指导意义。

（6）革新了传统测压管排的测压技术。

（7）针对电厂管路典型子系统试验研究及新、旧水力计算的对比，在国内、外尚属少见，明确论证了经济技术指标。

推广应用情况

（1）研究成果"局部阻力系数、组合弯管相邻影响系数推荐值及公式"已全部编入 DL/T 5339—2006《火力发电厂水工设计技术规定》。

（2）投产的湖北青山热电厂一台 300MW 机组设计中已应用本研究成果，实测表明：系统局部阻力损失降低了 41.2%，循环水泵总扬程降低了 9.4%，每年可省电 75 万 kW·h，体现了良好的经济效益。

代表性图片

激光测速场景

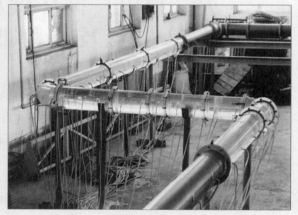

相邻影响试验管路

90°虾米弯

分流斜三通测试场景

完 成 单 位：中国水利水电科学研究院、安徽省水利部淮河水利委员会水利科学研究院、国家电力公司中南
　　　　　　　电力设计院、国家电力公司华北电力设计院工程有限公司
主要完成人员：贺益英、毛世民、赵懿珺、许浒、陈新军、马冬、李晓一、陈惠泉、李家兴、孙淑卿
联 系 人：杨帆　　　　　　　　　　　　　　　联系电话：010－68781126
邮 箱 地 址：yangf@iwhr.com

任务来源： 国家自然科学基金
完成时间： 2003 年
获奖情况： 2004 年度大禹水利科学技术二等奖

200m 级高混凝土面板堆石坝的应用基础研究

主要研究内容

（1）堆石料静动力变形特性及三维静动力耦合应力变形数值分析。

（2）面板材料特性及面板结构受力分析及合理配筋。

（3）高水头、大变形新型止水结构和止水材料。

主要技术创新

（1）用高精度动静两用三轴仪在一个试件上进行动静力耦合试验，构建各种复杂加载条件下静动力耦合模型及模型参数确定方法，开发三维动静力耦合的数值分析方法。

（2）混凝土面板材料改性研究提出了用各种高效的掺合料和外加剂配制高性能混凝土，改善其抗裂、抗渗及耐久性。开发了混凝土面板结构分析和配筋的理论和方法。

（3）开发了以表面止水为主的新型接缝止水结构和止水材料，可适用于 200m 级高混凝土面板堆石坝，并通过高压、大变形的仿真模型试验进行验证。通过模型试验和几何大变形三维有限元计算，提出了底部铜止水片体型和尺寸的设计计算方法。对表层自愈型止水的有效性进行了模型试验和理论计算。

推广应用情况

本项研究成果为水布垭坝型决策提供了依据，并在洪家渡、吉林台、公伯峡、紫坪铺、乌鲁瓦提、芭蕉河、街面等国内超百米面板坝工程中得到应用。部分成果已纳入相应规范。

完 成 单 位：中国水利水电科学研究院、大连理工学院
主要完成人员：蒋国澄、贾金生、孔宪京、杨德福、丁留谦、栾茂田、郝巨涛、马锋玲、杜振坤、杨凯虹
联 系 人：杨凯虹　　　　　　　　　　　联系电话：010 - 68786270
邮 箱 地 址：yangkh@iwhr.com

任务来源：国家"九五"重点科技项目
完成时间：2003 年
获奖情况：2004 年度大禹水利科学技术二等奖

水轮机泥沙磨损性能预估技术

本项目研究建立了水轮机转轮内部三维二相流动的数值模拟和流场计算分析软件包；利用建立的三维二相流动数值模拟分析软件，对刘家峡的 HL001 型水轮机进行了泥沙磨损预估，并使用 HL001 模型转轮和真机的实际磨损情况进行了验证；进行了三峡水轮机的模型浑水试验研究，利用中国水利水电科学研究院根据三峡条件设计的流道及模型水轮机，使用长江天然泥沙进行了能量、空化及水压脉动等特性试验研究；进行了长江泥沙材料磨损试验的研究，得出了磨损量和速度的幂次关系并对三峡水轮机转轮的磨损量进行了预估；利用建立的三维二相流动数值模拟分析软件，对在实际含沙条件下的三峡水轮机转轮内部流场进行了分析，得出了上冠、下环和叶片上的泥沙分布规律和泥沙颗粒的运动情况，并对三峡水轮机转轮的磨损情况进行了预估；对三峡水轮机运行后的泥沙磨损提出了可行的预防措施，对三峡机组的安全运行提出了合理的技术建议。

主要技术创新

本项目首次系统地提出和建立了比较完整、实用的水轮机转轮泥沙磨损预估系统，系统由模型试验数据库、水轮机转轮内部三维二相紊流流动分析软件包、泥沙磨损预估软件包和真机泥沙磨损数据库组成。应用本系统对刘家峡混流式水轮机转轮分别进行模型磨损试验和磨损数值预估，并与真机磨损情况进行了比较，均有良好的一致性，证明该系统的预估结果是可靠的。

推广应用情况

应用本技术对三峡水轮机的泥沙磨损情况进行了预估，结果证明，本项研究成果应用于三峡水电站水轮机泥沙磨损预估具有较高的可信度，其结果可对水轮机抗磨设计及防护提供科学依据，并可为三峡水轮机的运行调度提供参考。

对刘家峡电站运行的水轮机进行泥沙磨损预估表明，水轮机的主要磨损部位和强度与实际运行情况是一致的，通过固液两相三维紊流流动分析、模型浑水试验研究提出的抗磨改进措施等技术已在刘家峡电站水轮机增容改造中应用，改善了水轮机抗泥沙磨损性能，提高了电站运行的安全可靠性。

代表性图片

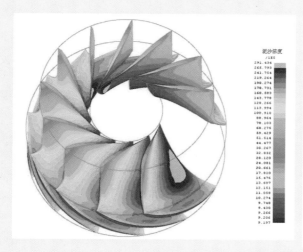

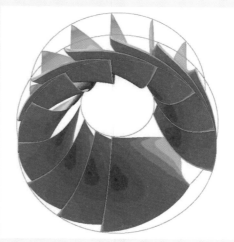

三峡水轮机转轮泥沙浓度分布

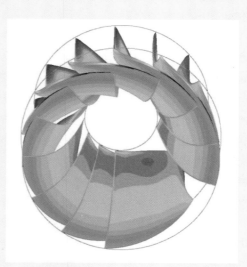

三峡水轮机转轮泥沙磨损强度分布

完 成 单 位：中国水利水电科学研究院

主要完成人员：陆力、高忠信、周先进、李铁友、唐澍、张世雄、吴培豪、余江成、王海安、姚启鹏

联 系 人：陆力　　　　　　　　　　　联系电话：010 - 68781743

邮 箱 地 址：luli@iwhr.com

任务来源： 国家电力公司科学技术项目
完成时间： 2002 年
获奖情况： 2004 年度电力科学技术进步二等奖

贮灰场水渗漏特性及防渗技术研究

本项目对燃煤火力发电厂湿法贮灰场（水力贮灰场）灰水渗漏影响地下水环境的相关技术及其防治技术进行了系统研究，主要包括：①全国范围内贮灰场灰水渗漏情况及由此引起的地下水污染的调查；②灰水中控制性污染因子在土层中的吸附和解吸特性及土壤的渗透特性系统试验研究；③贮灰场对地下水环境影响的预测技术开发与应用；④新型防渗材料和结构研究；⑤新建和已建贮灰场防渗和截流设计方案研究。

主要技术创新

本项目针对我国贮灰场地下水环境问题进行了大量的研究工作，在系统性和研究深度两方面都有较大的突破。

（1）从贮灰场渗漏机理出发，对贮灰场灰水渗漏影响地下水环境的规律和特点的系统研究，综合考虑蓄水防尘及防止地下水水位严重壅高和地下水污染等方面的要求，提出了具有可操作性的贮灰场防渗设计原则和具体控制指标，填补了国内该方面的空白。

（2）采用先进的土壤固化技术开发的新型固化隔渗衬层材料以及固化粉煤灰防渗墙体材料，比常规防渗材料更加适应贮灰场渗漏控制工程的特点，且具有价格优势。该项技术在国内外都处于先进水平。

（3）长达一个水文年的贮灰场地下水水质定期监测资料在国内极为少见，这对认识贮灰场地下水环境现状提供了重要的依据。全国范围内灰水中的污染因子和贮灰场地下水环境现状的调查结果具有更为普遍的意义和更好的代表性。

（4）我国对贮灰场地下水环境的定量预测分析实例还很少，本项目在国内首次采用灰水对多种常见土壤进行了吸附、解吸和运移性能进行了系统研究，为今后贮灰场地下水环境评价提供了分析依据。

（5）吸收借鉴国外可视化模拟计算软件的经验开发的贮灰场地下水环境专用预测分析软件，考虑了贮灰场的工程结构和运行特点，比目前常用的商业软件具有更好的适用性。

推广应用情况

本研究项目对贮灰场灰水渗漏引起的地下水环境问题及其防护措施进行了系统的研究，成果已成功应用于 6 个贮灰场工程设计中，为尚处于起步阶段的贮灰场防渗技术应用积累了经验，具有显著的环保和社会效益。同时，由于设计方案的优化，节约了约 4000 万元的工程投资。

代表性图片

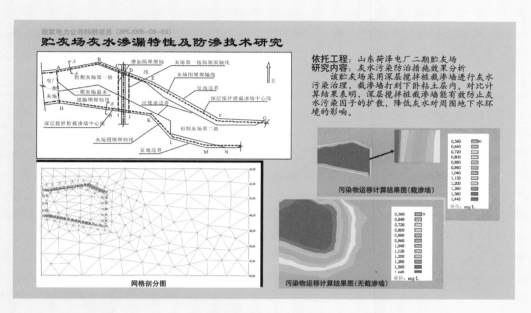

污染物运移扩散范围趋势图

某电厂灰场

完 成 单 位：中国水利水电科学研究院、武汉大学、国家电力公司环境保护研究所

主要完成人员：温彦锋、王东胜、方坤河、朱法华、蔡红、魏迎奇、侯浩波、尤一安、边京红、杜强

联 系 人：温彦锋　　　　　　　　　　联系电话：010-68786559

邮 箱 地 址：wenyf@iwhr.com

任务来源： *科技部*
完成时间： *2004 年*
获奖情况： *2005 年度大禹水利科学技术二等奖*

洪涝灾害的监测、预报与风险管理系统

项目成果运用了遥感、GIS、数据库、网络等先进的技术手段，进行洪涝灾害的监测、预报与风险管理研究，在理论方法和应用研究方面具有突破和创新。

主要技术创新

（1）建立了水文学与水力学相结合的洪水预报模型，结合预报水位的水文学方法进行洪水预报。

（2）利用遥感技术获取分布式水文预报模型中的部分参数，探讨了基于水文模型的洪灾预测问题。

（3）研究了洪涝水体空间分布信息的获取与计算方法，建立了基于格网的洪水淹没分析方法。

（4）研究了一套社会经济数据的空间展布技术方法，使得社会经济具有空间分布信息便于进行洪灾的损失评估及其预警预测。

（5）建立了洪灾损失率的确定与计算方法及基于 GIS 空间信息格网的洪涝灾害损失评估模型。

推广应用情况

本项目研究开发的技术模型方法在 2002 年、2003 年、2004 年等年份洪涝灾害的监测中都发挥了重要的作用，特别是在 2003 年淮河流域的洪水预报与灾情评估中为防洪减灾的决策提供了重要的参考，产生了巨大的社会效益，具有继续推广使用的价值。

代表性图片

2003 年 7 月 3 日蒙洼蓄洪区王家坝闸
开闸分洪

2003 年 7 月 7 日淮河流域洪灾遥感监测专题图

2004 年 7 月 21 日淮河流域上游洪灾
遥感监测专题图

完 成 单 位：中国水利水电科学研究院
主要完成人员：李纪人、黄诗峰、丁志雄、李琳、陈德清、付俊娥、张建立、苏东升、严慕绥、庞治国
联 系 人：李纪人　　　　　　　　　　　　　　联系电话：010 - 68781593
邮 箱 地 址：lijiren@iwhr.com

任务来源： 国家科技部基础性项目
完成时间： 2001—2003 年
获奖情况： 2005 年度大禹水利科学技术二等奖

16 种水质分析有机标准物质的研制

本项目根据美国 EPA 114 种优先控制的有毒有机物和我国 58 种优先控制的有机污染物及已有的标准分析方法，选择毒性较大，污染范围较广，水环境检出率较高的有毒有机物作为研究对象，共制备了 16 种有机标准物质。包括菲、蒽、萘、苯、甲苯、对二甲苯、邻二甲苯、苯乙烯、硝基苯、三氯甲烷、一溴二氯甲烷、二溴一氯甲烷、1，2—二氯乙烷、1，1，1—三氯乙烷、1，1，2，2—四氯乙烷、对—硝基氯苯。

主要技术创新

研制的 16 种有机标准物质填补了水利系统空白，其中 7 种填补了国内空白，研制的有机标准物质已达到国内领先水平，国内空白项目达到了国际同类标准物质的先进水平。

推广应用情况

目前已建立了能批量生产的工艺，生产的标准物质已用于 2003 年全国 48 个水环境监测机构所属 250 多个分析室的能力验证工作、全国水利系统流域中心和省中心的质控工作以及研究课题中分析数据的质量控制。如：部重点项目《有机分析样品前处理方法》，国家高技术发展研究计划（863 计划）《持久性有机污染物的采样和分析测试技术》等，在广泛使用中没有发生质量问题，反应良好。

本项目研究成果具有创新性，对有效控制水环境污染，保障我国生活用水安全，适应国家实验室认可的发展和我国加入 WTO 新形势的需要具有十分重要的意义，其经济效益及社会效益显著。16 种有机标准物质于 2004 年 8 月由国家质量技术监督局正式批准作为国家级标准物质，获得国家标准物质定级证书。

代表性图片

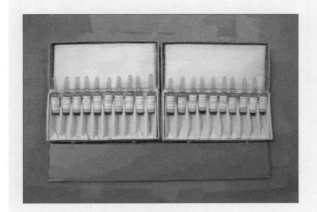

有机标准物质

2004 年 8 月获得国家标准物质定级证书

完 成 单 位：中国水利水电科学研究院、北京大学城市与环境学系
主要完成人员：冯惠华、周怀东、王永华、刘晓茹、刘玲花、张燕、潘丽莎
联 系 人：冯惠华　　　　　　　　　　　联系电话：010 – 68781789
邮 箱 地 址：feng@iwhr.com

任务来源：水利部科技创新项目
完成时间：2004 年
获奖情况：2005 年度大禹水利科学技术二等奖

CVT‑XX 系列全容错直接数字控制水轮机调速器机械柜

　　CVT‑XX 系列全容错直接数字控制水轮机调速器机械柜采用了现代液压数字伺服控制技术的最新成果——数字逻辑插装技术，由进口高速开关阀（也称数字阀）、逻辑插装控制阀（即嵌入式结构阀）、流量调节阀、位置控制器等进行元件—组件—回路的多层次组合与优化设计，实现水轮机调速器机械液压柜的所有功能。其高速开关阀组件还能根据用户的不同使用要求与其他电液转换元件互换和兼容。易于实现双通道双冗余、甚至多通道多冗余的结构，可实现大范围的无管路连接与系统集成，具有极高的可靠性和优越性能，与 PLC（可编程逻辑控制器）、IPC（工业微机）、PCC（可编程计算机控制器）技术相结合后，具备现代水电站水轮机调节与控制的所有功能，可以适用于不同容量、不同类型的水轮机调节与控制。

　　主要技术创新

　　由逻辑插装控制阀组件实现主级放大元件——主配压阀的功能，而作为先导级的液压控制元件，则由快速开关阀组件实现；此外，其快速开关阀组件甚至能根据用户的不同使用要求在电磁阀、电液转换器（伺服阀）、比例阀、伺服比例阀之间顺利互换和兼容。它能很容易实现双通道双冗余、甚至多通道多冗余的结构，使机柜的工作可靠性有了全面的保证；可实现大范围的无管路连接与系统集成，同时以元件—组件—回路进行多层次组合与优化设计，非常适合于采用 CAD 等现代设计手段，并可广泛地同 PLC（可编程逻辑控制器）、IPC（工业微机）、PCC（可编程计算机控制器）技术相结合。

　　推广应用情况

　　本项目样机于 1999 年诞生，并在 2000 年正式通过了国家水轮机调速器质检中心的专家测试，所有性能指标均优于 GB/T 9652.1—1997《水轮机调速器与油压装置技术条件》的设计要求。本调速器机械液压柜从系统结构到元件/组件都符合标准化和通用性的设计原则，其功能设置、整体性水平与可靠性超过了国外进口同类产品，可价格只是进口的 1/9～1/7，完全可以代替进口产品。

　　首台 CVT‑XX 调速器于 2001 年 5 月在黑河西沟电厂投运以来，现已相继投运于湖南柘溪、凤滩、朗江、沙田、蟒塘溪，福建水口、斜滩，北京密云，四川大兴、高凤山、百花滩，贵州响水、墨子湾，甘肃小孤山、二龙山、大孤山，青海东旭、龙羊峡等 60 多座电站近 200 台机组，并出口缅甸、越南。

代表性图片

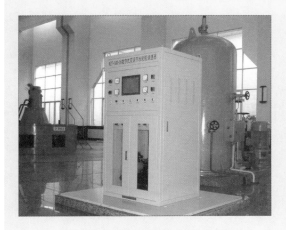

CVZT 型双调节数字式调速器
及 HYZ 型油压装置

CVT 型单调节数字式调速器

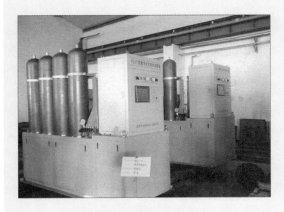

YCVT 型数字式调速器及
充氮囊式油压装置

完 成 单 位：中国水利水电科学研究院

主要完成人员：张建明、张治宇、赵维、高振华、李越、刘同安、张唯

联 系 人：张建明、刘同安   联系电话：010 - 68781925

邮 箱 地 址：gover@iwhr.com

任务来源：原国家电力公司重点科研项目
完成时间：2003 年
获奖情况：2005 年度中国电力科学技术二等奖

峡谷地区高混凝土面板堆石坝
关键技术应用研究

本项目属于工程技术推广应用和技术开发项目，研究工作基于历年来国家科技攻关的相关成果，具有较高的研究起点。该项目以洪家渡面板堆石坝为依托工程，围绕工程设计和建设中所面临的关键技术难题（①不对称狭窄峡谷地区高面板坝应力变形特性和变形预测方法；②峡谷地形下高陡边坡的稳定问题；③大变形、高水头情况下适用于峡谷地形的高面板坝止水结构形式和止水材料；④峡谷地形条件下面板混凝土防裂措施及相应的改性增强材料；⑤针对峡谷地形特点的堆石料料场的选择和规划方法及提高开挖料利用率的措施；⑥适用于峡谷地区高面板坝的合理监测布置方案），开展系统的综合应用研究，并将科研成果直接应用于工程建设中。

主要技术创新

（1）通过数值分析（三维非线性有限元分析）和物理模拟（三维大型土工离心模型试验）相结合的方法，深入地分析了峡谷地形对坝体和面板应力变形分布规律的影响，对坝体的应力变形进行了准确的预测，为坝体分区和断面优化以及周边缝设计提供了可靠的依据。

（2）针对峡谷地形的高陡边坡，在计算分析中首次采用了新近开发的三维边坡稳定极限分析方法，对坝肩边坡和进水口顺向边坡进行了系统的研究，并提出了相应的工程加固方案。

（3）根据取消中间止水，加强表层止水的新思路，提出了适应于峡谷高坝大变形、高水头情况下的新型止水结构形式和止水材料，并提供了一套完善的施工工艺。

（4）提出了添加微膨胀剂和掺聚丙烯纤维的面板抗裂防裂措施，同时还从温度应力和干缩应力控制的角度提出了控制面板裂缝的合理化建议。

（5）采用了工程分析和数学规划相结合的方法，对料场的规划进行了优化，提高了开挖料的利用率，并在国内率先采用了设置坝体纵向变形观测线和对面板脱空现象进行系统观测的监测系统。

推广应用情况

本项研究各项成果已在工程中获得成功应用，较好地解决了工程设计、施工中的技术难题，提高了工程的设计质量和科技含量，为洪家渡水电站的顺利建成提供了技术支持，取得了显著的经济效益和社会效益，为我国 200m 级高面板堆石坝设计、建设提供了宝贵的经验和重要参考实例。标志着世界上 200m 级高面板堆石坝筑坝技术从探索走向成熟，为面板堆石坝向 300m 级高坝发展奠定坚实基础，极具推广价值。

代表性图片

洪家渡坝址的狭窄、非对称河谷地形

建成蓄水后的洪家渡水库大坝

完成单位：中国水利水电科学研究院、中国水电顾问集团贵阳勘测设计研究院、贵州乌江水电开发有限责任公司

主要完成人员：汪小刚、杨泽艳、徐泽平、杨健、郝巨涛、文亚豪、马锋玲、黄淑萍、陈祖煜、邵宇、罗光其、贾志欣

联系人：徐泽平   联系电话：010 - 68786289

邮箱地址：xuzp@iwhr.com

任务来源： 青海省一号水利规划
完成时间： 2001—2003 年
获奖情况： 2006 年度大禹水利科学技术二等奖

青海省引大济湟工程规划

本项目根据青海省湟水干流地区社会经济发展和水资源供求状况的变化，以及水资源开发利用和管理中出现的新情况和新问题，基于社会经济可持续发展和水资源可持续利用的观点，统筹协调生活、生产和生态用水需求，合理配置地表水与地下水、当地水与外流域调水、传统水源与非传统水源等多种水源，通过对青海省湟水干流地区水资源进行"三次平衡"长系列模拟计算，给出了青海省湟水干流地区水资源优化配置方案和引大济湟工程推荐方案，并提出了一套保障水资源优化配置和统一管理的水价政策及管理体制等成果，进一步丰富和发展了我国水利工程规划的理论和技术方法，为青海省乃至全国的水利工程规划工作提供了重要参考。

主要技术创新

利用国内外最先进的原创性水资源配置模型技术，把国家新的治水方针和以"水资源可持续利用支撑社会经济可持续发展"的新思路创造性地应用于该项工程规划，在理论方法和应用技术方面有创新，被专家鉴定为"总体上达到国际先进水平"。

推广应用情况

本项成果为青海省引大济湟工程立项提供了主要的科技支持，本项规划自 2003 年批复后，工程按计划实施，北干渠一期工程和二期工程调水总干渠已开工建设；该规划奠定了青海省经济重心湟水干流地区的水资源配置整体格局，成为青海省各级政府制定国民经济和社会发展规划的主要支撑；规划的创新技术在全国水资源综合规划细则、多项流域综合规划以及水利部相关司局管理工作中得到应用。

完 成 单 位：中国水利水电科学研究院、青海省水利水电勘测设计研究院
主要完成人员：王浩、刘东康、谢新民、马维成、汪党献、秦大庸、刘锡宁、王芳、尹明万、王建华
联 系 人：谢新民　　　　　　　　　　联系电话：010 – 68785708
邮 箱 地 址：dwr – wec@iwhr.com

任务来源：国家科技部社会公益重点资金项目
完成时间：2001—2004 年
获奖情况：2006 年度大禹水利科学技术二等奖

首都圈水资源保障研究

本项研究以水资源的可持续利用支撑社会、经济和生态环境的可持续发展为目标，通过学科交叉与协同攻关，在综合分析评价首都圈水资源供需态势基础上，重点研究了首都圈社会、经济和环境安全的水资源保障条件，探索性地研究了首都圈水资源合理调用经济补偿机制、跨流域调水对首都圈水资源保障体系的影响与作用、水资源保障体系的风险管理等问题，提出了首都圈水资源安全保障框架体系，对首都圈水资源安全和可持续发展具有重大意义。

主要技术创新

（1）界定了水安全的概念、内涵和外延，进一步研究了水安全评价指标体系和评价方法等，初步建立了水安全评价指标体系和评价模型。

（2）运用自然科学和社会科学相结合的方法，从社会安全、经济安全和生态环境安全的不同角度，提出了水资源安全保障的社会学与经济学分析方法，发展了地下水超采的经济损失评价和陆地植被生态耗水量定量计算方法。

（3）明确了水资源恢复补偿的概念，研究了水源保护、水资源合理调配、水环境成本等补偿机制，建立了水资源恢复补偿定量计算模型和补偿标准计算方法。

（4）应用水资源宏观经济模型对水资源短缺风险经济损失进行评估，建立了水资源短缺多目标风险决策模型。

推广应用情况

本项研究取得的成果部分已经在北京市、天津市、河北省、山西省、海河水利委员会等首都圈以及周边地区得到了较为成功地应用。如：北京市、天津市开展的水资源综合规划编制工作，采用或参考了"首都圈水资源保障研究"项目的相关成果；北京市节水办公室和天津市节水办公室部分地应用了本成果所提出的节水型社会理念，并在节水管理条例的制定中得到了体现；首都圈周边的山西省和河北省将本成果提出的水资源补偿理论与方法成功地应用到了对北京市的近几次调水方案制定和水源涵养林保护与补偿等方面。

本项研究成果初步构建的适合首都圈特点的水资源保障体系的框架，推进了我国水安全和水资源管理方面的研究进展，为水资源的研究、规划、管理等构建了水资源保障分析技术平台。应用情况表明，已经取得了较为明显的社会经济和生态环境效益。

完 成 单 位：中国水利水电科学研究院、中国农业科学院农业资源和农业区划研究所、北京工业大学、中国社会科学院社会学研究所

主要完成人员：阮本清、魏传江、韩宇平、成建国、张春玲、姜文来、陆学艺、王东胜、李智、陈光金

联 系 人：阮本清　　　　　　　　　　　联系电话：010 - 68786425

邮 箱 地 址：ruanbq@iwhr.com

任务来源：水利部科技创新项目
完成时间：2005 年
获奖情况：2006 年度大禹水利科学技术二等奖

水利科技发展战略研究

　　本项研究充分体现了"三个结合"，即与经济社会发展紧密结合，与国家资源与生态安全紧密结合，与可持续发展紧密结合；坚持了"三个面向"，即面向国家长远发展的战略需求，面向世界科技发展前沿，面向未来 20 年全面建设小康社会的需要。从我国国情出发，力图追踪国际水科学发展前沿，凝练水利科技发展的重点目标和重大课题，为国家中长期科技发展规划战略研究和水利部"十一五"科技规划提供依据。

　　主要技术创新

　　（1）围绕水利发展的焦点、难点和瓶颈问题，从宏观、全局、战略的高度，阐明了新时期水利科技发展的战略地位与作用，论证水利科技发展的需求与挑战，提出了我国水利科技发展的战略思路、方向和目标，凝练出我国水利科技发展的重点领域。

　　（2）针对水文学及水资源学、水环境与水生态、防洪减灾、农村水利、工程水力学、河流泥沙、水土保持、水工结构、岩土工程、水利工程施工、水工材料、地质勘探、信息技术应用等 13 个水利学科分支，全面、系统、深入总结、归纳、分析、阐述了国内外水利科技发展的前沿与趋势。

　　（3）考虑水的多元化属性，按照新的治水理念，对水资源可持续利用、防洪抗旱与减灾、水环境保护与水域生态系统修复、城乡水利、长江黄河开发治理与生态保护、南水北调工程、大坝环境影响和安全问题、水资源水环境监测系统和信息共享平台等 8 个重大领域，充分论述了社会经济发展对水利科技的需求，明确了水利科技发展的方向，提出了各领域亟待研发的重大课题与关键技术。

　　推广应用情况

　　研究成果体现了宏观性、系统性、前瞻性与实用性，为国家中长期科技发展规划和水利科技发展规划提供了依据和建议，对于水利"十一五"重大科技的选题立项具有宝贵的参考价值，对促进水利科技发展具有重要意义。

完 成 单 位：中国水利水电科学研究院、南京水利科学研究院、清华大学、中科院水土保持研究所、长江科学院、水利部长江勘测技术研究所、中科院地理科学与资源研究所
主要完成人员：董哲仁、胡四一、张有天、高占义、王光谦、王光纶、郭军、陈式慧、程晓陶、李纪人、廖文根、邵明安、陈进、李广信、蔡跃波等
联　系　人：刘云　　　　　　　　　　　　　　联系电话：010-68781599
邮　箱　地　址：liuyun@iwhr.com

任务来源：水利部科技创新重点项目
完成时间：2004 年
获奖情况：2006 年度大禹水利科学技术二等奖

生物生态技术治理污染水体的
关键技术与示范

　　本项目由 3 个课题组成：①生物慢滤水处理技术研究；②利用生物操纵技术治理茜坑水库水污染的研究与示范；③生物生态技术处理新沂河示范工程研究。项目围绕"饮水安全"和"水环境污染修复"这两个重要目标，研究我国生物生态处理技术机理、突破一批关键技术。选择"农村饮水安全处理技术""水库型水污染修复与治理""河道型水污染修复与治理"三大典型领域进行示范点建设，取得丰富的实践经验，获得关键的设计参数，提升我国生物生态处理技术水平。

　　主要技术创新

　　(1) 在农村饮水安全方面。首次系统全面地研究了生物慢滤设计和运行参数对污染物去除效果的影响，优化了生物慢滤技术的各种参数。首次深入地研究了生物慢滤技术的生物特性和作用机理，分析了生物慢滤的脱氮机理。对生物慢滤的颗粒有机碳和生物阻力进行了分析，为生物慢滤防堵塞提供了技术基础。研究开发了适宜于农村特点的系列小型生物慢滤装置。

　　(2) 在水库水污染修复方面。根据河蚌的生态特性，发现并提出利用河蚌对富营养水体进行生物过滤的治污技术路线，并首次发明了浮笼式集约化分层挂蚌的生物操纵技术。根据我国鱼类种群资源现状，提出了适合在我国水库投放中下层的鳙鱼和中上层的鲌鱼的生物操纵技术，并首次提出了生物操纵组合技术，通过营养级串联效应措施、营养物生物过滤和营养物生物吸收三项技术的协同作用，提高了生物净化效果。

　　(3) 在河道水污染治理方面。受污河流大水体修复的研究方面有所创新。新沂河设计洪流量 6000 m³/s，非行洪期新沂河北偏泓的最大排污水能力 50 m³/s，在如此大尺度的河流中开展生态技术处理受污河水研究，特别是建设了占地 23 万 m²、处理水量 1500 m³/d 规模的中水试验研究在国内尚属首次。首次将生态修复技术运用与现有水利工程合理调控相结合。

　　推广应用情况

　　(1) 在农村饮水安全方面。研究成果已被广泛用于福建建瓯市农村饮水安全供水工作中，建设了 71 个不同规模（30～300t/d）的安全饮水生物慢滤水处理示范点。设计供水总规模 7780t/d，受益人口 53807 人。

　　(2) 在水库水污染修复方面。研究成果已应用于茜坑水库，引进鳙鱼和鲌鱼 4 万尾，挂置三角帆蚌 14.2 万只，试种了水生漂浮植物，同时还开展了河蚌滤水及净水等基础科学实验。

　　(3) 河道水污染治理方面。成果已应用于新沂河。在季节性行洪河道——新沂河上建设了多种类型的中水试验工程：人工湿地、污水土地处理、生物滤池、稳定塘、地面廊道。

代表性图片

生物慢滤滤料表面生物膜扫描电镜照片

福建建瓯生物慢滤水处理系统

茜坑水库笼式分层挂蚌生物操纵现场

在新沂河建设的生物廊道

完 成 单 位：中国水利水电科学研究院、水利部中国科学院水工程生态研究所、江苏省水利厅
主要完成人员：周怀东、董哲仁、陈文祥、吴泽毅、刘玲花、张建华、栾建国、阮晓红、刘家寿、彭建华
联 系 人：刘玲花　　　　　　　　　　　　　联系电话：010-68781886
邮 箱 地 址：lhliu@iwhr.com

任务来源： 中国—欧盟重大科技项目
完成时间： 2002 年
获奖情况： 2006 年度大禹水利科学技术二等奖

引黄灌区节水决策技术应用研究

本项目以黄河流域上游宁夏惠农灌区和下游山东簸箕李灌区为典型对象，针对当地气象气候特点、水土资源条件、灌溉排水系统现状、农业种植模式和社会经济发展状况等方面存在的差异及共性问题，开展引黄灌区农业节水决策技术应用研究。基于室内外实验观测、田间小区试验和数学模拟相结合的技术路线与手段，对灌区农业社会经济状况调查与评价、基于遥感数据的灌区资源状况分析评价、渠系输水损失估算方法的改进、地面灌溉技术要素制约下的灌溉制度模拟优化、农田排水再利用效应模拟与潜力分析、水管理措施对农田水盐动态和区域排水影响的模拟分析等 6 类关键技术进行研究，在此提供的技术支撑和数据平台基础上，进一步对基于节水多准则分析的田间灌溉需求与渠系输配水模拟决策和基于渠系输配水条件制约的干渠供水配置模拟等 2 类核心技术进行研究，构建起集干渠供水、田间渠系输配水、作物灌溉需求模拟为一体的引黄灌区节水决策技术应用模式，为沿黄灌区制定合理的节水灌溉策略和灌区水管理运行方案提供科学依据。

主要技术创新

（1）提出考虑多因子影响的主干渠道渗漏损失估算方法和基于田间渠系概化分类的田间渠道水利用系数估算公式。

（2）提出水稻浅灌技术及相应的水管理措施，基于改进的 ISAREG 模型和 SRFR 模型提出了与节水灌溉制度相结合畦灌技术改进措施。

（3）采用 SWAP 模型和 MODFLOW 模型从田间和区域尺度对各种水管理方案下的土壤水盐动态和区域地下排水量进行模拟，定量提出了农田排水再利用过程中土壤盐分运移的分布规律及其对作物产量的影响程度，建立了考虑不同地下水调控深度与灌溉制度相结合的科学水管理方案。

（4）基于节水多准则分析原理，利用建立的灌溉需求和输配水模型 SEDAM 从田间和区域尺度开展灌溉需求与输配水模拟。

（5）基于渠段过流与配水制约下建立的可行域，采用研发的 WSSM 模型用于干渠供水方案的模拟。

推广应用情况

本项目研究成果已在宁夏惠农灌区、山东簸箕李灌区及其邻近地区推广应用面积 437 万亩，使当地渠系输水效率提高到 65%～70%，田间灌水效率达到 72%～76%，作物水分生产效率达到 1.5～1.6kg/m³，至 2006 年累计新增产值 3.86 亿元，增收节支 3690 万元，获得显著的节水增产（收）效益和良好的社会与环境效应。

代表性图片

渠道输配水建筑物控制系统

田间灌溉试验现场

完成单位：中国水利水电科学研究院、武汉大学、山东省滨州市簸箕李引黄灌溉管理局、宁夏回族自治区
　　　　　水文水资源勘测局

主要完成人员：许迪、谢崇宝、崔远来、刘和祥、方树星、刘钰、杨金忠、王少丽、丁昆仑、董斌

联系人：许迪　　　　　　　　　　　　　　　　联系电话：010 - 68676535

邮箱地址：xudi@iwhr.com

任务来源：科技部社会公益研究专项资金项目
完成时间：2002—2004 年
获奖情况：2006 年度大禹水利科学技术二等奖

草场沙化、退化综合整治
技术试验示范研究

本项目以具有典型沙化、退化草地特征的内蒙古锡林郭勒草原为主要研究区域，开展草场沙化、退化综合整治技术试验示范研究，以解决我国北方干旱、半干旱草原区（京津沙源区）草地生态恢复、重建的关键技术问题。具体内容如下：

（1）草场沙化、退化影响因素与整治对策研究。研究草场沙化、退化成因，揭示草场沙化、退化过程及规律，提出草场沙化、退化综合整治策略。

（2）草场沙化、退化综合整治模式研究。通过对沙化、退化草场各项整治技术措施进行效益评价，依据水—草—畜平衡发展原则，建立草场沙化、退化综合整治优化模式。

（3）饲草料地喷灌灌溉技术研究。研究北方干旱、半干旱地区，饲草料地适宜的喷灌灌溉形式；确定饲草料地喷灌灌溉制度。

（4）沙化、退化草场植被恢复生态需水试验研究。研究人工植被生态系统与土壤水分关系特征及主要人工植被生态需水，分析计算沙化、退化草场植被恢复现状生态需水量。

（5）家庭生态草库仑生态效能研究。研究天然草地生产力和生产潜力及家庭生态草库仑灌溉饲草料地生产潜力，揭示家庭生态草库仑灌溉饲草料地对恢复草地生态的影响及作用。

（6）完成规模为 4 万亩的草场沙化、退化综合整治示范区（辐射区规模 6 万亩）。

主要技术创新

（1）应用主成分分析方法，量化分析草场沙化、退化影响因素，提出影响草场沙化、退化的主要因素。

（2）用层次分析法对整治技术进行综合效益分析评判，依据水—草—畜平衡原理，提出草场沙化、退化综合整治模式。

（3）提出青贮玉米的喷灌灌溉制度。

（4）提出不同草地类型生产潜力的预测和计算方法，确定了项目区灌溉饲草料地与天然草地生态修复的比例关系。

推广应用情况

本项目研究成果已在内蒙古农业开发草原建设项目、京津风沙源治理工程、京津风沙源治理科技支撑项目、牧区水利节水示范项目中得到广泛的推广应用，应用辐射面积近 80 万亩。通过对该项成果的应用，使示范应用区水土保持生态效益有明显的好转，其经济效益、社会效益、生态效益十分显著。

代表性图片

喷灌试验

项目区一角

完 成 单 位：水利部牧区水利科学研究所

主要完成人员：何京丽、陈渠昌、梁占岐、荣浩、崔崴、刘艳萍、邢恩德、霍再林、翟进

联 系 人：何京丽　　　　　　　　　　　　联系电话：0471 - 46900578

邮 箱 地 址：hejl@nmmks.com

任务来源：国家电力公司、昆明电力设计院
完成时间：2002—2004 年
获奖情况：2006 年度中国电力科学技术二等奖

小湾拱坝超设计概率水平地震作用及极限
抗震性能的试验和分析研究

本项目主要针对云南澜沧江小湾拱坝在遭遇强地震作用下的安全问题而设立，主要研究内容及成果包括以下 3 个方面。

（1）对小湾工程潜在震源区划分及其参数选取，小湾坝址设计地震动峰值加速度等进行了复核。针对一致概率反应谱存在的问题，建议了基于设定地震概念的确定场地相关设计地震动反应谱的工程实用方法。给出了小湾工程相应于设防概率水平和最大可信地震的设计峰值加速度和相应的设计反应谱。

（2）提出了对拱坝体系整体抗震稳定安全评价的新概念和相应的方法，把坝体和地基作为一个体系，同时考虑了在地震作用过程中两者的动态响应及其相互作用；坝体内的横缝、坝肩可能滑动岩体的边界、坝体和地基交接面等处接缝的局部开合和滑移。并以强震时坝体位移反应发生突变作为判断拱坝体系整体失稳的准则。按提出的拱坝体系整体抗震稳定安全评价的方法，定量给出了不同设防概率水平以及最大可信地震作用下的抗震超载安全度。

（3）针对小湾拱坝动力模型特点研制了模型坝体材料，满足弹性模量、质量密度及抗拉强度相似率要求；模拟了坝肩部分可能滑动块体及构造面的力学特征；开发了模拟滑裂面上渗压作用的气动装置；采用阻尼边界模拟无限地基振动能量的逸散。采用激光无接触测量及高速摄像等方法观测坝体损伤。动力模型试验结果反映模拟条件下小湾拱坝在设计水平及超设计水平地震作用下的动力响应、开裂发生及开裂发展等破坏过程，为评价小湾拱坝的地震超载潜力提供了重要依据。

主要技术创新

小湾拱坝体系整体抗震稳定安全评价的新概念和相应的方法，拱坝系统动力模型试验研究中的低强度模型材料开发、滑裂面力学特性及渗压模拟装置的开发和模拟地震能量辐射的阻尼边界的开发工作均为首创。研究过程中运用多种创新方法对小湾大坝的抗震安全性进行了多角度的全面综合论证，并提出了相应建议。

推广应用情况

本项研究成果对高地震烈度地区的高拱坝抗震安全评价的关键问题具有重要的理论意义和实用价值。研究成果为确保小湾大坝抗震安全提供了科学依据，在小湾大坝的抗震设计中被全面采纳。

代表性图片

振动台试验

小湾拱坝模型试验

完 成 单 位：中国水利水电科学研究院

主要完成人员：陈厚群、王海波、张伯艳、涂劲、李敏、李德玉、禹莹、魏力

联 系 人：王海波　　　　　　　　　　　联系电话：010 – 68786518

邮 箱 地 址：wanghb@iwhr.com

任务来源：国家"十五"科技攻关计划重点项目

完成时间：2005 年

获奖情况：2007 年度大禹水利科学技术二等奖

中国可持续发展水资源与水环境信息共享技术研究

　　本项目主要围绕支撑可持续发展的水文、水资源与水环境信息共享关键技术研究，采用了先进的计算机网络技术、数据库技术、3S 技术及数据整合共享技术，采用 .NET 技术和B/S 体系构架研究开发水文水资源与水环境数据共享应用和服务平台，开展水资源与水环境信息共享数据元技术和元数据技术研究，建立了水资源与水环境信息共享网络平台，通过研究的共享数据挖掘和改造技术，完成了可持续发展水资源与水环境重点数据库的共享挖掘和改造，实现了可持续发展水资源与水环境信息基于元数据的共享发布和管理，以及空间数据基于 WebGIS 的共享发布，为中国可持续发展的科学数据共享提供技术支撑。

　　主要技术创新

　　（1）通过现代信息技术的综合集成实现了水文、水资源与水环境等水利信息的基于国际互联网、信息分类分级的 1∶100 万空间信息的共享，建成支撑可持续发展水资源与水环境信息共享的发布管理平台，为可持续发展水文水资源与水环境信息的存储管理、共享发布提供技术保障。

　　（2）采用国际先进的数据元和元数据技术，结合我国水利科学数据共享的需求，在可持续发展水文、水资源及水环境信息分类、分析和共享示范的基础上，提出了水利信息共享数据元和元数据技术，填补了我国水利技术标准信息共享领域的空白，并将成为规范我国水利信息共享的顶层技术标准。

　　推广应用情况

　　本项目研究取得的成果对我国人口、资源与环境的可持续发展具有极其重大的社会和经济效益，其共享信息成果受到了社会的极大关注，除直接被国家有关部门用于决策参考和科学研究外，还被诸多报刊、网站转载宣传。项目参与共享的中国年降水量 200mm 和 400mm变幅图，为中国工程院开展"中国可持续发展水资源战略研究"和"西北地区水资源配置、生态环境建设和可持续发展战略研究"等重大咨询项目提供了可持续发展水资源信息的共享服务。

完 成 单 位：中国水利水电科学研究院

主要完成人员：朱星明、孙继昌、陈蓓玉、彭文启、白婧怡、傅小锋、陈树娥、陈煜、吴华赟、耿庆斋

联 系 人：朱星明　　　　　　　　　　　　　　联系电话：010 - 68786421

邮 箱 地 址：zhuxm@iwhr.com

任务来源： 水利部 2004 年基建前期科研项目
完成时间： 2006 年
获奖情况： 2007 年度大禹水利科学技术二等奖

《全国农村饮水安全工程"十一五"规划》
若干重大技术问题研究

农村饮水安全的概念、范围、评价指标、现状调查复核评估方法；农村饮水安全问题的类型、分布、成因和危害；农村供水工程的发展模式和方向；水处理、消毒、水质检测等关键技术；供水定额、滤速、调节构筑物容积、水质检测频率等关键技术指标；村镇供水工程技术规范和辅助设计软件；农村供水工程的建管措施；规划投资估算方法和资金筹措方案。

主要技术创新

（1）率先提出了农村饮水安全的概念、范围、评价标准和调查复核评估方法；基本摸清了当前我国农村饮水安全问题的类型、分布、成因及危害。

（2）首次明确了我国农村供水的发展方向，提出要从区域角度选择水源、规划农村供水工程，尽可能管网延伸或新建适度规模的联片集中供水工程、并供水到户。

（3）系统提出了不同水质、规模供水工程适宜的水处理、消毒、检测技术，农村高氟、高砷、苦咸、高铁锰、微污染水处理的关键技术；编制集规划设计、施工验收和运行管理为一体的《村镇供水工程技术规范》；编制了具有规模计算、管网计算、工艺选择、快速完成可研和初设报告、培训等功能的《村镇供水工程技术辅助设计软件》。

（4）总结提炼出农村饮水安全工程的建设工作机制及运行管理模式。

推广应用情况

《农村饮用水安全卫生评价指标体系》和《村镇供水工程技术规范》已正式颁布并在全国实行；调查复核评估方法已在全国县级调查、逐级复核评估中采用；《村镇供水工程技术辅助设计软件》已在全国 1000 多个县使用；建设适度规模的联片集中供水工程的发展模式，水处理、消毒等关键技术集成模式，"六制"及用水户全过程参与的建管模式，已被各地所采纳；典型工程人均综合投资估算指标法，已在各级规划中采用；《2005—2006 年农村饮水安全应急工程规划》《全国农村饮水安全工程"十一五"规划》均在国务院常务会议上审议通过，开始指导全国农村饮水安全工作。目前，农村饮水安全项目，全部按规划顺利实施完成，形成了巨大的社会、经济效益。

完 成 单 位：中国水利水电科学研究院、水利部农水司、中国灌排发展中心、水利部发展研究中心
主要完成人员：高占义、刘文朝、张敦强、杨广新、程先军、胡孟、赵乐诗、李仰斌、武文凤、李晓琴、张汉松、刘学功、崔招女、胡亚琼、岳恒
联 系 人：刘文朝　　　　　　　　　　　　　　联系电话：010-68786568
邮 箱 地 址：liuwch@iwhr.com

任务来源：黄河水利委员会

完成时间：2001—2006 年

获奖情况：2007 年度大禹水利科学技术二等奖

塔里木河干流河道演变与整治

本项目采用现场调研、实测资料分析、数学模型计算及理论研究等多种手段，对塔里木河干流河道的河床演变规律、输水输沙能力、综合治理措施、输水堤防建设对河道及两岸生态环境的影响等问题进行了系统的研究。

主要技术创新

（1）首次对塔里木河干流河道的河势变化、河道冲淤、河床演变规律及相关的判别指标进行了系统的研究，提出了干流河道河型划分的标准、河道稳定性指标、断面水力几何形态及近期河势摆动范围等。

（2）建立了干流河道的挟沙能力公式，开发了干流河道的冲淤泥沙数学模型，为有效地预测塔里木河干流河床演变的趋势及河道综合治理效果提供了强有力的工具，填补了这方面研究的空白。

（3）考虑干流河道基础资料短缺和水量损失严重（洪水漫溢、引水跑水、渗漏蒸发等）的特点，首次提出了一套适用于干流河道不同形态河槽（枯水河槽、平滩河槽和漫滩河槽）的输水输沙计算模式。

（4）提出了干流河道综合治理的措施、输水堤防及其配套工程的规划布置的原则和输水堤防工程布置形式与尺度，指出叠梁式生态闸通过调整底板高程可更有效地满足生态需水。

（5）首次深入分析了输水堤防工程对河道冲淤和两岸生态环境的作用与影响，指出修建堤防后向下游河道输水比例将增加，堤防中游河段处于减淤或增冲状态，下游河段可能处于增淤状态；阐明了输水堤防及其配套工程实施后，既能保持干流中上游河道两岸的生态环境及其多样性，又会明显地改善下游河道两岸的生态环境。

推广应用情况

本项研究成果不仅对塔里木河干流河道的综合治理具有重要的应用价值，而且也为干流河道输水输沙及河床演变的深入研究提供了理论依据，填补了塔里木河在泥沙运动力学和河床演变学方面研究的空白，对其他内陆河的治理也有重要的借鉴作用。在输水堤防工程设计过程中，本项研究成果已为黄河水利委员会设计院和塔里木河流域管理局应用采纳，并在塔里木河干流河道输水堤防建设中发挥了重要作用，取得了显著的经济效益、社会效益和生态环境效益。

代表性图片

生态输水堤防工程

干流中游的弯曲河道

完 成 单 位：中国水利水电科学研究院

主要完成人员：胡春宏、王延贵、郭庆超、胡建华、朱毕生、王玉峰、李希霞、周丽艳、李慧梅、周文浩

联 系 人：郭庆超　　　　　　　　　　　　　　联系电话：010-68786633

邮 箱 地 址：guoq@iwhr.com

任务来源：国家计划内项目——治黄专项
完成时间：2003—2006 年
获奖情况：2007 年度大禹水利科学技术二等奖

黄河宁蒙河段冰情预报研究及系统开发

为黄河上游宁夏、内蒙古河段研发一套集冰情、水情信息的采集、传输、处理与冰情、水情的预报、会商及决策于一体的冰情实时预报专家系统，包括：①黄河宁蒙河段冬季气温长期预报研究；②黄河宁蒙河段冬季气温中、短期预报研究；③冰情统计预报方案的研制，建立逐步回归和灰色系统方法的冰情预报统计模型；④冰情预报的人工神经网络模型研究；⑤开发实时信息接收、处理和查询系统；⑥开发以 GIS 为平台的冰情预报决策支持专家系统。

主要技术创新

（1）研发了改进的人工神经网络模型结合冰情预报经验数学模型的实时冰情预报方法和模型，综合分析影响冰情发展的热力因素、动力因素、河道状况、上下游河道等对冰情形成和发展的影响，开拓了冰情预报的新领域。

（2）研发了中、长期气温的定量预报方法及模型。目前国内还没有正式投入生产运行的中期气温定量预报项目，本项目进行了尝试性的研究。对宁蒙河段各站冬季逐日气温进行定量预报，预见期 10 天，为冰凌要素预报提供了依据。

（3）研发了基于 GIS 技术的冰凌实时预报专家系统。该系统是一个开放的系统，具有对环境很强的自适应和自学习能力，能够处理各种变化的信息。可在线实时监测、监控主要站点冰情；基于 GIS 地理信息系统动态查询站点实时水、冰情信息；实时、超实时预报主要水文站点冰情信息，并图形化显示河段凌情动态。

推广应用情况

项目在 2004—2006 年年度凌情预报的应用中，系统运行稳定，预报效果较好，为这两年凌汛年度的冰情预报和防凌调度决策提供了科学依据，取得了显著的社会和经济效益。特别是神经网络模型预报效果综合性能最好，主要预报项目预报合格率分别为 100％和 83％，可以作为主要的预报工具使用。

代表性图片

系统启动界面

完 成 单 位：中国水利水电科学研究院、黄河水利委员会水文局

主要完成人员：杨开林、霍世青、饶素秋、王涛、郭永鑫、王庆斋、王青春、温丽叶、杨特群、邬虹霞

联 系 人：杨帆　　　　　　　　　　　　　联系电话：010 - 68781126

邮 箱 地 址：yangf@iwhr.com

任务来源： 科技部社会公益类研究项目
完成时间： 2003—2007 年
获奖情况： 2010 年度大禹水利科学技术二等奖

西北牧区水草畜平衡与生态
畜牧业模式研究

本项目主要内容如下：

（1）西北牧区水草畜平衡理论与生态环境问题研究。针对西北牧区水资源和草地资源已被超极限利用的现状，以灌溉人工草地发展规模为研究对象，提出了牧区水利的任务和建设目标，应用层次分析法原理，建立了牧区水利建设多目标权重分析评价模型，得出了牧区水利建设各个子目标的权重。应用水草畜平衡原理，分析确定了西北牧区灌溉人工草地的发展规模，提出了西北牧区水草畜平衡的管理阈值水平。

（2）牧区水草资源承载力和草地生态系统管理阈值研究。研究从水草资源系统—草原生态系统—社会经济复合系统耦合机理方面入手，综合考虑水资源对地区人口、资源、环境和经济协调发展的支撑能力，应用目标规划法建立区域性"水—草—畜"系统平衡优化决策数学模型，应用该模型定量化研究了典型牧区生态畜牧业建设发展的两个关键阶段：人工种植冷季补饲型阶段和暖季放牧冷季舍饲型阶段的可持续载畜量及其相关的技术经济指标，人工种植冷季补饲型和暖季放牧冷季舍饲型的灌溉饲草料基地面积分别应占可利用草场面积的 1.58% 和 3.0%。

（3）荒漠化草地 GSPAC 系统水分动态模拟与生态需水研究。研究将 SPAC 系统研究向地下含水层扩展和延伸，明确把地下水与土壤—植物—大气连续体纳入到同一体系中构成地下水—土壤—植物—大气连续体（GSPAC），针对干旱半干旱区不同地下水位埋深的天然植被进行研究，建立地下水对天然植被生长、生理和产量的影响机制与定量关系，建立了天然植被生长与地下水关系的模型，并得出了天然植被生态需水量的初步估算值。

主要技术创新

该项目以牧区水草资源—环境—经济复合大系统的耦合机理研究为基础，针对西北牧区典型区域建立了牧区水草资源可持续利用优化决策模型，提出了人工种植冷季补饲和暖季放牧冷季舍饲两种生态畜牧业建设模式。主要创新点如下：

（1）提出了西北牧区水草畜平衡的阈值，确定了以水利建设为基础的草地生态系统管理模式。

（2）建立了牧区水利建设多目标层次分析法评价模型，确定了各指标相应的权重及西北牧区灌溉人工草地建设规模。

（3）提出了天然草地地下水—土壤—植物—大气连续体（GSPAC）系统模型，确定了天然植被生长与地下水位相互影响的定量关系，得出了天然植被生态需水量的估算值。

推广应用情况

项目执行过程中，通过鄂尔多斯市水利局协调组织，项目组承担完成了 2004—2009 年度鄂托克前旗、鄂托克旗、乌审旗、伊金霍洛旗 4 个牧区旗的节水灌溉饲草料地可行性研究工作，以及鄂托克旗赛乌素地下水灌区节水灌溉饲草料地建设方案，均已通过内蒙古水利厅组织的专家组审查论证并已实施，总面积分别为 5.4 万亩和 6.8 万亩，为牧区水草资源持续利用和生态畜牧业模式建设起到推广和示范作用。配合鄂尔多斯市"三区"划分的实施，建设人工饲草料节水灌溉面积 120 万亩，灌溉水利用率达到 70%以上，取得了 3.2 亿元的直接经济效益。

2007—2009 年三年期间，在内蒙古自治区、甘肃省、青海省、新疆维吾尔自治区等西北牧区推广应用该项研究成果建设节水灌溉饲草料地面积近 300 万亩，直接经济效益 7 亿元，对草原生态保护和提高牧民收入水平起到了促进作用，取得了很好的经济、生态和社会效益。

代表性图片

项目组考察调研（甘肃）

灌溉家庭草库仑

项目示范区

完 成 单 位：水利部牧区水利科学研究所、内蒙古农业大学、内蒙古鄂尔多斯市水利局、内蒙古鄂托克前旗水利局

主要完成人员：李和平、包小庆、史海滨、白巴特尔、任杰、郭克贞、赵淑银、杨文勇、吕森、张海滨、赵志军、牛海

联 系 人：李和平　　　　　　　　　　　联系电话：0471－4690556

邮 箱 地 址：mkslhp@163.com

任务来源：三峡集团公司重大科研项目

完成时间：2005—2009 年

获奖情况：2010 年度国家能源科技进步二等奖、2009 年度中国水利水电科学研究院科学技术一等奖

近海风电场海上测风与试验研究

本项目针对海上测风关键技术进行研究，主要研究内容如下：

（1）海上测风塔选址、设计、建设与运行维护：①编制响水近海海域测风规划，根据规划进行测风塔选址；②海上测风塔基础和结构设计；③测风塔建设及运行维护。

（2）海上地质勘测与桩基测试试验：①进行了海上地质踏勘、资料搜集，地质钻探、数据处理、样品分析、图件绘制、技术报告编写等；②开展海上桩基的沉桩过程测试，获取不同地层、不同深度的锤击数—贯入度关系，综合研究分析桩基的承载力，高应变承载力与静载承载力的对应关系等。

（3）区域海况条件研究：①通过区域海洋观测数据的收集和 1 年的海洋数据实际观测及评估分析，研究响水近海水文情况（包括对浅海环境、海浪、海流、潮位等的研究）；②结合海上测风塔的建设施工和测风情况，研究海况条件对风资源评估和风电场建设的影响。

（4）海上风资源评估技术研究：开展 1.5 年的测风数据资料采集与研究评估，进行环境因素对测风数据的影响、测风数据的可靠性、风速与潮位的对应关系以及海陆风对比等项目的研究。

（5）对工艺方法、标准等的研究并进行总结：主要包括勘探、测试、试验、施工、运维中的各种工艺方法、经验成果等；对有关标准、规程、规范等进行初步研究。

（6）其他资料的分析整理：主要包括江苏近海现有的气象、海洋、地形、地质资料和陆上风电场实测资料的收集、整理及分析。

主要技术创新

（1）创新性地实现了海上施工向陆上转化的设计理念。与当时国内已有的两座测风塔采用高桩现浇混凝土承台不同，本成果海上测风塔采用了钢承台，减少了海上作业工程量，钢承台可在陆地加工完成，施工时只需起重船吊装就位。

（2）采用了桩体与承台高强灌浆料连接方式。经现场运行考验，连接段整体受力较好，能满足不同环境荷载下的受力要求。

（3）海上风资源评估方法研究手段完备，成果可信度高。在试验手段方面，响水海上测风塔采用一塔两套成熟的测风设备，并在测风塔下设置了海洋观测设备，海上桩基的沉桩过程采用高应变检测仪器进行承载力测试；在资料丰富度方面，本区域内共布置了 2 座海上测风塔、1 座滩涂测风塔，加上三峡集团公司和当地政府建设的 5 座岸上测风塔以及响水气象站近 30 年的气象资料，该区域内的测风塔密度高，测风数据及环境数据齐全、完整；在研究方法方面，采用数理统计、比较研究和专业程序等多种手段，并根据计算模型独立开发了计算程序。

（4）得到了高应变、静载荷实验结果相关关系及高应变检测结果随时间增长关系，海上桩基高应变承载力检测方法可行、有效，可在类似地层条件下参考使用。

（5）开展了测风手段的拓展性研究。根据风资源评估的特点和海上施工的难度，提出了可移动式测风塔的概念，并完成了移动式测风塔的结构设计、就位固定、浮运移动等关键技术的研究，为海上测风塔提供了一种新的结构型式，可进一步减少测风成本和实现快速、移动测风的要求，具有较好的推广前景。

推广应用情况

（1）测风数据应用于响水近海 2MW 示范风电场、潮间带试验风机及响水近海风电场一期规划设计的风资源评估；海上测风塔建设中获得的海上有效作业时间、海洋气候、水文等资料，为响水海上示范风机的建设提供了借鉴；钢承台灌浆连接技术在类似招标中得到了应用；钢管桩沉桩经验和海上桩基高应变承载力检测技术指导了响水近海示范风机的施工。

（2）所取得的测风和海洋水文数据被"十一五"课题"近海风电场选址及风电机组运行、维护技术开发"示范风电场设计采用。

（3）风资源评估和海洋资料被《响水近海风电场 200MW 示范项目可行性研究报告》采用。

（4）"一塔两套测风设备"方法被乐亭 100m 海上测风塔项目采用。

（5）钢承台代替混凝土承台技术在 100m 海上测风塔项目中得到应用。

代表性图片

海上测风塔首创钢承台结构型式

自主设计建造的海上测风塔

完 成 单 位：中国水利水电科学研究院、北京中水科水电科技开发有限公司
主要完成人员：张金接、高季章、符平、赵卫全、杨锋、邢占清、冯宾春、黄立维、莫为泽、王春
联 系 人：邢占清　　　　　　　　　　　联系电话：010 - 68786562
邮 箱 地 址：xingzhq@iwhr.com

任务来源： 水利部推广项目
完成时间： 2003—2005 年
获奖情况： 2011 年内蒙古自治区科技进步二等奖

内蒙古草原现代节水草业
集成技术示范与推广

针对内蒙古牧区灌溉饲草料地水资源利用率低，先进综合技术应用不足、饲草产量不高等问题，以草原现代节水技术集成为重点，研究了内蒙古地区草甸草原、典型草原、荒漠草原和荒漠等不同草原类型区牧区草原生态保护水资源保障工程建设优化模式。分析了内蒙古草原沙地草原、干旱荒漠草原以及典型草原区的节水灌溉工程选择次序。研究了紫花苜蓿、青贮玉米、饲料玉米、披碱草等 12 种饲草料作物水分亏缺状态下的耗水量、水分生产函数、优化灌溉制度。确定了内蒙古草原紫花苜蓿、青贮玉米、饲料玉米、披碱草 4 类饲草料作物耗水量的空间变异性与耗水量等值线图。通过系列农艺、草业生产技术综合优化研究，确定内蒙古的草甸草原、典型草原、荒漠草原和荒漠地区紫花苜蓿、青贮玉米、饲料玉米等饲草料作物的种植模式。为牧区灌溉饲草料地发展提供样板示范和技术支撑。

主要技术创新

本项目应用了多项现代技术，在保护草原生态、综合节水技术集成等方面，具有较大创新，形成了行政、科研、基层、牧户相结合的技术推广模式，取得了显著的生态、社会、经济效益，为同类地区草原生态、牧区水利建设提供了示范和支撑。

推广应用情况

成果在内蒙古鄂托克前旗、乌审旗、杭锦旗、乌拉特中旗、达茂联合旗、四子王旗、锡林浩特市、正镶白旗、巴林右旗、科尔沁右翼中旗、陈巴尔虎旗等 11 个旗（市）进行推广，依托牧区水利建设项目的实施，示范推广面积达到 46 万亩。

代表性图片

内蒙古寒旱区人工饲草收获

内蒙古干旱区紫花苜蓿喷灌

完 成 单 位：水利部牧区水利科学研究所、内蒙古自治区水利厅
主要完成人员：郭克贞、王宝林、康跃、李和平、陈德亮、徐冰、佟长福、杨燕山、白巴塔尔
联 系 人：郭克贞　　　　　　　　　　　联系电话：13947112801
邮 箱 地 址：guokz@iwhr.com

任务来源： 北京市农水专项资金
完成时间： 2009—2010 年
获奖情况： 2011 年度农业节水科技二等奖

北京市农业水资源监测与管理

北京是一个严重缺水的城市，农业是全市用水大户，传统的资源消耗型农业生产方式导致水资源消耗量大，利用效率低下。项目基于 GIS 平台，将遥感 ET 新技术应用于典型作物耗水量监测、灌溉管理、节水效果评估等多个过程，创新性地提出了基于遥感 ET 的区域农业用水管理及节水效果评估的技术方法体系。项目基于 ET 需水管理理念，利用遥感 ET、生物量数据，结合降水及地面实测资料，通过作物系数、作物耗水量、土壤水分遥感反演模型研究，以及作物耗水规律、生物量与水分生产率的关系分析，实现基于遥感 ET 的区域典型作物用水效果的定量评价。取得如下成果：

（1）利用遥感数据并结合地面试验资料，从空间上系统推求了区域典型作物全生长季的作物系数，创新性地建立了有限供水条件下的作物需水量计算方法。

（2）结合遥感标定的作物系数和土壤含水量，建立了典型作物精量灌溉预报模型，实现了对作物生长季需水情况的预报。

（3）以 MODIS 为主要数据源，引入植被指数作为阈值，建立了华北平原典型作物全生育期土壤水分遥感监测模型。

（4）建立了基于遥感 ET 和生物量的典型作物全生育期耗水量—生物量关系模型和耗水量—水分生产率关系模型，分析了有限供水条件下作物的适宜耗水区间，提出了基于遥感 ET 的典型作物全生育期节水效果评价方法，并给出了具体评价流程。

主要技术创新

（1）项目以北京市为研究区，以冬小麦和玉米为典型作物，将遥感 ET 新技术应用于冬小麦和玉米耗水量监测、灌溉管理、节水效果评估等多个过程，提出了基于遥感 ET 的区域农业用水管理及节水效果评估的技术方法体系。

（2）在 FAO 推荐的彭曼公式（Penman - Monteith）作物需水量计算模型基础上，通过分析植被指数与作物系数 K_c 的响应关系，利用遥感数据并结合地面试验资料，基于遥感方法推导了植被指数与有限供水条件下的作物系数的关系，进而推求了北京地区区域冬小麦和玉米全生长季的作物系数，并开发了作物系数遥感标定模型，建立了有限供水条件下的作物需水量计算方法。

（3）以基于 ET 的需水管理理念为指导，建立了基于遥感 ET 和生物量的冬小麦和玉米全生育期耗水量—生物量关系模型和耗水量—水分生产率关系模型，分别推导出作物生物量达到最大和水分生产率达到最大时的耗水量，从而确定了作物有限供水条件下的适宜耗水区间。在此基础上，结合作物生育期的有效降雨，基于遥感技术研究建立了北京地区冬小麦和玉米全生育期的节水效果评价方法，并给出了具体评价流程，实现了区域冬小麦和玉米用水效果的定量评价。

推广应用情况

项目成果为掌握农业用水规律、制定合理的灌溉定额、减少农业用水的无效损失、实现水资源的可持续利用提供了重要参考及决策依据，为农业用水及节水的信息化管理工作提供了强有力的技术支撑，对于农业用水与节水管理具有重要参考价值，经济效益和社会环境效益显著。项目成果已在北京市农业水资源管理及潮白河流域水资源管理中进行了应用示范，为水资源管理部门提供了技术支撑，具有良好的推广应用前景。

代表性图片

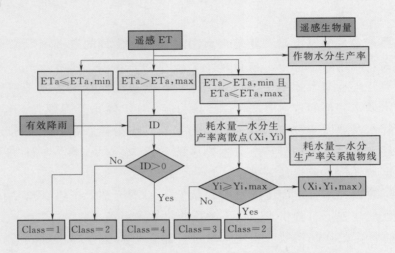

基于遥感 ET 的农业用水效果评价流程

Class＝1—总灌水量不足区；Class＝2—总灌水量适宜区；Class＝3—阶段灌水量不合理区；Class＝4—总灌水量过量区

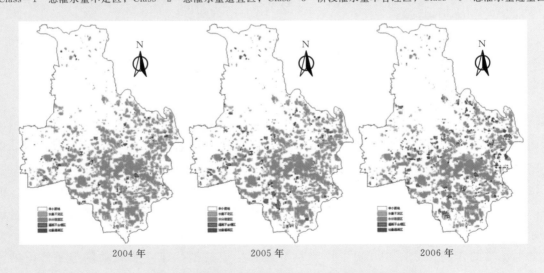

| 2004 年 | 2005 年 | 2006 年 |

北京市 2004—2006 年夏玉米用水效果评价结果

完 成 单 位：中国水利水电科学研究院、北京市水利水电技术中心

主要完成人员：庞治国、胡明罡、付俊娥、杨进怀、路京选、毛德发、陈康宁、周嵘、杜龙江、卞戈亚、王志丹、高静、潘世兵

联 系 人：庞治国　　　　　　　　　　　　　　　联系电话：010 - 68785406

邮 箱 地 址：pangzg@iwhr.com

任务来源： 国家发展改革委员会
完成时间： 2008—2010 年
获奖情况： 2013 年度大禹水利科学技术二等奖

两库建设运行对两湖生态安全影响研究

项目首次系统研究三峡工程、丹江口水库（以下简称两库）建设运行对洞庭湖、鄱阳湖（以下简称两湖）的生态安全影响。项目以两湖两库流域范围为研究区，通过调查和研究三峡水库蓄水和运行调度、丹江口水库蓄水与跨流域调度造成的区域性水资源配置情况及水环境和水生态系统的变化特征，分析评估对流域气候、降雨、径流、泥沙、生态和社会经济的影响，评价两库建设运行对两湖的生态安全影响，为从流域层面上提出两库两湖水资源和水生态安全的保障对策提供支撑，为将来大型水利工程建设提供科技支撑和理论指导。

主要技术创新

开展三峡水库、丹江口水库对洞庭湖、鄱阳湖生态安全影响及保障方案研究，直接关系到库区及长江中下游地区的可持续发展，项目对国家环境保护和流域管理的战略决策具有重要科技支撑作用。

（1）阐明两库，特别是三峡水库运行后对下游总体水文情势的影响（变化特征）。

（2）定量评价了两库建设运行对两湖生态水文格局和湿地生态过程的影响（生态效应）。

（3）技术方法上实现传统江湖水沙平衡计算向湖泊湿地生态水文动态分析和生态效益评价的跨越性延伸，为项目的顺利实施奠定了基础。

推广应用情况

项目研究成果纳入向国务院上报的《关于全国重点湖泊水库生态安全评估与综合治理有关情况的报告》中；多次为三峡总公司进行咨询并应用于三峡水库优化调度；此外，研究成果在洞庭湖、鄱阳湖等流域和地区得到推广应用。项目成果作为全国重点湖库生态安全保障方案的重要部分，研究成果被国务院决策采纳，为后续实施的全国湖泊保护等工作提供了决策依据，有效推动了我国湖泊保护工作；项目形成的方法学和成果，为后续研究工作提供了可以良好借鉴的成功范例，有利于我国湖泊保护相关领域科研水平的整体提升；项目成果在生态评估的基础上提出了针对性的影响减缓方案，有利于促进我国大型水电工程可持续发展和流域综合管理的科技水平；项目成果对优化三峡工程调度具有促进作用，具有较大的经济和社会效益。

代表性图片

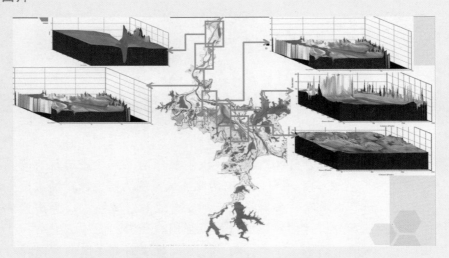

两湖湿地生态系统结构和生态过程分析

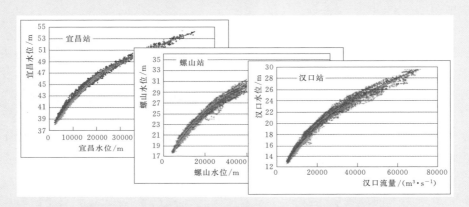

长江中下游河段（宜昌—城陵矶河段）冲淤变化趋势

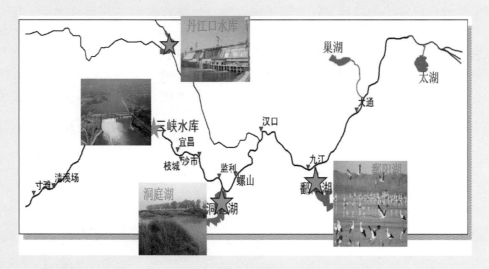

两库和两湖空间区位关系图

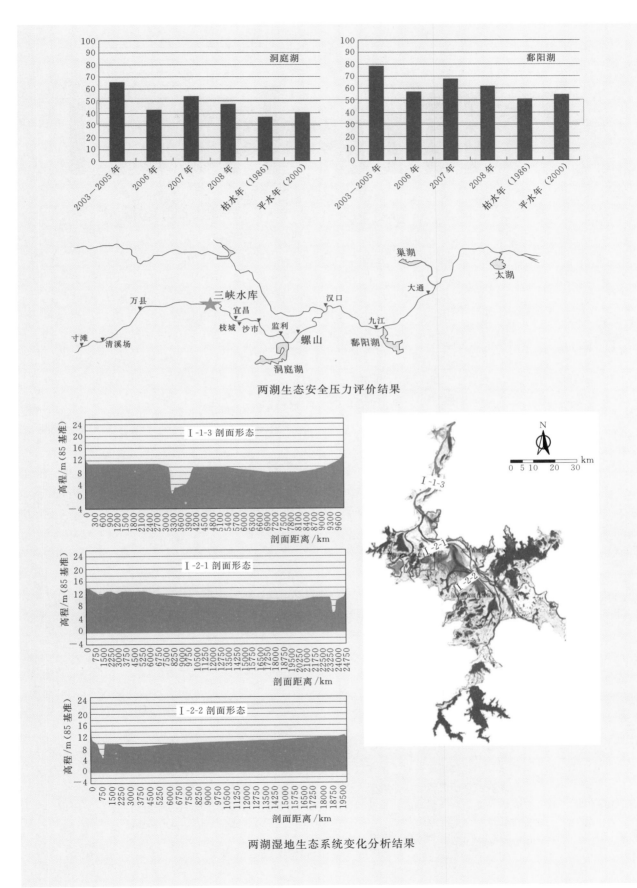

两湖生态安全压力评价结果

两湖湿地生态系统变化分析结果

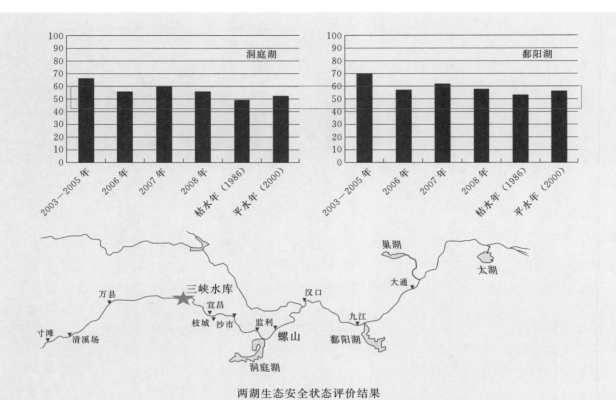

两湖生态安全状态评价结果

完 成 单 位：中国水利水电科学研究院、长江水利委员会长江科学院、中国科学院水生生物研究所、长江水
　　　　　　资源保护科学研究所、华东师范大学

主要完成人员：周怀东、王雨春、殷淑华、张细兵、高继军、张双虎、关见朝、尹炜、郝红、徐军

联 系 人：李昂　　　　　　　　　　　　　　　联系电话：010－68781942

邮 箱 地 址：liang@iwhr.com

任务来源：水利部现代水利科技创新项目、国家水体污染控制与治理重大科技专项
完成时间：2005—2014 年
获奖情况：2014 年度大禹水利科学技术二等奖

河流湖库水污染事件应急预警
预报关键技术研究

针对我国日益频发、且对水资源利用与河湖生态危害极大的突发水污染事件的预警预报中存在的重大技术问题，突破了多泥沙水体水质自动采样及监测技术、水污染突发事件应急水力调度耦合模拟技术、湖库富营养化分区预警预测技术、基于三维动态纹理映射技术的污染水团三维可视化动态仿真技术等关键技术，研发了由有毒有害化学品数据库、水质自动监测与信息传输、预警预报模型、数据集成管理系统、三维可视化展示、信息发布等组成的水污染突发事件决策支持平台，并研发了松花江、辽河太子河、黄河小浪底以下干流、海河于桥水库等河湖的水污染突发事件预警预报系统，为这些流域水污染突发事件应急处置管理能力的提升提供了重大技术支撑。

主要技术创新

（1）研发了采样点隔沙网粗滤—前处理装置主动离心分离—采样杯沉降处理的水样自动采样集成技术，有效解决了复杂情况下水质指标受干扰、监测设备堵塞问题。

（2）针对闸坝高度调控河流水污染突发事件水力调度模拟的技术难题，自主研发了基于解析、经验关系的水动力—水质模型与水工程调度的动态耦合仿真模型技术，实现了对污水团运移演进过程的准确捕捉、反演与水力应急调度的定量评估。

（3）研发了基于生态动力学模型、多元线性回归模型和人工神经网络模型有机结合的湖库富营养化预警预报模型，实现了对湖库富营养化状况变化程度快速预测与水华预警。

（4）研发了由有毒有害化学品数据库—水质自动监测与信息传输系统、预警预报模型系统、数据集成管理系统、三维可视化展示系统、信息发布系统等组成的水污染突发事件决策支持平台。

推广应用情况

本研究成果针对水污染事件发生、发展和处置的不同阶段特性，充分结合河湖水库不同水体的水动力学、水质特征，研究的内容涵盖了水质自动监测、数据处理，水污染事件预警预报系统数据库，水污染事件预警预报模型和水污染事件应急预警预报集成系统等多项关键技术，取得了较为丰富的研究成果。成果为水污染应急处理工作的开展提供了坚实的技术支撑，建立的应急处理系统具有广阔的推广应用前景，将为国内开展相应研究和推广工作起到引领作用。

目前，本研究成果已在国家水体污染控制与治理重大科技专项的多个课题中予以应用。同时，在水利部水文局、黄河流域水资源保护局、松辽流域水资源保护局、辽宁省水利厅信息中心、辽宁省水文局等单位的水资源保护管理工作中得到了进一步的实际应用和检验。

代表性图片

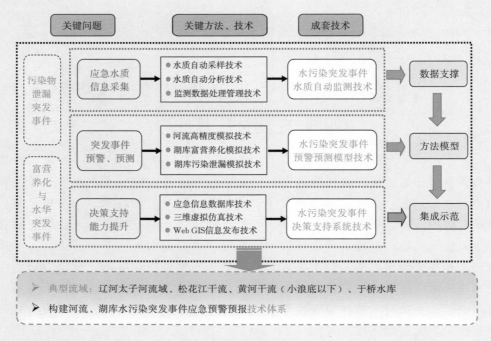

技术框架

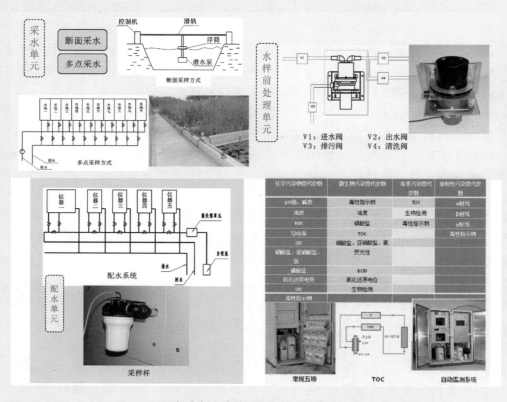

水质自动采样、监测技术示意图

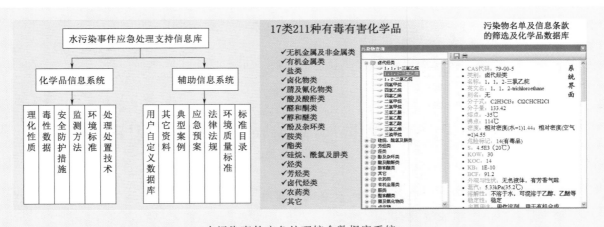

水污染事件应急处理综合数据库系统

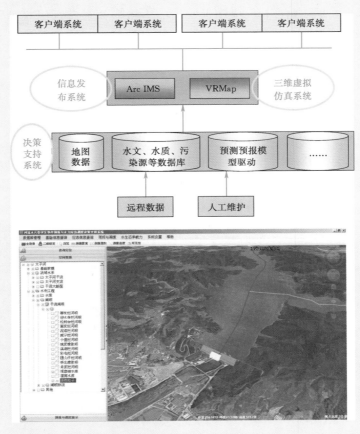

决策支持系统架构及界面示意图

完 成 单 位：中国水利水电科学研究院

主要完成人员：周怀东、彭文启、刘晓波、陆瑾、杜彦良、吴文强、冯健、吴雷祥、邹晓雯、赵高峰、殷淑华、刘晓茹、黄智华、董飞等

联 系 人：刘晓波　　　　　　　　　　　　　联系电话：010 - 68781897

邮 箱 地 址：xbliu@iwhr.com

任务来源： 水利部 948 项目、中国科学院知识创新工程重要方向项目

完成时间： 2010—2012 年

获奖情况： 2015 年度测绘科技进步二等奖

土壤墒情卫星遥感监测技术研究和应用

　　旱灾是我国主要的自然灾害之一，土壤墒情监测分析是抗旱工作的耳目和参谋，利用遥感手段监测和反演土壤墒情具有很大的优势。"土壤墒情卫星遥感监测技术研究和应用"是由中国水利水电科学研究院、水利部信息中心和中国科学院大学共同完成的研究成果。该成果在现有旱情遥感监测方法的基础上，构建了实用的土壤墒情遥感反演模型；自主开发了较为实用的土壤墒情遥感监测系统，系统稳定可靠，简便易行；利用该系统对我国旱情进行了连续监测，监测结果稳定且能快速、有效地反映旱情的时空变化状况，为有关部门及时准确掌握旱情的发生发展过程，指导抗旱救灾决策提供了科学依据。

　　主要技术创新

　　（1）从实际应用角度出发，构建了基于时间序列数据的地表温度—地表短波净辐射椭圆关系模型，并首次提出了利用椭圆参数来反演地表土壤水的方法。

　　（2）基于 AIEM 和 MIMICS 模型，利用 ASAR 双极化雷达数据和 Hyperion 数据建立了适合于低植被覆盖区的表层土壤水反演模型，为全天候的表层土壤水的反演提供简便易行的方法。

　　（3）针对目前的土壤墒情监测业务需求，提出了一种卫星遥感结合地面观测数据的土壤墒情监测方法。

　　推广应用情况

　　系统目前部署在水利部水文局实时运行，监测产品被部分省和流域机构应用，并通过集中培训和上门培训等多种方式在山东、江西、安徽等省进行了推广。

代表性图片

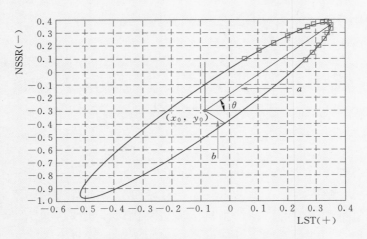

地表温度—地表短波净辐射拟合椭圆

完 成 单 位：中国水利水电科学研究院、水利部水利信息中心、中国科学院大学

主要完成人员：李小涛、胡健伟、宋小宁、赵兰兰、李蓉、冷俪、孙龙、马建威、侯爱中、尹志杰

联　系　人：李小涛　　　　　　　　　　　　　联系电话：010-68785410

邮 箱 地 址：lixt@iwhr.com

任务来源： 水利部公益性行业科研专项、水利部重大课题、国家自然科学基金重点项目、吕梁市十二五重点项目

完成时间： 2007—2012 年

获奖情况： 2015 年度大禹水利科学技术二等奖

城市洪涝形成机理与防治关键
技术研究及示范

本项目主要内容如下：

（1）从孕灾环境、致灾因子、承灾体与防灾力等四个方面系统论述了城市洪涝灾害及其风险随城镇化发展进程而演变的特征，指出了城市暴雨洪涝水文、水力学特征的变异性，城市雨洪的利害两重性及其转化特性，以及城市洪涝灾害的连锁性与突变性，深入探讨了我国城市水患频发的成因与治水方略的调整方向。

（2）针对城市下垫面复杂、产汇流过程畸变、顺街行洪、洪涝（潮）组合叠加、地下空间与低洼地带积水、防洪排涝系统对行洪影响大等城市型洪涝灾害的突出特征，基于二维非恒定流水动力学方程，根据地形、地物特点，采用不规则网格技术，研发城市洪涝仿真模拟技术。

（3）在分析我国城市资产密集、经济类型多元化、空间立体高度开发、生命线系统发达导致城市面对洪涝脆弱性凸显的基础上，针对城市洪涝的成灾机制与特点，建立了基于 GIS 技术、社会经济数据库和城市洪涝仿真模拟模型的洪涝灾情损失评估方法。

（4）考虑到城市空间结构的高度异构性、降水时空分布的不确定性和气象预报的时效性、承灾体的脆弱性以及恢复能力的差异性，基于风险评估方法，按照分区、分时、分类、分级预警的思路，提出了城市防汛预警指标体系与评价阈值的设定方法。

（5）以城市洪涝仿真模拟与损失评估方法为核心，基于实时水雨情和工情数据库，结合气象定量降水预估（QPE）和定量降水预报（QPF）信息，集成信息服务、洪涝灾害模拟、灾害损失评估、防汛预警信息生成与发布等技术，建立了具有自动触发、滚动计算、实时预警等功能的防汛预警平台。

（6）按照风险管理与应急管理相结合的思路，提出了面向风险规避和减缓的城市规划设计理念，研发了具有缓洪滞涝功能的海绵型社区设计、综合考虑交通通达和防洪需求的三维道路设计、多功能行洪通道设计等技术，构建了城市洪涝防治规划设计技术体系。

主要技术创新

（1）城市洪涝仿真模拟及损失评估模型。针对快速城镇化阶段城市洪涝特性的变化，自主研发了城市洪涝仿真模拟模型 UFSM（Urban Flood Simulation Model），适用于多类型防洪排涝设施、多尺度导水/阻水通道、不同城市用地类型的内涝、洪水、风暴潮组合模拟，创造性地提出了 GSP（Grid & Special Passage，网格＋特殊通道）技术来反映城市下垫面亚网格结构对行洪的影响，有效解决了计算速度和模拟尺度之间的矛盾，实现了城市洪涝大范围、快速、高精度仿真模拟；将城市精细化的资产分类损失评估与 GIS 技术结合，创新性地提出

了适合于我国国情的城市洪涝损失快速精细化评估模型。

（2）城市洪涝预警预报技术集成及示范。在城市下垫面急剧变化条件下，经验型的城市水文预报方法因缺乏物理机制而失效，通常的水动力学模型虽有物理机制但计算时间过长、难以满足预报预警的时效性要求。本研究基于既具有物理机制、又能满足预警时效性要求的 UFSM 模型，集成 QPE、QPF 等多源数据和 WebGIS、Flex、数据库等技术，首次实现了分区、分时、分类、分级的城市洪涝快速预警，研发了具有自主知识产权的城市洪涝预警预报系统，在我国上海、济南、佛山等多个城市进行了示范应用。

（3）城市洪涝防治规划设计技术及示范。基于风险管理理论和人与洪水共享城市空间的新理念，创造性地提出了三维道路、地下空间多重功能利用等城市规划设计技术，实现了城市防洪排涝设施的防洪功能与经济社会功能的有机结合。相关技术已经在吕梁新城两山防洪工程规划中得到了应用。

推广应用情况

（1）基于本研究成果编制的成果已汇入《Guideline on Urban Flood Risk Management》，被联合国亚太经社会—世界气象组织（UNESCAP - WMO）台风委员会（TC）在全球范围内发行，成为国际城市洪涝防治的指导性技术手册。

（2）基于本研究成果编制的《城市防洪应急预案管理办法》，已被国家防汛抗旱总指挥部采纳，通过国汛〔2015〕4 号文印发。

（3）基于本成果编制的洪水风险图已经在 FM Global 公司的洪水保险业务中得到应用，成为千余家在华企业的洪水保险费率制定和投保企业的洪水风险管控的重要依据。

（4）成果建立了城市洪涝仿真模拟与灾害损失评估模型，并在此基础上构建了城市洪涝预警预报系统，已在北京、济南、佛山等城市的洪涝风险图绘制、城市洪涝风险预警预报、城市排水系统优化等方面得到了应用。

（5）基于本成果编制的上海市洪水风险图，已在上海市水务公共信息平台上公开发布，为上海世博园洪水风险评价和应急预案编制提供了技术支撑。

（6）成果提出的城市洪涝灾害防治规划设计技术，在吕梁新城两山防洪工程规划中得到了具体应用，相关理念与技术在中国城市规划设计研究院承担的北京市总体规划中也得到了应用。

代表性图片

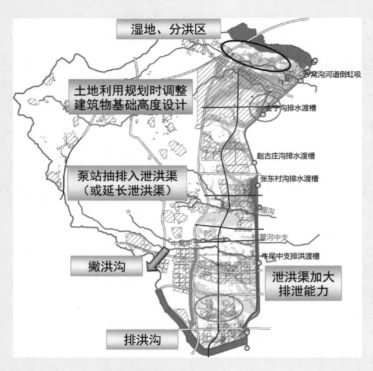

城市洪涝防治规划中的应用

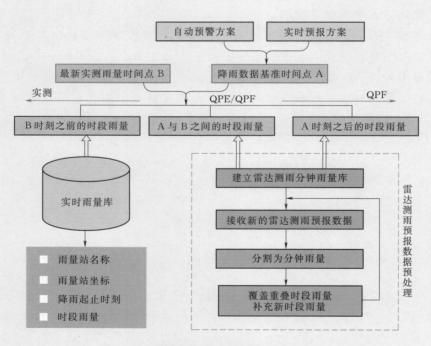

气象定量预报数据与系统的融合

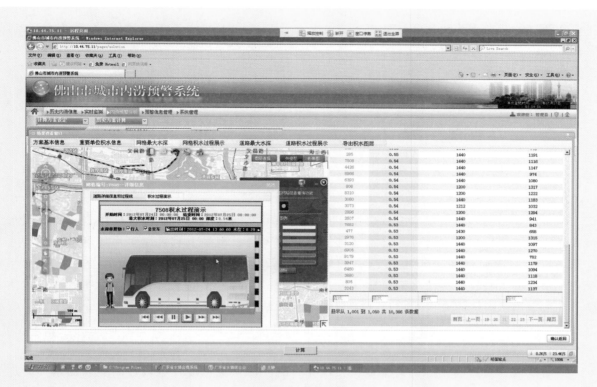

城市内涝预警系统

完 成 单 位：中国水利水电科学研究院、上海市防汛信息中心

主要完成人员：程晓陶、李娜、冯杰、陈升、王静、杨志勇、王艳艳、杜晓鹤、刘家宏、田庆奇

联 系 人：李娜　　　　　　　　　　　　　　联系电话：010 - 68781755

邮 箱 地 址：lina@iwhr.com

任务来源：水利部公益性行业科研专项经费项目
完成时间：2010—2013 年
获奖情况：2016 年度大禹水利科学技术二等奖

高精度大流量计量标准装置及
关键技术研究与应用

水量计量是实现水量单位统一、保证量值准确可靠的活动，关系国计民生。随着我国水利事业的发展、计量技术的进步，水量计量器具在种类、型号上越来越多，量测设备的尺寸也越来越大，特别是在用于贸易结算的城市供热、供水、供电行业所用的公称口径大于DN300mm 的大口径、大流量计量器具数量逐年增多，而传统的水量计量技术和方法已无法满足其检定需求。同时，由于大口径流量计的贸易结算额较大，如果计量不准，将给贸易双方造成巨大经济损失。因此，结算双方对计量的准确性十分重视，这也对高精度、大流量、大口径、高流速管流标准计量装置提出了更高的要求。

针对我国目前对高精度、大流量、大口径、高流速管流标准计量装置的迫切需求，为进一步加强和规范水大流量计量的量值溯源体系建设、确保水大流量计量的可靠性和准确性、提高水量计量的管理水平，本项目开展了高精度大流量计量标准装置及关键技术研究。主要研究内容包括：

（1）高精度水大流量计量关键技术，包括高精度水大流量计量的换向器技术和高精度计时器技术。

（2）管道流量计现场计量校准技术，包括管道电磁流量计、超声流量计现场计量校准测试系统。

（3）水量计量技术标准体系和水量量测设备检定/校准标准体系。

主要技术创新

（1）建立了以静态质量法为核心的水大流量量值溯源技术平台，研制了高精度的换向器、毫秒级计时器、大流量计量标准装置，提高了水大流量量值溯源的精度，流量测量扩展不确定度达到 0.0356%，最大流量 7200m³/h，最大口径 800mm，最大流速 45.0m/s（对应于口径 100mm），可对 500mm 以上大口径流量计进行实流检定，实现了大口径流量高速流动检定的突破，达到国际领先水平，为水大流量计量工作提供了技术支撑和技术指南，进一步规范了水大流量计量的量值溯源和量值传递，提高了水大流量计量的精度和互校准确性，拓展了水利技术监督的社会化服务领域。

（2）提出了用高精度超声流量计作为标准计量器具对不同管径的管道流量计在线校准新方法。运用大量实验数据统计分析，构建了相对示值误差、重复性、测量偏差三项主要校验指标的指标体系，解决了水大流量计合格性评定关键性的技术难题。

（3）构建了水量计量技术标准体系和水量量测设备检定/校准标准体系，研制了《水量计量技术标准体系表》和《水量量测设备计量检定/校准标准体系表》，填补了水量计量领域的空白，为我国水量计量技术标准的发展规划提供了重要的参考依据。编制的《水大流量计量规程》（草案）和《管道取水流量计在线实流校验技术要求》（草案），分别适用于封闭管道（$DN \geqslant 300$）的流量计检定、管道取水现场不可拆卸流量计（$DN100 \sim 2500$）的校验，为相关标准的制定奠定了技术基础。

推广应用情况

高精度大流量计量标准装置已在白鹤滩最大容量水电机组（1000MW）、哈尔滨电气动力装备有限公司核主泵全流量试验台核电机组（1000MW）、浙江仙居单机容量最大的抽水蓄能机组（375MW）等18个重大水利水电工程的模型试验及流量计量中应用；管道流量计现场计量校准技术研究成果已在武汉市平湖门水厂、中电投江西电力有限公司新昌发电分公司等7个单位的流量计在线校准中应用；研制的《水量计量技术标准体系表》和《水量量测设备计量检定/校准标准体系表》中提出的12项拟编标准、6项标准合并优化建议已在水利部2014版《水利技术标准体系表》中得到采纳；编制的《水大流量计量规程》（草案）、《管道取水流量计在线实流校验技术要求》（草案），为相关标准制订工作提供了重要的技术参考依据。

代表性图片

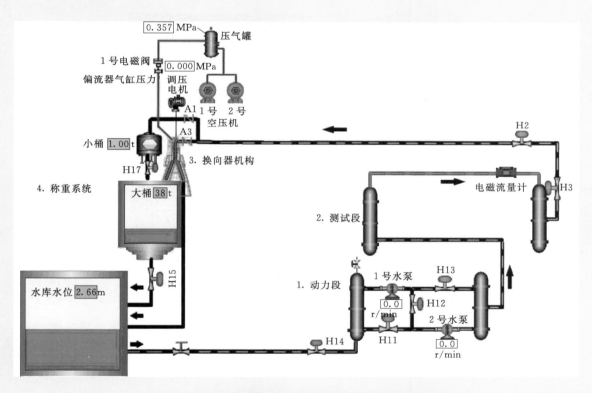

静态质量法水流量标准装置总体布置图

高精度水大流量计量换向器

大口径管道流量计现场实流校准（Z法）

完　成　单　位：中国水利水电科学研究院、长江水利委员会长江科学院、中国水利学会
主要完成人员：邓湘汉、陆力、王黎、吴剑、徐红、孟晓超、朱雷、魏国远、张建光、陈颖等
联　　系　　人：徐红
联系电话：010 - 68781329　15011067828
邮　箱　地　址：xuhong@iwhr.com

优秀成果汇编
——纪念中国水利水电科学研究院组建60周年

其他奖励

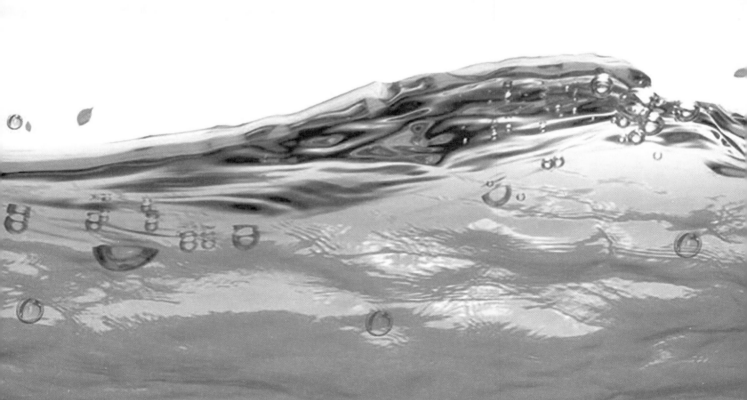

任务来源：国家文物局

完成时间：2009—2011 年

获奖情况：2011 年联合国教科文组织亚太遗产保护卓越奖

贵州安顺古代乡村水利系统价值挖掘与展示

　　鲍屯乡村水利工程是贵州屯堡文化区域内保存较好且在运行的古代水利工程，迄今已有 400 年的历史。本项目在文献考证、实地考察的基础上，研究了鲍屯乡村水利工程的规划、建筑特点和工程体系的运行机理，以及可持续利用原则下的保护措施，并修复了现存水碾房，制作了《屯堡文化背景下的贵州鲍屯古代乡村水利工程》展板、画册和多媒体等。

　　主要技术创新

　　该项目为国家文物局"指南针计划"试点项目，首次将古代水利工程的价值挖掘与水利工程遗产展示、修复等工作结合起来，为此后水利工程遗产的保护、传承与利用提供了经验与启示。

　　代表性图片

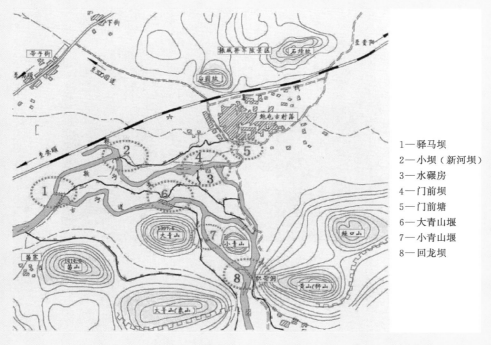

1—驿马坝
2—小坝（新河坝）
3—水碾房
4—门前坝
5—门前塘
6—大青山堰
7—小青山堰
8—回龙坝

鲍屯乡村水利工程体系平面布置图

汛期回龙坝泄水情景

修复后的水碾房

完 成 单 位：中国水利水电科学研究院
主 要 完 成 人 员：谭徐明、王英华、朱云枫、邓俊、李云鹏、万金红、王力
联 系 人：李云鹏 联系电话：010－68786983
邮 箱·地 址：liyp@iwhr.com

任务来源： 瑞典国际发展署（SIDA）项目/水利部推广项目
完成时间： 2009—2013 年
获奖情况： 全球人居环境奖/绿色技术奖（2014）

中国太阳能光伏提水修复
草场和农田技术

　　本项成果针对中国西北部干旱/半干旱草原和绿洲农业区的生态系统保护与修复问题，集成太阳能光伏提水技术、微尺度区域水资源评价技术、考虑水资源承载力的灌溉系统规划技术、高效节水灌溉技术等，提出了适合西北地区的光伏提水修复草场和农田成套技术方案。本项成果克服了传统柴电动力驱动的灌溉系统的不足，采用光伏提水，摆脱了对公共能源（电网）系统的依赖，且绿色无污染；不仅大幅提高了草场的生产力，也解决了分散式游牧居民人畜饮用供水问题，使远离电网和居住分散地区的牧民生产生活得到了明显改善，社会经济效益和生态效益显著。本项技术获得了水利部推广项目的资助，在青海、内蒙古、新疆、西藏等地开展了适应性研究，将原有的草场灌溉扩展到农田及林果灌溉上，集成研发了适用于农田及林果灌溉的成套技术设备。2014 年，项目组综合草场和农田灌溉的研究和示范成果，系统形成了"中国太阳能光伏提水修复草场和农田技术"，赢得了国际同行的高度赞誉。联合国环境规划署组织的国际专家委员会对该项技术的评价意见为："太阳能提水系统推动了可再生能源技术的创新和实践，实现了水资源的高效利用，修复了草原生态系统，增加了农牧民的收入，减少了温室气体排放，促进了边远地区的可持续发展。更为重要的是，该项目是由一批拥有不同技术专长和不同文化背景的娴熟专家领导，能够借鉴国际的先进理念和成功经验，体现了集体智慧"，建议授予全球人居环境奖/绿色技术奖。

　　主要技术创新

　　（1）开展灌溉草地水循环的观测试验，定量揭示了草原局地水循环的平衡原理。

　　（2）综合应用太阳能资源评价技术、微尺度区域水资源评价技术、草场灌溉需水预测技术等，提出了"水—能"耦合的太阳能提水灌溉修复草场的最佳匹配模式。

　　（3）以降水为条件、牧草产量为目标，建立了灌溉草场"ET 通量—灌溉水量—入渗量—地下水位"多元数量关系式，为生态修复方案的可持续性评价提供了基础支撑。

　　（4）集成研发了适用于草场和农田灌溉的成套技术设备，针对草场牧草品种和农田作物种类编制了相应的优化灌溉制度。

　　推广应用情况

　　本项成果在内蒙古包头市达茂旗、青海果洛州玛沁县、青海海北州刚察县、新疆昌吉州呼图壁县、西藏日喀则市等地开展了技术应用，形成了适合我国不同地区草原和农田特点的太阳能提水灌溉系统，集成太阳能光伏板、辐射跟踪控制设备、光伏水泵与控制技术、节水灌溉设备与技术等开展了工程示范，示范区面积超过 1000hm²。本项技术的应用通过较小的草场及农田灌溉系统建设，大大提升了单位面积的饲草料产量，使得大面积草场春季牧草返青期的休牧成为可能，实现了"小建设、大保护"，取得了显著的经济社会和生态效益。同时，采用太阳能光伏技术替代传统的柴电动力系统，减少了碳排放，具有固碳减排等综合效益。

代表性图片

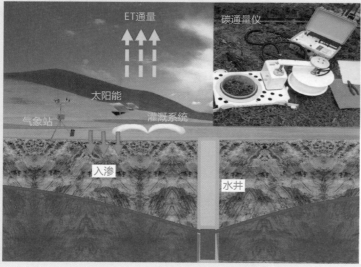

青海省刚察县实验点及观测技术方案图

光伏提水灌溉草场（左：青海刚察县）与农田（右：内蒙古达茂旗）技术示范

完 成 单 位：中国水利水电科学研究院、国际应用能源技术创新研究院、瑞典皇家理工学院、玛拉达琳大学、青海省水利水电科学研究所

主要完成人员：王浩、严晋跃、高占义、王建华、刘家宏、余根坚、P. E. Campana、于赢东、陈根发、高学睿、邵薇薇、徐鹤、张君、李海龙、李润杰

联 系 人：刘家宏　　　　　　　　　　联系电话：010－68781936

优秀成果汇编
——纪念中国水利水电科学研究院组建60周年

附　　录

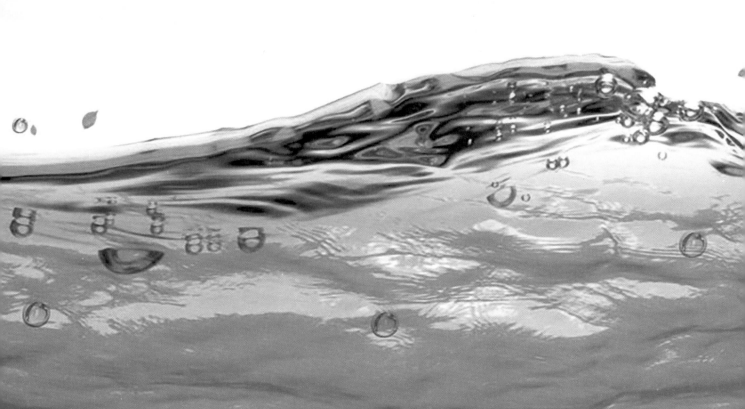

附录一　中国水利水电科学研究院组建以来主要获奖项目一览表

序号	获奖项目名称	获奖年份	获奖名称/等级
1	《中国水文图集》及区域性水文手册和水文图集〔各省、市、自治区（除西藏、上海、天津）水利部门、水文总站〕	1978	全国科学大会奖
2	P-100型调速器振动处理、调速系统动态分析及最佳参数整定	1978	全国科学大会奖
3	地基和土坝饱和沙土液化问题的试验研究	1978	全国科学大会奖
4	地下排灌技术	1978	全国科学大会奖
5	定向爆破筑坝技术	1978	全国科学大会奖
6	多沙河流水库下游河道演变研究及估算方法	1978	全国科学大会奖
7	拱坝应力计算分析法的改进	1978	全国科学大会奖
8	洪积及残积红黏土筑防渗体技术	1978	全国科学大会奖
9	化学灌浆材料及工艺	1978	全国科学大会奖
10	混凝土防渗墙技术	1978	全国科学大会奖
11	火电厂供水工程温差异重流理论的研究和应用	1978	全国科学大会奖
12	历史洪水调查及考证	1978	全国科学大会奖
13	刘家峡水电站	1978	全国科学大会奖
14	钱塘江河口涌潮观测及潮汐水力计算的研究	1978	全国科学大会奖
15	人民胜利渠引黄灌区灌溉除涝和防治盐碱化的研究	1978	全国科学大会奖
16	软土地基建闸（坝）的经验	1978	全国科学大会奖
17	三门峡水利枢纽改建及泥沙处理	1978	全国科学大会奖
18	数字式集中检测装置：JS-400数字式集中检测装置	1978	全国科学大会奖
19	水库异重流排沙研究	1978	全国科学大会奖
20	水轮机组能量、振动、气蚀的现场试验及缺陷处理	1978	全国科学大会奖
21	水下岩塞爆破	1978	全国科学大会奖
22	水坠法筑坝及水力冲填技术	1978	全国科学大会奖
23	橡胶坝新技术	1978	全国科学大会奖

续表

序号	获奖项目名称	获奖年份	获奖名称/等级
24	新安江水电站	1978	全国科学大会奖
25	岩石河床局部冲刷的估算及模拟	1978	全国科学大会奖
26	以礼河高水头电站压力钢管道试验研究	1978	全国科学大会奖
27	用暴雨及流量资料推求设计洪水的方法	1978	全国科学大会奖
28	闸门振动的观测研究	1978	全国科学大会奖
29	《水利水电工程地质》	1978	水电部表彰电力科技成果
30	差动电阻式内部观测仪器系列	1978	水电部表彰电力科技成果
31	大体积高块混凝土浇筑	1978	水电部表彰电力科技成果
32	大型三轴剪力仪	1978	水电部表彰电力科技成果
33	多道地震仪	1978	水电部表彰电力科技成果
34	防治闸门门槽空蚀的试验研究	1978	水电部表彰电力科技成果
35	冯家山溢流洪洞通气槽防气蚀试验研究	1978	水电部表彰电力科技成果
36	环氧树脂材料在水工建筑物中的应用	1978	水电部表彰电力科技成果
37	密云抽水蓄能电站	1978	水电部表彰电力科技成果
38	泉水电站双曲薄拱坝设计及原型蓄放水试验观测	1978	水电部表彰电力科技成果
39	三向渗流电阻网模型试验研究及灯示相敏电渗仪	1978	水电部表彰电力科技成果
40	水轮机模型叶片侧会仪	1978	水电部表彰电力科技成果
41	塑料止水带试验研究及应用	1978	水电部表彰电力科技成果
42	有限单元法在水工计算中的应用	1978	水电部表彰电力科技成果
43	丰满水电站泄水洞水下岩塞爆破	1979	电力部电力工业重大科技成果一等奖
44	乌江渡水电站右岸泄洪洞溢流面压力分布的有限元计算	1979	电力部电力工业重大科技成果二等奖（论文）
45	混凝土减水剂	1979	电力部电力工业重大科技成果三等奖
46	明流泄洪洞、明流底孔短管进口及深孔明流泄水道进口型式的研究	1979	电力部电力工业重大科技成果三等奖（论文）
47	弹性水锤对水电站调节稳定的影响	1980	电力部电力工业重大科技成果二等奖（论文）
48	掺气浓度测量仪	1980	电力部电力工业重大科技成果三等奖
49	SK 聚氨酯灌浆技术	1981	水电部电力工业重大科技成果二等奖
50	双螺旋型波纹塑料排水管研究应用	1981	水电部电力工业重大科技成果二等奖
51	滴水灌溉新技术研发与推广	1982	国家农委重大科技成果推广一等奖
52	高含沙引洪淤灌	1982	国家农委重大科技成果推广一等奖
53	水工混凝土温度应力的研究	1982	国家自然科学奖三等奖

序号	获奖项目名称	获奖年份	获奖名称/等级
54	水电设备质量调查研究报告	1982	水电部电力工业重大科技成果二等奖（论文）
55	四川电力系统水电站群水库优化调度	1982	水电部电力工业重大科技成果三等奖
56	乌江渡水电站高速水流原型观测	1983	水电部电力工业重大科技成果二等奖
57	窄缝式消能工的研究与应用	1983	水电部电力工业重大科技成果三等奖（论文）
58	水工混凝土掺用粉煤灰技术的研究及应用	1984	水电部电力工业重大科技成果二等奖
59	新型消能工在安康水电站的应用	1984	水电部电力工业重大科技成果二等奖
60	拱坝优化设计	1984	水电部电力工业重大科技成果二等奖（论文）
61	水槽子水电站水库增设排沙洞后的库容恢复	1984	水电部电力工业重大科技成果二等奖（论文）
62	水槽子水库增设排沙洞后的库容恢复	1984	水电部电力工业重大科技成果二等奖（论文）
63	土坝坝体灌浆的研究	1984	水电部电力工业重大科技成果二等奖（论文）
64	轴流式水轮机和混流式水轮机压水的模型试验研究	1984	水电部电力工业重大科技成果二等奖（论文）
65	ZY－76型钻孔弹模仪	1984	水电部电力工业重大科技成果三等奖
66	东江工程抗震问题分析研究	1984	水电部电力工业重大科技成果三等奖
67	东江水电站坝基三维渗流和应力分析及其处理方案的研究	1984	水电部电力工业重大科技成果三等奖
68	东江水电站坝踵前F3断层对大坝工程的影响	1984	水电部电力工业重大科技成果三等奖
69	水工混凝土试验规程（SD 105—82）	1984	水电部电力工业重大科技成果三等奖
70	粉细砂层内辐射井成井工艺的试验研究	1984	水电部电力工业重大科技成果三等奖（应用科研）
71	饱和砂砾料在振动和往返加荷下的液化特性	1984	水电部电力工业重大科技成果三等奖（论文）
72	破开算子法在二维潮流及污染场计算中的应用	1984	水电部电力工业重大科技成果三等奖（论文）
73	自然风对冷却塔特性的研究	1984	水电部电力工业重大科技成果三等奖（论文）
74	葛洲坝二、三江工程及其水电机组	1985	国家科学技术进步特等奖
75	丰满水电站泄水洞水下岩塞爆破工程	1985	国家科学技术进步一等奖

续表

序号	获奖项目名称	获奖年份	获奖名称/等级
76	地质力学模型试验技术及其在坝工建设中的应用	1985	国家科学技术进步二等奖
77	宽尾墩、窄缝挑坎新型消能工及掺气减蚀的研究和应用	1985	国家科学技术进步二等奖
78	全国水资源初步评价	1985	国家科学技术进步二等奖
79	DH 型混凝土高效减水剂的研究和应用	1985	国家科学技术进步三等奖
80	差动式电阻式应变计等六项国家标准	1985	国家科学技术进步三等奖
81	粉煤灰的超量取代技术在水工混凝土中的研究和应用	1985	国家科学技术进步三等奖
82	高效低成本的滴灌技术的研究和应用	1985	国家科学技术进步三等奖
83	四川电力系统水电站群水库优化调度的研究	1985	国家科学技术进步三等奖
84	滴水灌溉新技术研发与推广	1985	国家科学技术进步三等奖
85	软岩石风化料基本特性及作高土石坝防渗材料工程性质	1986	水电部科技进步一等奖
86	水电站大型地下洞室围岩稳定和支护的计算分析和测试技术的研究	1986	水电部科技进步一等奖
87	大型高压土工试验设备研制	1986	水利部科技进步二等奖
88	富春江水电厂多微机分布控制系统（一期工程）	1986	水电部科技进步二等奖
89	恒压供水半固定管道式喷灌系统试验工程的研究与建设	1986	水利部科技进步二等奖
90	拱坝静动力分析程序 ADAP－CH84 和二滩抛物线拱坝抗震分析研究	1986	水电部科技进步二等奖（论文）
91	混凝土断裂力学研究及其在水工结构中的应用	1986	水电部科技进步二等奖（论文）
92	新安江水电站厂房顶溢流观测	1986	水电部科技进步二等奖（论文）
93	全国 9 省市土壤与作物背景值的研究	1986	农业部科技进步二等奖
94	黄河龙羊峡近坝库岸高边坡稳定研究（施工期）	1986	水利部科技进步三等奖
95	碾压混凝土筑坝技术研究	1986	水电部科技进步三等奖
96	火（核）电厂冷却水数值模拟新方法—分步杂交法	1986	水电部科技进步三等奖
97	核电站冷却水远区热核污染数值计算的一种新方法	1986	水电部科技进步三等奖（论文）
98	水利机械转轮内部流动的三维有限元计算	1986	水电部科技进步三等奖（论文）
99	湖南镇大坝横河向抗震及观测分析	1986	水电部科技进步四等奖
100	聚氯乙烯波纹排水管加工工艺及设备的研制	1987	国家科学技术进步二等奖
101	水电站大型地下洞室围岩稳定和支护的计算分析和测试技术	1987	国家科学技术进步二等奖

序号	获奖项目名称	获奖年份	获奖名称/等级
102	富春江水电厂多微机分布控制系统（一期工程）	1987	国家科学技术进步三等奖
103	软岩风化料基本特性及作高土石坝防渗材料工程特性的研究	1987	国家科学技术进步三等奖
104	土的液化研究	1987	国家自然科学奖四等奖
105	高精度水力机械模型通用试验台	1987	能源部科技进步一等奖
106	水轮机调速器动态特性测试系统	1987	能源部科技进步一等奖
107	高压大型土工试验成套设备研制	1987	能源部科技进步二等奖
108	拱坝优化方法、程序与应用	1987	能源部科技进步二等奖
109	水库淤积与河床演变通用数学模型研究	1987	能源部科技进步二等奖
110	大体积混凝土温度徐变应用研究	1987	能源部科技进步二等奖（论文）
111	冯家山水库泄洪洞通气碱蚀原型观测研究报告	1987	陕西省科技进步二等奖
112	DS-30型动态水位仪	1987	能源部科技进步三等奖
113	DYJ-I型电液振动扭剪三轴仪	1987	能源部科技进步三等奖
114	大型三维电网络渗流试验装置及其在复杂岩基渗流分析中的应用	1987	能源部科技进步三等奖
115	CA型气压式混凝土含气量测定仪	1987	能源部科技进步四等奖
116	PVC止水带	1987	能源部科技进步四等奖
117	SK-E浆材及应用	1987	能源部科技进步四等奖
118	拱坝优化方法、程序与应用	1988	国家科学技术进步二等奖
119	水库淤积与河床演变通用数学模型研究	1988	国家科学技术进步三等奖
120	中国水资源利用	1988	能源部科技进步二等奖
121	地下洞室光测模型试验和在工程实践中的应用	1988	能源部科技进步二等奖
122	拱坝抗震设计关键技术问题研究	1988	能源部科技进步二等奖（论文）
123	贴体坐标法在水力机械内部流动分析中的应用	1988	能源部科技进步二等奖（论文）
124	官厅水库防淤减淤综合措施研究	1988	能源部科技进步三等奖
125	变雨强单位线法和时段单位线用表	1988	能源部科技进步三等奖（论文）
126	地下水蒸发影响下农田排水沟（管）间距的非稳定渗流数值解	1988	能源部科技进步三等奖（论文）
127	冷却塔流场及阻力计算	1988	能源部科技进步三等奖（论文）
128	绕物体水流中固体颗粒运动轨迹和冲击作用计算	1988	能源部科技进步三等奖（论文）
129	下游坝面压力管道的优化设计	1988	能源部科技进步三等奖（论文）
130	水利系统水分析质量控制	1988	能源部科技进步四等奖
131	山西尊村引黄工程一级站水泵技术改造	1988	能源部科技进步四等奖
132	筒井防冻试验研究	1988	能源部科技进步四等奖
133	卫河流域水质调查与评价	1988	能源部科技进步四等奖

续表

序号	获奖项目名称	获奖年份	获奖名称/等级
134	遥感卫星相片在内蒙古西部地下水资源调查中的应用	1988	能源部科技进步四等奖
135	高精度水力机械模型通用试验台	1989	国家科学技术进步二等奖
136	水轮机调速器动态特性测试系统	1989	国家科学技术进步二等奖
137	中国水资源利用	1989	国家科学技术进步二等奖
138	华北地区水资源数量质量及可利用量的研究	1989	国家科学技术进步三等奖
139	营口新港利用温排水缓冰试验研究	1989	能源部科技进步一等奖
140	冷却水运动模型相似性研究	1989	能源部科技进步一等奖（论文）
141	大型减压箱的设计与研制	1989	能源部科技进步二等奖
142	压实计的研制及工程应用研究	1989	能源部科技进步二等奖
143	水工结构与地基渗流荷载分析	1989	能源部科技进步二等奖（论文）
144	岩滩水电站应用宽尾墩戽式消力池的试验研究	1989	能源部科技进步二等奖（论文）
145	粉煤灰节约水泥应用技术研究——粉煤灰混凝土三向特性研究	1989	能源部科技进步三等奖
146	应用于双曲型方程的变区域有限元法	1989	能源部科技进步三等奖（论文）
147	YS-1型压实计的研制与工程应用研究	1990	国家科学技术进步二等奖
148	掺气条件下不平速度控制标准及临界免蚀掺气的原型研究	1990	国家科学技术进步三等奖
149	利用电厂温排水缓解营口新港冰冻的试验研究	1990	能源部科技进步一等奖
150	边坡稳定分析的极限平衡法	1990	能源部科技进步一等奖（论文）
151	黄龙潭水电厂水情测报和防洪调度自动化系统	1990	能源部科技进步二等奖
152	地下洞室光测模型试验及在工程中应用	1990	能源部科技进步二等奖
153	超温水体水面蒸发与散热的试验研究	1990	能源部科技进步二等奖（论文）
154	家庭草库仑水利建设	1990	内蒙古自治区农牧业丰收二等奖
155	二滩混凝土拱坝温度徐变应力分析	1990	能源部科技进步三等奖
156	三维土石坝有限元网络自动生成系统	1990	能源部科技进步三等奖（论文）
157	双流体、低雷诺数的紊流模型在火电厂工程中的应用	1990	能源部科技进步三等奖（论文）
158	二滩水电站枢纽地基三维渗流有限元计算	1990	能源部科技进步四等奖
159	黄河小浪底多级孔板消能方案碧口中间试验	1990	能源部科技进步四等奖
160	水利电力部标准"混凝土坝监测仪器系列型谱"	1990	能源部科技进步四等奖
161	天然水十八项水质标准无机分析方法的研究与验证	1990	能源部科技进步四等奖

序号	获奖项目名称	获奖年份	获奖名称/等级
162	低压管道输水灌溉技术研究和推广	1991	国家科学技术进步二等奖
163	钱塘江水下防护工程的研究与实践	1991	国家科学技术进步二等奖
164	黄龙滩水电厂水情测报和防洪调度自动化系统	1991	国家科学技术进步三等奖
165	混凝土断裂力学在柘溪大头坝裂缝研究和加固中的应用	1991	国家科学技术进步三等奖
166	高坝地基处理技术研究	1991	国家科学技术进步三等奖
167	宽尾墩消力池联合消能工	1991	国家发明三等奖
168	三峡水轮机通流部件优化计算及试验研究	1991	国家"七五"重点科技攻关计划优秀科技成果
169	三峡水轮机通流部件优化计算及试验研究	1991	国家重大技术装备成果一等奖
170	东风双曲拱坝防治裂缝的研究	1991	能源部科技进步一等奖
171	二滩坝基岩体稳定性评价及可利用岩体质量的研究	1991	能源部科技进步一等奖
172	高拱坝体型优化及结构设计的研究	1991	能源部科技进步一等奖
173	泥沙运动随机理论研究	1991	能源部科技进步一等奖（论文）
174	二滩枢纽工程泄洪和消能研究	1991	能源部科技进步二等奖
175	高坝的抗震设计	1991	能源部科技进步二等奖
176	龙滩、漫湾混凝土坝与地基联合作用仿真分析	1991	能源部科技进步二等奖
177	龙羊峡大坝安全监测及反馈	1991	能源部科技进步二等奖
178	龙羊峡重力拱坝变形过程及转异特征研究	1991	能源部科技进步二等奖
179	西北口混凝土石板堆石坝研究	1991	能源部科技进步二等奖
180	水力热力模拟的几何变态效应	1991	能源部科技进步二等奖（论文）
181	紊流诱发水工结构振动的模拟实验	1991	能源部科技进步二等奖（论文）
182	东风混凝土坝的温度控制、防裂优化设计及特殊浇筑块的温度应力分析	1991	能源部科技进步三等奖
183	龙羊峡水电站低水头发电水轮机模型试验研究	1991	能源部科技进步三等奖
184	明渠瞬变流最优等容量控制	1991	能源部科技进步三等奖（论文）
185	耦合求解速度压力的非交错网格法	1991	能源部科技进步三等奖（论文）
186	上海南市电厂冷却水排水口改建工程研究	1991	能源部科技进步四等奖
187	高坝坝基岩体稳定性评价	1992	国家科学技术进步一等奖
188	广东核电站港口和取排水口布置方案研究	1992	国家科学技术进步一等奖
189	高混凝土拱坝防裂技术及其在东风工程中的应用	1992	国家科学技术进步二等奖
190	漫湾水电站左岸边坡稳定专题研究	1992	国家科学技术进步三等奖
191	湖南东江水电站双曲拱坝坝基背管的设计与施工	1992	国家科学技术进步三等奖

序号	获奖项目名称	获奖年份	获奖名称/等级
192	中国水资源评价	1992	国家科学技术进步三等奖
193	重力拱坝变形过程及转异特性研究	1992	国家科学技术进步三等奖
194	华北地区及山西能源基地水资源研究	1992	能源部科技进步一等奖
195	土质防渗体高土石坝研究	1992	能源部科技进步一等奖
196	大型低扬程水泵新技术——南水北调东线工程斜式轴流泵装置水力模型研究及大泵研制	1992	能源部科技进步二等奖
197	东风水电站高混凝土坝快速施工技术研究	1992	能源部科技进步二等奖
198	堆石料、垫层料的动力特性研究	1992	能源部科技进步二等奖
199	混凝土大坝安全监测技术规范	1992	能源部科技进步二等奖
200	南水北调东线工程斜式轴流泵装置水力模型及大型低扬程水泵	1992	能源部科技进步二等奖
201	在水轮机调节系统动力学分析中描述水轮机特性的一种新方法	1992	能源部科技进步二等奖
202	大孔隙地层水泥膏浆灌浆技术	1992	能源部科技进步二等奖（论文）
203	混凝土重力坝在运转期的温度应力及其对坝体的影响	1992	能源部科技进步二等奖（论文）
204	深度平均的紊流全场水环境新模型及其在大水域冷却池中的应用	1992	能源部科技进步二等奖（论文）
205	定向爆破筑高坝设计技术研究	1992	能源部科技进步三等奖
206	李家峡拱坝下游坝面压力管道非线性有限元全过程分析和仿真结构模型试验研究	1992	能源部科技进步三等奖
207	孟加拉国吉大港 1×210MW 火力发电厂补给水系统瞬变过程数值模型与计算	1992	能源部科技进步三等奖
208	蒲城电厂挡灰坝坝型及地基处理方案论证	1992	能源部科技进步三等奖
209	深层变位计	1992	能源部科技进步三等奖
210	十三陵抽水蓄能电站调压井水力学及水力瞬变过程计算	1992	能源部科技进步三等奖
211	水泵模型试验台	1992	能源部科技进步三等奖
212	土石坝设计计算程序微机系列软件包 ASED	1992	能源部科技进步三等奖
213	大坝安全监测的位移分布数学模型	1992	能源部科技进步三等奖（论文）
214	积深形式的不平衡输沙方程研究	1992	能源部科技进步三等奖（论文）
215	节理岩体的数值分析	1992	能源部科技进步三等奖（论文）
216	空泡在变比附近溃灭的实验室研究	1992	能源部科技进步三等奖（论文）
217	内蒙古牧区水利发展方向与途径的研究	1992	能源部科技进步三等奖（论文）

续表

序号	获奖项目名称	获奖年份	获奖名称/等级
218	大流量高扬程（FT6.5）立轴风力提水机组研制	1992	能源部科技进步四等奖
219	人民胜利渠灌区水盐监测	1992	能源部科技进步四等奖
220	乌拉泊水库除险加固工程计算分析	1992	能源部科技进步四等奖
221	GB 嵌缝止水材料	1992	能源部第二届电力行业新技术新产品银奖
222	硅粉混凝土新型修补材料	1992	能源部第二届电力行业新技术新产品银奖
223	药卷式锚固剂	1992	能源部第二届电力行业新技术新产品银奖
224	黄淮海平原中低产地区综合治理研究与开发	1993	国家科学技术进步特等奖
225	土质防渗体高土石坝研究	1993	国家科学技术进步一等奖
226	龙滩及漫湾混凝土坝与地基联合作用仿真分析	1993	国家科学技术进步三等奖
227	应用于大型水轮发电机组的高能氧化锌非线性电阻	1993	国家科学技术进步三等奖
228	泥沙运动随机理论研究	1993	国家自然科学三等奖
229	长江三峡工程防护问题研究	1993	水利部科技进步一等奖
230	中国历史大洪水	1993	水利部科技进步一等奖
231	水电站群优化补偿调节及三峡水库综合利用优化调度	1993	电力部科技进步一等奖
232	比转数 1200 轴流泵水力模型研究及系列产品开发	1993	水利部科技进步二等奖
233	深度平均的紊流全场水环境新模型及其在大水域冷却池中的应用	1993	电力部科技进步二等奖
234	漫湾水电站 1993 年非正常度汛安全性及对策研究	1993	电力科技应用二等奖
235	牧区家庭草库伦（草牧场）节水节能高效模式化试验研究	1993	水利部科技进步三等奖
236	新型 350ZLK－2.7 立式开敞轴流泵的开发应用	1993	水利部科技进步三等奖
237	标准水样系列研制	1993	水利部科技进步四等奖
238	牧场供水经济效益试验研究	1993	水利部科技进步四等奖
239	中华人民共和国国家标准《粉煤灰混凝土应用技术规范》（GBJ 146—90）	1994	水利部科技进步二等奖
240	水流中颗粒跃移参数的试验研究	1994	水利部科技进步二等奖（论文）

序号	获奖项目名称	获奖年份	获奖名称/等级
241	土石坝筑坝材料基本参数数据库系统及参数取值	1994	水利部科技信息二等奖
242	博湖西泵站技术改造的研究与实施	1994	新疆维吾尔自治区科技进步二等奖
243	全国主要水系本底值站水质调查研究	1994	水利部科技进步三等奖
244	动床水流卡门常数变化规律的研究	1994	水利部科技进步三等奖（论文）
245	关于边壁校正方法的进一步研究	1994	水利部科技进步三等奖（论文）
246	引水工程环流冲沙槽研究	1994	水利部科技进步三等奖（论文）
247	高坝安全监测技术及反馈	1995	国家科学技术进步二等奖
248	天生桥二级水电站岩质高边坡稳定分析与治理研究	1995	国家科学技术进步二等奖
249	长江三峡工程防护问题研究	1995	国家科学技术进步二等奖
250	中国历史大洪水调查与研究分析	1995	国家科学技术进步二等奖
251	比转数 1200 轴流泵水力模型及系列产品开发	1995	国家科学技术进步三等奖
252	汕头电厂、沙角电厂 C 厂冷却水工程试验研究	1995	国家科学技术进步三等奖
253	散粒体地基上土石坝混凝土防渗墙研究	1995	国家科学技术进步三等奖
254	小浪底工程进水塔群结构安全分析和孔板塔抗震模型试验	1995	国家科学技术进步三等奖
255	黄河小浪底枢纽泥沙问题研究	1995	水利部科技进步一等奖
256	三门峡水电站水轮机过流部件全汛期抗磨蚀材料试验研究	1995	水利部科技进步一等奖
257	三峡回水变动区泥沙模型试验研究	1995	水利部科技进步一等奖
258	面板堆石坝混凝土面板防裂技术	1995	水利部科技进步二等奖
259	水工碾压混凝土施工规范	1995	水利部科技进步二等奖
260	鲁布革水电站泄水建筑物综合观测及分析反馈	1995	电力部科技进步二等奖
261	七十一项水质国家环境标准和制订	1995	国家环保局二等奖
262	黄河下游河道输沙能力分析	1995	水利部科技进步三等奖（论文）
263	刘家峡水电站增建洮河河口排沙洞工程动床模型试验研究	1995	电力部科技进步三等奖
264	热力管网瞬变泄漏检测理论的研究	1995	电力部科技进步三等奖
265	水电站泄水建筑物病害及防治调查报告	1995	电力部科技进步三等奖
266	高边坡稳定分析处理技术	1996	国家"八五"重点科技攻关计划优秀科技成果
267	华北地区宏观经济水资源规划管理的研究	1996	国家"八五"重点科技攻关计划优秀科技成果
268	普定碾压混凝土拱坝筑坝新技术研究	1996	国家"八五"重点科技攻关计划优秀科技成果

序号	获奖项目名称	获奖年份	获奖名称/等级
269	华北水资源宏观经济水资源规划管理研究	1996	水利部科技进步一等奖
270	岩质高边坡稳定分析方法和软件系统	1996	电力部科技进步一等奖
271	大型水电站机组全自动清污滤水器研制	1996	电力部科技进步二等奖
272	黄河下游游荡型河段的平面二维冲淤计算研究	1996	水利部科技进步二等奖（论文）
273	天然坝溃决的泥石流形成机理及其数学模型	1996	水利部科技进步二等奖（论文）
274	我国中东部地区酸沉降时空分布规律研究	1996	水利部科技进步三等奖
275	南水北调中线工程对丹江口水库及汉江中下游水质影响的预测研究	1996	水利部科技进步三等奖
276	东江拱坝坝体水地基动力相互作用现场试验研究	1997	国家科学技术进步二等奖
277	华北地区宏观经济水资源管理的研究	1997	国家科学技术进步二等奖
278	黄河口演变规律及整治研究	1997	水利部科技进步一等奖
279	普定碾压混凝土拱坝筑坝新技术研究	1997	电力部科技进步一等奖
280	高强度大体积混凝土材料特性研究	1997	电力部科技进步二等奖
281	岩质高边坡预应力锚固技术研究	1997	电力部科技进步二等奖
282	混凝土防渗墙墙体材料及接头型式研究	1997	电力部科技进步二等奖
283	高土石坝坝料及地基土动力工程性质研究	1997	电力部科技进步二等奖
284	塑料推力瓦技术研究	1997	电力部科技进步二等奖
285	坝体、库水和坝基相互作用动、静力分析研究	1997	电力部科技进步二等奖
286	高水头大流量泄洪消能研究	1997	电力部科技进步二等奖
287	滇池水动力特性与水质保护措施研究	1997	云南省科技进步二等奖
288	引黄渠系泥沙利用及对平原排水影响的研究	1997	水利部科技进步三等奖
289	普定碾压混凝土拱坝筑坝新技术研究	1998	国家科学技术进步一等奖
290	黄河口演变规律及整治研究	1998	国家科学技术进步二等奖
291	黄河下游游荡性河道河段整治研究	1998	国家科学技术进步二等奖
292	农业持续发展节水型灌排综合技术研究	1998	国家科学技术进步三等奖
293	高强度大体积混凝土材料特性研究	1998	国家科学技术进步三等奖
294	沟后面板坝砂砾坝破坏机理及溃决过程研究，沟后水库砂砾石面板坝失稳机理分析	1998	水利部科技进步二等奖
295	五强溪三级船闸计算机监控系统研制	1998	水利部科技进步二等奖
296	黄河口治理与水资源研究	1998	水利部科技进步二等奖
297	万家寨引黄工程大型高扬程耐磨蚀离心泵水力机型的研究	1998	水利部科技进步二等奖
298	红水河岩滩水电站溢流表孔应用宽尾墩——戽式消能池联合消能新技术	1998	广西壮族自治区科学进步二等奖

续表

序号	获奖项目名称	获奖年份	获奖名称/等级
299	河流推移质运动理论及应用	1998	水利部科技进步三等奖
300	高桥电站调压井涌浪试验及过渡过程计算	1998	水利部科技进步三等奖
301	五强溪水电站新型联合消能工的研究与应用	1998	电力部科技进步三等奖
302	拱坝动力非线性分析和试验研究及其工程应用	1999	国家科学技术进步二等奖
303	超高压大电流线路阻波器	1999	天津市科技进步一等奖
304	AMS 磁体试件结构安全考核离心试验研究	1999	水利部科技进步二等奖
305	100、200SP 型新型泥浆泵	1999	水利部科技进步二等奖
306	一体式氧化沟优化设计研究	1999	河南省科技进步二等奖
307	《泄水建筑物的破坏与防治》	1999	水利部科技进步三等奖
308	黄河下游花园口——孙口河段水沙运动仿真模型开发研究及其应用	1999	水利部科技进步三等奖
309	黄渭洛河汇流区动床模型试验研究	1999	水利部科技进步三等奖
310	土壤侵蚀坡度的界限研究	1999	水利部科技进步三等奖
311	混凝土高坝全过程仿真分析及温度应力研究与应用	2000	国家科学技术进步二等奖
312	坝体、库水和坝基相互作用动静力分析研究	2000	国家科学技术进步二等奖
313	全国水中长期供求计划研究	2000	国家科学技术进步二等奖
314	西北电网水调中心自动化系统	2000	国家电力公司科技进步二等奖
315	水中沉降物化学研究	2000	河南省科技进步二等奖
316	首都国庆 50 周年群众游行指挥调度网络系统开发	2000	北京市科技进步三等奖
317	中国水旱灾害研究	2001	国家科学技术进步二等奖
318	200m 级高坝混凝土面板堆石坝配套技术	2001	国家"九五"重点科技攻关计划优秀科技成果
319	300m 级高拱坝抗震技术研究	2001	国家"九五"重点科技攻关计划优秀科技成果
320	洪涝灾害监测评估集成系统	2001	国家"九五"重点科技攻关计划优秀科技成果
321	混凝土抗冻性的研究	2001	国家"九五"重点科技攻关计划优秀科技成果
322	激光土地精细平整及波涌成套技术	2001	国家"九五"重点科技攻关计划优秀科技成果
323	喷、微灌设备研制	2001	国家"九五"重点科技攻关计划优秀科技成果

序号	获奖项目名称	获奖年份	获奖名称/等级
324	重点工程混凝土安全性的研究	2001	国家"九五"重点科技攻关计划优秀科技成果
325	溪洛渡水电站高拱坝大流量泄洪消能关键技术的试验研究	2001	中国电力科学技术二等奖
326	三峡深水高土石围堰关键技术研究	2001	湖北省科学进步二等奖
327	天津市城区暴雨沥涝监测预警系统开发研究	2001	天津市科技进步三等奖
328	高拱坝应力控制标准研究	2002	中国电力科学技术一等奖
329	高拱坝地震应力控制标准和抗震结构工程措施研究	2002	云南省科技进步一等奖
330	小湾电站高拱坝大流量泄洪消能关键技术研究	2002	云南省科技进步一等奖
331	300米高拱坝抗震关键技术研究	2002	中国电力科学技术二等奖
332	喷灌均匀系数对土壤水分空间分布及作物产量的影响	2002	农业部科技进步二等奖
333	西北内陆盆地地下水可利用量及其分布研究	2002	国土资源部科技进步二等奖
334	亚洲水文地质图	2002	国土资源部科技进步二等奖
335	10MPa防护门试验研究	2002	中国人民解放军总参谋部科技进步二等奖
336	延长黄河口清水沟流路行水年限的研究	2002	山东省科技进步二等奖
337	官厅水库疏浚整治的可行性研究	2002	北京市科技进步三等奖
338	坝址及近坝库段滑坡体稳定性研究	2002	云南省科学技术三等奖
339	全国300个节水增产重点县建设技术推广项目	2003	国家科学技术进步二等奖
340	资源环境、区域经济空间信息共享应用网络	2003	国家科学技术进步二等奖
341	西北地区水资源合理配置和承载能力研究	2003	大禹水利科学技术一等奖
342	亚洲水文地质图	2003	河北省科技进步一等奖
343	二滩水电站高双曲拱坝水力学及流激振动原型观测	2003	大禹水利科学技术二等奖
344	隧洞衬砌外水压力研究及其在万家寨引黄工程中的应用(南干线7号洞)	2003	大禹水利科学技术二等奖
345	《水利水电工程地质勘察规范》(GB 50287—99)	2003	中国电力科学技术二等奖
346	大渗漏量、高流速溶洞地层堵漏和防渗技术	2003	中国电力科学技术二等奖
347	火、核电厂循环供水管道系统局部阻力及其相邻影响研究	2003	中国电力科学技术二等奖
348	宽尾墩——台阶式坝面联合消能工的研究及应用	2003	中国电力科学技术二等奖

序号	获奖项目名称	获奖年份	获奖名称/等级
349	龙羊峡拱坝抗震运行评价	2003	中国电力科学技术二等奖
350	复杂条件下高拱坝（300米级）建设中的应用基础研究	2003	教育部科技进步二等奖
351	井灌类型区农田高效用水模式与产业化示范	2003	河北省科技进步二等奖
352	云南务坪水库软基筑坝关键技术研究	2003	云南省科技进步二等奖
353	宁夏河套银北灌区排水工程建设	2003	宁夏回族自治区科学技术进步二等奖
354	干旱地区规模化灌溉农业类型区农业高效用水模式与产业化示范（新疆）	2003	新疆维吾尔自治区科技进步二等奖
355	航空遥感实时传输系统工程化与试运行	2003	大禹水利科学技术三等奖
356	航空遥感实时数据传输系统工程化与试运行	2003	大禹水利科学技术三等奖
357	农业涝渍灾害防御技术	2003	大禹水利科学技术三等奖
358	水、旱灾害遥感监测与评估业务运行系统的建立与试运行	2003	大禹水利科学技术三等奖
359	珠江三角洲网河及口门地区水沙动力特性分析及遥感技术应用研究	2003	大禹水利科学技术三等奖
360	永定河防洪减灾业务运行系统	2003	北京市科技进步三等奖
361	西北地区水资源合理配置与承载能力研究	2004	国家科学技术进步二等奖
362	混凝土耐久性关键技术研究及工程应用	2004	国家科学技术进步二等奖
363	长江三峡水利枢纽二期工程蓄水、通航、发电技术研究与实践	2004	湖北省科技进步特等奖
364	多级孔板消能泄洪洞的研究与工程实践	2004	大禹水利科学技术一等奖
365	节水农业技术研究与示范	2004	大禹水利科学技术一等奖
366	200m级高混凝土面板堆石坝的应用基础研究	2004	大禹水利科学技术二等奖
367	水轮机泥沙磨损性能预估技术	2004	大禹水利科学技术二等奖
368	火力发电厂干贮灰应用技术研究——盘山电厂干贮灰场工业性试验研究	2004	中国电力科学技术二等奖
369	贮灰场灰水渗漏特性及防渗技术研究	2004	中国电力科学技术二等奖
370	安阳市水资源可持续利用综合规划	2004	河南省科技进步二等奖
371	黄河中下游挖河减淤关键技术研究	2004	河南省科技进步二等奖
372	溢流混凝土面板堆石坝关键技术开发	2004	新疆维吾尔自治区科技进步二等奖
373	面向可持续发展的水价理论与实践研究	2004	大禹水利科学技术三等奖
374	宁夏引黄灌区水盐循环演化和调控	2004	大禹水利科学技术三等奖
375	火/核电厂取水防沙防杂物防污问题的研究	2004	中国电力科学技术三等奖
376	利用软岩筑面板堆石坝的应用研究	2004	中国电力科学技术三等奖

序号	获奖项目名称	获奖年份	获奖名称/等级
377	混凝土裂缝的检测、诊断修补技术的研究（专题）	2004	北京市科技进步三等奖
378	节水农业技术研究与示范	2005	国家科学技术进步二等奖
379	黄河流域水资源演变规律与二元演化模型	2005	大禹水利科学技术一等奖
380	沙牌碾压混凝土拱坝筑坝配套技术研究	2005	中国电力科学技术一等奖
381	三峡水库水污染控制研究	2005	教育部科技进步一等奖
382	长江口北支咸潮倒灌控制工程和南支水源地建设专题研究	2005	上海市科技进步一等奖
383	水利水电工程水流的精细模拟和反问题研究	2005	湖北省科技进步一等奖
384	16种水质分析有机标准物质的研制	2005	大禹水利科学技术二等奖
385	CVT-XX系列全容错直接数字控制水轮机调速器机械柜的研制	2005	大禹水利科学技术二等奖
386	洪涝灾害的监测、预报与风险管理系统研究	2005	大禹水利科学技术二等奖
387	峡谷地区高混凝土面板堆石坝关键技术应用研究	2005	中国电力科学技术二等奖
388	甘肃省昌马水库坝址右岸山体稳定研究及加固处理	2005	大禹水利科学技术三等奖
389	辽宁省区域水资源实时监控管理系统研究与示范	2005	大禹水利科学技术三等奖
390	高碾压混凝土拱坝分缝及建坝材料特性研究	2005	四川省科学技术三等奖
391	黄河流域水资源演变规律与二元演化模型	2006	国家科学技术进步二等奖
392	黄河水沙过程变异及河道复杂响应	2006	大禹水利科学技术一等奖
393	设计地震动估计与高拱坝地震反应分析方法的研究	2006	教育部科技进步一等奖
394	100m级碾压混凝土双曲薄拱坝关键技术的研究与应用——招徕河碾压混凝土拱坝温控防裂研究	2006	湖北省科技进步一等奖
395	水质自动监测系统关键技术及集成设备研制	2006	吉林省科技进步一等奖
396	宁夏经济生态广义水资源合理配置研究	2006	宁夏回族自治区科学技术进步一等奖
397	宁夏三维电子江河系统	2006	宁夏回族自治区科学技术进步一等奖
398	草场沙化、退化综合整治技术试验示范研究	2006	大禹水利科学技术二等奖
399	青海省引大济湟工程规划	2006	大禹水利科学技术二等奖
400	生物生态技术治理污染水体的关键技术与示范	2006	大禹水利科学技术二等奖
401	首都圈水资源保障研究	2006	大禹水利科学技术二等奖
402	水利科技发展战略研究	2006	大禹水利科学技术二等奖
403	引黄灌区节水决策技术应用研究	2006	大禹水利科学技术二等奖

序号	获奖项目名称	获奖年份	获奖名称/等级
404	小湾拱坝超设计概率水平地震作用及极限抗震性能的试验和分析研究	2006	中国电力科学技术二等奖
405	逻辑产品模型及 CIS2CAD 的自主研发	2006	河南省科技进步二等奖
406	三维可视化仿真与虚拟现实技术的研发应用	2006	河南省科技进步二等奖
407	西北半干旱生态植被建设区饲草料节水灌溉与水草资源可持续利用技术研究	2006	大禹水利科学技术三等奖
408	《水工隧洞设计规范》(DL/T 5195—2004)	2006	中国电力科学技术三等奖
409	水土保持与绿化技术的绿化植生带技术推广应用	2006	中国水土保持学会科学技术三等奖
410	混凝土大头坝空腔回填改造加高技术研究及应用	2006	贵州省科学技术进步三等奖
411	珠海市水务现代化系统规划研究	2006	广东省科学技术三等奖
412	风积黄土心墙堆石坝筑坝关键技术研究	2006	新疆维吾尔自治区科技进步三等奖
413	高地震烈度区风积黄土心墙堆石坝筑坝关键技术研究	2006	新疆维吾尔自治区科技进步三等奖
414	黄河水沙过程变异及河道的复杂响应	2007	国家科学技术进步二等奖
415	紊流模拟技术及其在水利水电工程中的应用	2007	国家科学技术进步二等奖
416	峡谷地区 200m 级高面板堆石坝筑坝技术研究及其洪家渡坝工程应用	2007	国家科学技术进步二等奖
417	全国水资源调查评价	2007	大禹水利科学技术一等奖
418	中国水资源及其开发利用调查评价	2007	大禹水利科学技术一等奖
419	高拱坝材料动态特性和地震破坏机理研究及大坝抗震安全评价	2007	教育部科技进步一等奖
420	南水北调中线过程电子渠道平台及应用	2007	教育部科技进步一等奖
421	甘肃省河西走廊（疏勒河）项目灌区地下水动态预测研究	2007	甘肃省科技进步一等奖
422	《全国农村饮水安全工程"十一五"规划》若干重大技术问题研究	2007	大禹水利科学技术二等奖
423	黄河宁蒙河段冰情预报研究及系统开发	2007	大禹水利科学技术二等奖
424	全级配大坝混凝土动态性能研究	2007	大禹水利科学技术二等奖
425	塔里木河干流河道演变与整治	2007	大禹水利科学技术二等奖
426	中国可持续发展水资源与水环境信息共享技术研究	2007	大禹水利科学技术二等奖
427	高混凝土面板堆石坝快速施工技术及工艺研究	2007	中国电力科学技术二等奖
428	岩质高边坡稳定分析、安全系数取值标准及处理措施研究	2007	中国电力科学技术二等奖

序号	获奖项目名称	获奖年份	获奖名称/等级
429	景洪水电站工程双掺料材料特性研究与工程应用	2007	云南省科技进步二等奖
430	南水北调西线一期工程调水对下游河流水环境影响的预测研究	2007	大禹水利科学技术三等奖
431	全国灌溉用水定额编制研究	2007	大禹水利科学技术三等奖
432	远距离泥沙输送装备及加压泵站系统研制	2007	大禹水利科学技术三等奖
433	澜沧江中下游梯级电站环境影响研究和评价报告	2007	中国电力科学技术三等奖
434	游荡性河流的演变规律在黄河与塔里木河整治工程中的应用	2008	国家科学技术进步二等奖
435	高坝抗震分析时域显式整体分析法与场址地震动输入确定及工程应用	2008	国家科学技术进步二等奖
436	中国水资源及其开发利用调查评价	2008	国家科学技术进步二等奖
437	重大泄流结构耦合动力安全理论及工程应用	2008	国家科学技术进步二等奖
438	水布垭面板堆石坝筑坝技术	2008	湖北省科技进步特等奖
439	海河流域洪水资源安全利用关键技术研究	2008	大禹水利科学技术一等奖
440	河流生态修复理论研究与工程示范	2008	大禹水利科学技术一等奖
441	黄河水沙调控与下游河道中水河槽塑造	2008	大禹水利科学技术一等奖
442	水资源可持续利用技术标准体系研究	2008	大禹水利科学技术一等奖
443	中国分区域生态用水标准研究	2008	大禹水利科学技术一等奖
444	200m级碾压混凝土重力坝关键技术研究及在龙滩工程中的应用	2008	中国电力科学技术一等奖
445	河流突发性水污染事件生态环境影响评估与应急控制技术研究	2008	环境保护科学技术一等奖
446	西南地区水电工程高边坡稳定性及支护设计技术研究	2008	中国岩石力学与工程学会科学技术一等奖
447	《生活饮用水卫生标准》（GB 5749—2006）	2008	中国标准创新贡献一等奖
448	混凝土高坝施工温度控制决策支持系统	2008	大禹水利科学技术二等奖
449	剧烈环境变化下半湿润半干旱区水资源与水生态特征研究	2008	大禹水利科学技术二等奖
450	全国农业灌溉用水及节水指标与标准研究	2008	大禹水利科学技术二等奖
451	引江济太调水试验关键技术研究	2008	大禹水利科学技术二等奖
452	北方半干旱都市绿地灌溉区节水综合技术体系集成与示范	2008	北京市技术进步二等奖
453	平原湖区涝渍灾害治理综合控制标准研究与实践	2008	湖北省科技进步二等奖
454	辽河干流控制性枢纽工程供水系统调控模式与供水风险分析	2008	辽宁省科学技术二等奖

续表

序号	获奖项目名称	获奖年份	获奖名称/等级
455	云南水资源研究	2008	云南省科技进步二等奖
456	低成本激光控制平地技术与装备	2008	农业部神农中华农业科技进步三等奖
457	北京市降雨产流测报系统	2008	大禹水利科学技术三等奖
458	重大水利工程下矿产开采对其安全影响的评价方法及防治措施研究	2008	大禹水利科学技术三等奖
459	混凝土高拱坝震害预警与对策系统研究	2008	中国电力科学技术三等奖
460	海南省海口市水系综合规划研究	2008	海南省科学技术三等奖
461	中国分区域生态需水	2009	国家科学技术进步二等奖
462	高坝工程泄洪消能新技术的开发与应用	2009	国家科学技术进步二等奖
463	海河流域洪水资源安全利用关键技术及应用	2009	国家科学技术进步二等奖
464	精量高效灌溉水管理关键技术与产品研发	2009	大禹水利科学技术一等奖
465	水利与国民经济协调发展研究	2009	大禹水利科学技术一等奖
466	竖井旋流新型消能工理论与应用	2009	大禹水利科学技术二等奖
467	水利水电工程边坡关键技术应用和设计标准研究	2009	大禹水利科学技术二等奖
468	水资源承载能力评价方法及其应用研究	2009	大禹水利科学技术二等奖
469	大型堆石坝枢纽工程泄洪建筑物水力设计研究	2009	云南省科技进步二等奖
470	岷江紫坪铺水利枢纽工程泄洪洞体型优化研究	2009	四川省科学技术三等奖
471	200m级高碾压混凝土重力坝关键技术	2010	国家科学技术进步二等奖
472	西部高拱坝抗震安全前沿性基础科学研究及其工程应用	2010	水力发电科学技术特等奖
473	西南地区水电工程复杂高陡边坡稳定控制技术	2010	中国岩石力学与工程学会科学技术特等奖
474	青海湖生态—环境演变与生态需水研究	2010	大禹水利科学技术一等奖
475	现代调水工程水力控制理论及关键技术研究	2010	大禹水利科学技术一等奖
476	长江三峡工程右岸电站计算机监控系统	2010	大禹水利科学技术一等奖
477	中国水资源与经济社会及生态环境协同发展研究	2010	大禹水利科学技术一等奖
478	枢纽下泄非恒定流冲淤及航道治理关键技术研究及实践	2010	中国航海科技一等奖
479	大型水利枢纽近坝区域水动力特征及水环境要素变化规律研究与应用	2010	教育部科技进步一等奖
480	《生活饮用水卫生标准》（GB 5749—2006）	2010	中国标准创新贡献一等奖
481	巨型水力发电机组蜗壳埋设方式研究与实践	2010	湖北省科技进步一等奖
482	延安市水资源合理配置关键技术研究	2010	陕西省科技进步一等奖
483	西北牧区水草畜平衡与生态畜牧业模式研究	2010	大禹水利科学技术二等奖

续表

序号	获奖项目名称	获奖年份	获奖名称/等级
484	狭窄河谷深覆盖层上建设面板堆石坝的关键技术研究	2010	大禹水利科学技术二等奖
485	现代灌溉水肥管理原理与技术	2010	大禹水利科学技术二等奖
486	宜兴抽水蓄能电站上水库建设关键技术研究	2010	大禹水利科学技术二等奖
487	近海风电场海上测风与试验研究	2010	国家能源科技进步二等奖
488	核磁共振地下水探测仪研制与应用	2010	教育部科技进步二等奖
489	水轮机基本技术条件	2010	中国标准创新贡献二等奖
490	北京市利用遥感 ET 数据进行真实节水技术研究	2010	农业节水科技二等奖
491	重力坝深层抗滑稳定和处理措施研究	2010	湖北省科技进步二等奖
492	寒冷干旱地区碾压混凝土重力坝关键技术研究与应用	2010	新疆维吾尔自治区科技进步二等奖
493	百色水利枢纽大坝辉绿岩骨料碾压混凝土试验研究	2010	大禹水利科学技术三等奖
494	海河流域水经济价值与相关政策影响研究	2010	大禹水利科学技术三等奖
495	松花江洪水管理系统	2010	大禹水利科学技术三等奖
496	西北牧区人工草地水分运移消耗与高效灌溉优化模式研究	2010	大禹水利科学技术三等奖
497	框架型干式空心电抗器	2010	天津市科技进步三等奖
498	水利与国民经济耦合系统的模拟调控技术及应用	2011	国家科学技术进步二等奖
499	海河流域二元水循环模式与水资源演变机理	2011	大禹水利科学技术一等奖
500	海河流域水循环多维临界整体调控阈值与模式	2011	大禹水利科学技术一等奖
501	黄河泥沙空间优化配置技术与模式研究	2011	大禹水利科学技术一等奖
502	首都农林绿地系统综合节水技术示范研究	2011	北京市科技进步一等奖
503	农业高效节水地下滴灌系统开发及关键技术研究	2011	甘肃省科技进步一等奖
504	大型水电站进水口分层取水研究	2011	云南省科技进步一等奖
505	非饱和特殊土的强度变形理论及其工程应用	2011	大禹水利科学技术二等奖
506	河口海岸风暴潮及海洋动力三维预报模型（CHINACOAST）	2011	大禹水利科学技术二等奖
507	黄河流域水平衡关键技术研究	2011	大禹水利科学技术二等奖
508	基于气陆耦合的多模型多模式洪水联合预报关键技术及应用	2011	大禹水利科学技术二等奖
509	胶凝砂砾石筑坝技术研究及在围堰工程中的应用	2011	大禹水利科学技术二等奖
510	水工程规划设计关键生态指标体系研究	2011	大禹水利科学技术二等奖
511	严寒地区大体积混凝土温度场变化规律及保温技术研究与应用	2011	新疆维吾尔自治区科技进步二等奖

续表

序号	获奖项目名称	获奖年份	获奖名称/等级
512	内蒙古草原现代节水草业集成技术示范与推广	2011	内蒙古自治区科学技术进步二等奖
513	基于ET的水资源与水环境综合规划关键技术研究	2011	大禹水利科学技术三等奖
514	基于多指标的内陆河流域绿洲演化遥感监测与评价技术	2011	大禹水利科学技术三等奖
515	南水北调大型渡槽隔震技术研究	2011	大禹水利科学技术三等奖
516	水生态系统保护与修复研究	2011	大禹水利科学技术三等奖
517	北京市农业水资源监测与管理	2011	农业节水科技二等奖
518	低压管道灌溉系统改造为低压滴灌系统技术研究与示范	2011	农业节水科技三等奖
519	农田水分高效利用理论及技术研究与应用	2011	农业节水科技三等奖
520	贵州安顺古代乡村水利系统价值挖掘与展示	2011	联合国教科文组织亚太遗产保护卓越奖
521	都市型现代农业高效用水原理与集成技术研究	2012	国家科学技术进步二等奖
522	水利水电工程渗流多层次控制理论与应用	2012	国家科学技术进步二等奖
523	黄河小浪底工程关键技术研究与实践	2012	大禹水利科学技术特等奖
524	高混凝土面板堆石坝安全关键技术研究及工程应用	2012	水力发电科学技术特等奖
525	高土石坝抗震理论与关键技术及应用	2012	大禹水利科学技术一等奖
526	海河流域水循环及其伴生过程的综合模拟与预测	2012	大禹水利科学技术一等奖
527	三峡工程水库泥沙淤积及其对策研究	2012	大禹水利科学技术一等奖
528	高水头大流量泄洪洞水力学关键技术问题研究	2012	中国电力科学技术一等奖
529	特高拱坝安全关键技术研究及工程应用	2012	水力发电科学技术一等奖
530	中国水电中长期（2030、2050）发展战略研究	2012	水力发电科学技术一等奖
531	重力坝深层抗滑稳定分析理论，方法及应用研究	2012	水力发电科学技术一等奖
532	湖泊沉积物/水界面物质循环理论创新与应用示范	2012	环境保护科学技术一等奖
533	内镶片式滴灌管生产线国产化与产业化	2012	农业节水科技一等奖
534	轻质多功能喷灌产品研制与软件开发	2012	农业节水科技一等奖
535	小开河引黄灌区泥沙长距离输送与优化配置	2012	山东省科技进步一等奖
536	山西省水生态系统保护与修复关键技术研究及示范	2012	山西省科技进步一等奖
537	联合室内和现场试验确定土体本构模型参数的方法研究	2012	大禹水利科学技术二等奖

序号	获奖项目名称	获奖年份	获奖名称/等级
538	全球江河水沙变化与河流演变响应	2012	大禹水利科学技术二等奖
539	缺水型大城市水资源可持续利用管理研究	2012	大禹水利科学技术二等奖
540	水旱风灾害防御决策支持关键技术研究与业务化应用	2012	大禹水利科学技术二等奖
541	高水头链轮闸门、弧形闸门结构设计研究	2012	水力发电科学技术二等奖
542	混凝土拱坝协同管理信息采集设备与数据智能处理网络平台的研发应用	2012	水力发电科学技术二等奖
543	智能化精量灌溉决策与控制系统示范与推广应用	2012	农业节水科技二等奖
544	河北省严重缺水系统识别与综合应对方略研究	2012	河北省科技进步二等奖
545	拱坝三维可视化仿真设计系统的研发与工程应用	2012	河南省科技进步二等奖
546	滦河流域水库群联合调度及三维仿真	2012	河南省科技进步二等奖
547	农田水分高效利用关键技术及其应用	2012	江苏省科学技术二等奖
548	黄土高原农牧交错带生态恢复机理和关键技术研究	2012	陕西省科技进步二等奖
549	冰碛、冰水积深厚覆盖层坝基防渗技术研究及应用	2012	新疆维吾尔自治区科技进步二等奖
550	深厚饱和软土地层土坝与构筑物沉降协调和控制研究	2012	新疆维吾尔自治区科技进步二等奖
551	滨海城市雨洪调控排放关键技术研究	2012	大禹水利科学技术三等奖
552	四川大渡河瀑布沟水电站计算机监控系统	2012	水力发电科学技术三等奖
553	梯级水电厂群远程集中监控与诊断关键技术研究及其应用	2012	水力发电科学技术三等奖
554	高水头链轮门、弧门结构设计研究	2012	中国电力科学技术三等奖
555	北京市农业节水标准若干关键技术研究	2012	农业节水科技三等奖
556	小湾水电站饮水沟堆积体抢险加固工程安全监测成果分析及预警分析研究	2012	测绘科技进步三等奖
557	高混凝土面板堆石坝安全关键技术研究及工程应用	2013	国家科学技术进步二等奖
558	黄河小浪底工程关键技术研究与实践	2013	国家科学技术进步二等奖
559	大型水利枢纽工程下游河型变化机理研究	2013	大禹水利科学技术一等奖
560	高拱坝真实工作性态研究及工程应用	2013	大禹水利科学技术一等奖
561	海河流域农田水循环过程与农业高效用水模式	2013	大禹水利科学技术一等奖
562	水文全要素实验与模拟预测理论及应用	2013	大禹水利科学技术一等奖
563	中国节水型社会建设理论技术体系及其实践研究	2013	大禹水利科学技术一等奖

续表

序号	获奖项目名称	获奖年份	获奖名称/等级
564	高坝泄洪雾化计算理论与应用实践	2013	水力发电科学技术一等奖
565	混凝土坝抗震安全评价体系研究	2013	水力发电科学技术一等奖
566	瀑布沟高土石坝建坝关键技术研究与应用	2013	水力发电科学技术一等奖
567	全坝外掺氧化镁微膨胀混凝土新型筑坝技术研究及应用	2013	水力发电科学技术一等奖
568	广西北部湾经济区水循环安全调控关键技术研究与应用	2013	广西壮族自治区科学进步一等奖
569	两库建设运行对两湖生态安全影响研究	2013	大禹水利科学技术二等奖
570	水工程基础和边坡软弱面稳定分析方法研究及应用	2013	大禹水利科学技术二等奖
571	松辽流域河流湿地生态安全关键技术	2013	大禹水利科学技术二等奖
572	土壤大孔隙流机理及产汇流模型	2013	大禹水利科学技术二等奖
573	水电工程结构数图形介质仿真技术与应用	2013	水力发电科学技术二等奖
574	灌区输水技术研究与产品开发	2013	农业节水科技二等奖
575	结构工程数字数值图形信息融合继承关键技术与应用	2013	河南省科技进步二等奖
576	干旱牧区草原生态保护水资源保障关键技术	2013	大禹水利科学技术三等奖
577	海上风机基础结构设计及施工关键技术研究	2013	国家能源科技进步三等奖
578	宽河谷碾压混凝土拱坝关键技术	2013	安徽省科学技术三等奖
579	辽河流域水污染突发事件应急水力调度关键技术研究与示范	2013	辽宁省科学技术三等奖
580	流域水循环演变机理与水资源高效利用	2014	国家科学技术进步一等奖
581	超高心墙堆石坝关键技术及应用	2014	国家科学技术进步二等奖
582	干旱内陆河流域生态恢复的水调控机理、关键技术及应用	2014	国家科学技术进步二等奖
583	混流式水轮机水力优化设计的关键技术及应用	2014	国家科学技术进步二等奖
584	农业旱涝灾害遥感监测技术	2014	国家科学技术进步二等奖
585	水库大坝安全保障关键技术研究与应用	2014	大禹水利科学技术特等奖
586	300m级溪洛渡拱坝智能化建设关键技术	2014	水力发电科学技术特等奖
587	大体积混凝土防裂智能化温控关键技术	2014	水力发电科学技术特等奖
588	农村安全供水集成技术研究与示范	2014	大禹水利科学技术一等奖
589	气候变化对中国水安全的影响及对策研究	2014	大禹水利科学技术一等奖
590	水力机械研发平台	2014	大禹水利科学技术一等奖

序号	获奖项目名称	获奖年份	获奖名称/等级
591	大流量双吸离心泵压力脉动调控与节能关键技术及应用	2014	教育部科技进步一等奖
592	山丘区清洁能源节水灌溉关键技术研究与应用	2014	农业节水科技一等奖
593	防凌破冰关键技术研究与装备研制	2014	中国工程爆破协会科学技术进步一等奖
594	高海拔大温差地区混凝土坝防裂智能监控关键技术研究与应用	2014	中国施工企业管理协会科学技术一等奖
595	河流湖库水污染事件应急预警预报关键技术研究	2014	大禹水利科学技术二等奖
596	苦咸水高含沙水利用与能源基地水资源配置技术及示范	2014	大禹水利科学技术二等奖
597	水力机械转轮流固耦合动力特性研究	2014	大禹水利科学技术二等奖
598	西北典型缺水地区水资源可持续利用与综合调控研究	2014	大禹水利科学技术二等奖
599	呼伦贝尔草甸草原水草畜平衡管理技术与示范	2014	农业节水科技二等奖
600	基于二元模式的水文水资源监测分析技术及应用	2014	中国分析测试协会科学技术二等奖
601	第二松花江流域历史暴雨洪水重现研究	2014	大禹水利科学技术三等奖
602	昆仑山区深埋长隧洞岩爆特性与预测及防治关键技术	2014	大禹水利科学技术三等奖
603	水资源开发利用对生态与社会环境影响的经济损益研究	2014	大禹水利科学技术三等奖
604	全砂岩骨料碾压混凝土大坝温度控制与防裂优化研究与应用	2014	电力建设科学技术进步三等奖
605	中国太阳能光伏提水修复草场和农田技术（Photovoltaic Solar Water Pumping for the Conservation of Grassland and Farmland in China）	2014	全球人居环境绿色技术奖
606	水库大坝安全保障关键技术研究与应用	2015	国家科学技术进步一等奖
607	300m级溪洛渡拱坝智能化建设关键技术	2015	国家科学技术进步二等奖
608	大数据驱动的水文多要素监测预报关键技术与应用	2015	国家科学技术进步二等奖
609	精量滴灌关键技术与产品研发及应用	2015	国家科学技术进步二等奖
610	气候变化对旱涝灾害的影响及风险评估技术	2015	大禹水利科学技术特等奖
611	我国大型抽水蓄能电站建设关键技术研究与实践	2015	水力发电科学技术特等奖
612	大型农业灌区节水改造工程关键支撑技术研究	2015	大禹水利科学技术一等奖
613	干旱灾害风险评估与调控关键技术研究	2015	大禹水利科学技术一等奖

序号	获奖项目名称	获奖年份	获奖名称/等级
614	长江防洪模型建设关键技术研究及应用	2015	大禹水利科学技术一等奖
615	鄂尔多斯地区综合节水与水资源优化配置研究	2015	农业节水科技二等奖
616	南水北调中线工程输水能力与冰害防治技术研究	2015	水力发电科学技术一等奖
617	水电工程低热硅酸盐水泥混凝土特性与应用关键技术	2015	水力发电科学技术一等奖
618	雅砻江流域水电生态环境保护关键技术研究及应用	2015	水力发电科学技术一等奖
619	内蒙古河套干旱区粮食作物综合节水技术研究与示范	2015	内蒙古自治区科学技术进步一等奖
620	沟壑整治工程优化配置与建造技术	2015	陕西省科技进步一等奖
621	水工大体积混凝土裂缝机理与控制技术	2015	湖北省科技进步一等奖
622	城市洪涝形成机理与防治关键技术研究及示范	2015	大禹水利科学技术二等奖
623	城市水资源精细化动态管理方法及立体监测技术研究与示范	2015	大禹水利科学技术二等奖
624	大型输水工程参数辨识及安全调控关键技术	2015	大禹水利科学技术二等奖
625	大型水电工程水库地震研究与监测	2015	大禹水利科学技术二等奖
626	黄河水沙调控体系建设规划关键技术研究	2015	大禹水利科学技术二等奖
627	高混凝土坝防裂动态智能温控关键技术研究及其工程应用	2015	中国电力科学技术二等奖
628	高水头大流量底流消能关键技术研究及应用	2015	水力发电科学技术二等奖
629	高土石坝抗震性能及抗震安全研究	2015	水力发电科学技术二等奖
630	空化湍流机理研究及其在水力机械中的应用推广	2015	教育部科技进步二等奖
631	鄱阳湖水环境演变特征及调控技术集成与应用	2015	环境保护科学技术二等奖
632	我国湖库生态安全保障体系建设关键技术及应用	2015	环境保护科学技术二等奖
633	土壤墒情卫星遥感监测技术研究和应用	2015	测绘科技进步二等奖
634	高混凝土坝抗震安全评价方法及关键技术	2015	湖北省科技进步二等奖
635	高精度多时钟源卫星统一对时系统的研究与应用	2015	大禹水利科学技术三等奖
636	高寒地区高拱坝混凝土温度控制技术研究	2015	水力发电科学技术三等奖
637	宽大裂（孔）隙地层堵漏灌浆成套技术研究及应用	2015	水力发电科学技术三等奖
638	高土心墙堆石坝变形和裂缝控制研究	2015	电力建设科学技术进步三等奖
639	高水头大流量底流消能关键技术研究及应用	2015	四川省科学技术三等奖
640	哈达山水电站出力优化提升方案研究	2015	吉林省科技进步三等奖

序号	获奖项目名称	获奖年份	获奖名称/等级
641	安阳市城市供水安全预警与应急管理系统研发	2015	河南省科技进步三等奖
642	高混凝土坝结构安全关键技术研究与实践	2016	国家科学技术进步二等奖
643	长距离输水工程水力控制理论与关键技术	2016	国家科学技术进步二等奖
644	高混凝土重力坝加高加固关键技术研究与实践	2016	水力发电科学技术特等奖
645	锦屏一级复杂地质特高拱坝建设关键技术研究与应用	2016	水力发电科学技术特等奖
646	变化环境下气象水文预报关键技术	2016	大禹水利科学技术一等奖
647	大型灌溉排水泵站节能与稳定运行关键技术研究及应用	2016	大禹水利科学技术一等奖
648	淮北平原区水资源多目标立体调蓄系统及实践	2016	大禹水利科学技术一等奖
649	气候变化下黄淮海流域水循环模拟预测关键技术及适应性对策	2016	大禹水利科学技术一等奖
650	300m级高面板堆石坝安全性研究及工程应用	2016	水力发电科学技术一等奖
651	金沙江下游巨型电站群"调控一体化"控制系统研究及工程应用	2016	水力发电科学技术一等奖
652	溪洛渡水电站泄洪洞群建设关键技术	2016	水力发电科学技术一等奖
653	超300m高拱坝混凝土优质快速施工关键技术研究及应用	2016	中国电力科学技术一等奖
654	混凝土面板接缝涂覆型柔性盖板止水结构研究及应用	2016	电力建设科学技术进步一等奖
655	黄河多尺度流域水沙演变机理与调控研究	2016	中国水土保持学会科学技术一等奖
656	西北农牧交错带严重侵蚀区植被恢复重建关键技术研究	2016	中国水土保持学会科学技术一等奖
657	沿海核电工程核素及温排水过程模拟与水工排放口优化实践	2016	教育部科技进步一等奖
658	宁夏中部干旱带扬黄延伸区限额灌溉技术研究	2016	农业节水科技一等奖
659	高精度大流量计量标准装置及关键技术研究与应用	2016	大禹水利科学技术二等奖
660	水利资源和地理空间基础信息库构建与应用	2016	大禹水利科学技术二等奖
661	西辽河平原"水—生态—经济"安全保障研究	2016	大禹水利科学技术二等奖
662	中小河流突发性洪水监测预报预警关键技术及应用	2016	大禹水利科学技术二等奖
663	高拱坝库盘变形及对大坝工作性态影响研究	2016	水力发电科学技术二等奖
664	水利水电工程建筑信息模型（HBIM）创新研究与实践	2016	水力发电科学技术二等奖

续表

序号	获奖项目名称	获奖年份	获奖名称/等级
665	强震区 200 米级高混凝土面板坝抗震关键技术研究	2016	中国电力科学技术二等奖
666	西北干旱缺水地区森林植被的水文影响及林水协调管理技术	2016	梁希林业科学技术二等奖
667	基于多源遥感协同的土壤水分定量反演技术及应用	2016	测绘科技进步二等奖
668	全国洪水风险图绘制与集成管理技术与应用	2016	测绘科技进步二等奖
669	黄河防汛抗旱遥感监测关键技术及应用	2016	河南省科技进步二等奖
670	大中型水利水电工程矿物掺和料的开发与应用	2016	湖北省科技进步二等奖
671	半干旱黄土区水土保持林精细配置及微地形近自然造林技术与示范	2016	陕西省科技进步二等奖
672	广西水资源三条红线控制关键技术研究与应用	2016	广西壮族自治区科学进步二等奖
673	复杂地质区水库渗漏承压机理及安全和环境协同的风险防控技术	2016	大禹水利科学技术三等奖
674	地质灾害移民工程综合技术与应用研究	2016	水力发电科学技术三等奖
675	中国节水型社会建设理论、技术与实践	2017	国家科学技术进步二等奖
676	泥沙、核素、温排水耦合输移关键技术及在沿海核电工程中应用	2017	国家科学技术进步二等奖
677	大型灌溉排水泵站更新改造关键技术及应用	2017	国家科学技术进步二等奖
678	三峡水库和下游河道泥沙模拟与调控技术	2017	大禹水利科学技术特等奖
679	混流式水轮机全系列水力模型研究和推广应用	2017	大禹水利科学技术一等奖
680	珠江流域骨干水库—闸泵群综合调度关键技术研究	2017	大禹水利科学技术一等奖
681	300m 级特高拱坝安全控制关键技术及工程应用	2017	水力发电科学技术一等奖
682	超强震区特高拱坝建设关键技术及大岗山工程应用	2017	水力发电科学技术一等奖
683	300m 级特高拱坝安全控制关键技术及工程应用	2017	中国电力科学技术一等奖
684	超深与复杂地质条件混凝土防渗墙关键技术	2017	中国电力科学技术一等奖
685	水循环过程监测分析技术集成及其在水资源调控中的应用	2017	中国分析测试协会科学技术一等奖
686	胶凝砂砾石筑坝技术研究及推广应用	2017	中国产学研合作创新成果一等奖
687	全国山洪灾害防御时空信息服务平台建设与应用	2017	测绘科技进步一等奖
688	梯级水库群面向生态的多目标综合调度关键技术及汉江流域应用	2017	湖北省科技进步一等奖

续表

序号	获奖项目名称	获奖年份	获奖名称/等级
689	300m级特高拱坝安全控制关键技术及工程应用	2017	四川省科学技术一等奖
690	大规模水光互补关键技术研究及应用	2017	青海省科技进步一等奖
691	我国与中亚邻国跨境河流生态环境评估关键技术及应用	2017	新疆维吾尔自治区科技进步一等奖
692	牛栏江—滇池补水工程改善滇池水环境关键技术及应用	2017	云南省科技进步一等奖
693	高寒区长距离供水工程群实时调度与安全运行关键技术	2017	大禹水利科学技术二等奖
694	淮河水资源精细化调控关键技术及应用	2017	大禹水利科学技术二等奖
695	基于冲击弹性波的水工结构混凝土质量检测评估技术	2017	大禹水利科学技术二等奖
696	江河源区水生态保护补偿基本原理与关键技术	2017	大禹水利科学技术二等奖
697	江苏太湖流域水网修复及功能提升关键技术研究	2017	大禹水利科学技术二等奖
698	流域生态需水与生态用地联合调控关键技术及应用	2017	大禹水利科学技术二等奖
699	农作物涝渍响应与农田涝渍兼治排水试验研究及应用	2017	大禹水利科学技术二等奖
700	梯级水库群水资源统一调度管理技术与政策研究	2017	大禹水利科学技术二等奖
701	我国干旱灾害风险管理与应用实践研究	2017	大禹水利科学技术二等奖
702	300m级高面板堆石坝安全性及关键技术研究	2017	中国电力科学技术二等奖
703	超强震区大岗山高拱坝关键技术研究及工程应用	2017	中国电力科学技术二等奖
704	锦屏一级特高拱坝枢纽泄洪消能与减雾关键技术	2017	中国电力科学技术二等奖
705	基于物联网的智慧流域多源信息获取与分析关键技术及其水利应用	2017	地理信息科技进步二等奖
706	宁夏中部干旱带扬黄灌区节水技术集成研究	2017	大禹水利科学技术三等奖
707	用于严重洪涝灾害液压泵车关键技术发明及系列新产品产业化	2017	大禹水利科学技术三等奖
708	最严格水资源管理全域协同决策服务系统构建关键技术研究与应用	2017	大禹水利科学技术三等奖
709	严寒地区沥青混凝土面板研究与应用	2017	中国电力科学技术三等奖

附录二 中国水利水电科学研究院组建以来获得专利一览表

序号	专 利 名 称	申请号	公开（公告）号	公开（公告）日期	申请（专利权）人	专利类型
1	堰顶收缩射流技术及其联合消能装置	CN96100736	CN1136621A	1996-11-27	中国水利水电科学研究院水力学研究所、北京勘测设计研究院、广西岩滩水电站工程建设公司	发明
2	室内动、静三轴仪剪切波速测试系统	CN95107918	CN1049976C	2000-03-01	中国水利水电科学研究院抗震防护研究所、常亚屏、陈宁、王昆耀	发明
3	表面波施工质量快速无损检测仪	CN93104854	CN1056000C	2000-08-30	中国水利水电科学研究院仪器研究所	发明
4	土坝渗流通道及水库大坝地质隐患探查装置和方法	CN97121605	CN1065338C	2001-05-02	中国水利水电科学研究院工程安全监测中心	发明
5	水下拖拉铺排及其施工工艺	CN00130306	CN1299903A	2001-06-20	中国水利水电科学研究院	发明
6	田间软管灌溉装置	CN02148988	CN1409957A	2003-04-16	中国水利水电科学研究院	发明
7	摇臂式喷头的耐久性能试验机	CN02158185	CN1430051A	2003-07-16	中国水利水电科学研究院	发明
8	地面灌溉水流运动测量仪	CN03146359	CN1477376A	2004-02-25	中国水利水电科学研究院	发明
9	面板堆石坝的面板防裂设计方法	CN200310121583	CN1515754A	2004-07-28	中国水利水电科学研究院结构材料研究所	发明
10	水力驱动活塞式施肥泵	CN200310116896	CN1545832A	2004-11-17	中国水利水电科学研究院、宁海县润岗节水喷灌设备有限公司	发明
11	地面灌溉智能控制装置	CN200310121474	CN1552185A	2004-12-08	中国水利水电科学研究院	发明
12	辐射井水平辐射管全液压施工设备	CN200410000062	CN1556301A	2004-12-22	中国水利水电科学研究院	发明

续表

序号	专利名称	申请号	公开（公告）号	公开（公告）日期	申请（专利权）人	专利类型
13	多钻头高速旋转打孔装置	CN200410048014	CN1584278A	2005-02-23	中国水利水电科学研究院	发明
14	生态垫	CN200410042896	CN1584223A	2005-02-23	中国水利水电科学研究院、何旭升、鲁一晖	发明
15	航拍磁带图像读取系统	CN200410049992	CN1595289A	2005-03-16	中国水利水电科学研究院	发明
16	净水石笼以及使用石笼净化水的方法	CN200510005251	CN1648072A	2005-08-03	中国水利水电科学研究院	发明
17	污水处理复合填料	CN200410042417	CN1699214A	2005-11-23	中国水利水电科学研究院	发明
18	低功耗智能型自记式量水仪表	CN03145966	CN1229632C	2005-11-30	中国水利水电科学研究院、北京中水科工程总公司	发明
19	一种数字相机实时采集系统	CN200510082734	CN1722810A	2006-01-18	中国水利水电科学研究院	发明
20	一种竹—塑复合管材成型方法	CN200510089165	CN1743715A	2006-03-08	中国水利水电科学研究院、合肥工业大学、河南省万丰通管业有限公司、国家林业局竹子研究开发中心、合肥华宇橡塑设备有限公司	发明
21	管材试压机	CN200510089166	CN1758048A	2006-04-12	中国水利水电科学研究院、合肥工业大学、河南省万丰通管业有限公司、国家林业局竹子研究开发中心、合肥华宇橡塑设备有限公司	发明
22	自控闸门的机械离合保护装置	CN200510059655	CN1300414C	2007-02-14	中国水利水电科学研究院、谢时友	发明
23	一种MC尼龙活性料的制备工艺	CN200510089167	CN1324069C	2007-07-04	中国水利水电科学研究院、合肥工业大学、河南省万丰通管业有限公司、国家林业局竹子研究开发中心、合肥华宇橡塑设备有限公司	发明
24	柔性护岸排	CN200410039596	CN1324199C	2007-07-04	中国水利水电科学研究院、鲁一晖、何旭升	发明
25	一种打孔装置及其方法	CN200710063376	CN100999083A	2007-07-18	中国水利水电科学研究院	发明

续表

序号	专利名称	申请号	公开(公告)号	公开(公告)日期	申请(专利权)人	专利类型
26	淹设式暗管排水流量测定仪	CN200710005063	CN101029839A	2007-09-05	中国水利水电科学研究院	发明
27	重力坝加高后新老混凝土结合面防裂方法	CN03105288	CN100366826C	2008-02-06	中国水利水电科学研究院	发明
28	地下滴灌防根系入侵灌水器	CN200710163886	CN101124883A	2008-02-20	中国水利水电科学研究院	发明
29	渠系土壤固化剂及其生产方法	CN200510051457	CN100373010C	2008-03-05	中国水利水电科学研究院	发明
30	一种采用旋流及强水气掺混消能的泄洪方法和泄洪洞	CN200710163314	CN101148867A	2008-03-26	中国水利水电科学研究院	发明
31	地面灌溉水流推进信息自动检测仪	CN200710176568	CN101169894A	2008-04-30	中国水利水电科学研究院	发明
32	一种在线式作物冠层温差灌溉决策监测系统	CN200710178192	CN101169627A	2008-04-30	中国水利水电科学研究院	发明
33	浮式拱围堰及其施工方法	CN200810000590	CN101245603A	2008-08-20	中国水利水电科学研究院，北京中水科海利工程技术有限公司	发明
34	水坠坝坝体排水系统及其应用	CN200810103376	CN101250864A	2008-08-27	中国水利水电科学研究院	发明
35	渠道流量测定仪及其测量方法	CN200810127096	CN101294829A	2008-10-29	中国水利水电科学研究院	发明
36	VSAT站时分多址的方法、服务器和系统	CN200810097910	CN101335564A	2008-12-31	中国水利水电科学研究院	发明
37	一种通信收发开关控制器及其控制方法	CN200610000136	CN100485559C	2009-05-06	中国水利水电科学研究院	发明
38	防止地下滴灌系统负压及根堵塞的装置	CN200910076834	CN101474603A	2009-07-08	中国水利水电科学研究院	发明
39	分期分级动态控制农田排水设计方法	CN200710005065	CN100510272C	2009-07-08	中国水利水电科学研究院	发明
40	振冲式辐射井水平辐射管施工设备	CN200910077825	CN101476444A	2009-07-08	中国水利水电科学研究院	发明
41	沥青混凝土防渗面板的冷施工封闭层及其施工工艺	CN200610081548	CN100523387C	2009-08-05	中国水利水电科学研究院，北京中水科海利工程技术有限公司	发明

续表

序号	专利名称	申请号	公开(公告)号	公开(公告)日期	申请(专利权)人	专利类型
42	一种品字型均流防涡方法和装置	CN200910081692	CN101532285A	2009-09-16	中国水利水电科学研究院	发明
43	一种聚醚基聚羧酸系超分散剂及其合成方法	CN200910135748	CN101530760A	2009-09-16	中国水利水电科学研究院、北京中水科海利工程技术有限公司、马临涛	发明
44	一种聚羧酸系混凝土超分散剂的合成方法	CN200910135747	CN101531744A	2009-09-16	中国水利水电科学研究院、北京中水科海利工程技术有限公司、马临涛	发明
45	测算地貌现象信息盒维数的方法	CN200910083448	CN101546262A	2009-09-30	中国水利水电科学研究院	发明
46	一种去除水中含有砷的方法	CN200910085528	CN101560009A	2009-10-21	中国水利水电科学研究院水利研究所	发明
47	地下滴灌水、肥、药一体化自动控制方法	CN200710179350	CN100568127C	2009-12-09	中国水利水电科学研究院	发明
48	具有记忆功能的升降式喷头旋转角度控制装置	CN200810090197	CN100571888C	2009-12-23	中国水利水电科学研究院	发明
49	一种管网恒压智能控制方法	CN200810127059	CN100578415C	2010-01-06	中国水利水电科学研究院	发明
50	一种排水系统入海口墩栅涡流室复合消能方法	CN200710163315	CN100577920C	2010-01-06	中国水利水电科学研究院	发明
51	一种旋流环形堰防蚀、消能的泄洪方法及装置	CN200910089562	CN101638888A	2010-02-03	中国水利水电科学研究院	发明
52	一种自吸式局部灌溉系统	CN200910180766	CN101669441A	2010-03-17	中国水利水电科学研究院	发明
53	水工混凝土构件伸缩缝或裂缝止水防渗方法	CN200910222306	CN101701456A	2010-05-05	中国水利水电科学研究院、北京中水科海利工程技术有限公司	发明
54	一种湖库分层水样采样器	CN200810056758	CN101221099B	2010-07-07	中国水利水电科学研究院	发明
55	微灌施水器	CN200910244089	CN101791596A	2010-08-04	中国水利水电科学研究院	发明
56	一种模拟田面微地形空间分布状况的方法	CN200710130712	CN101101612B	2010-08-04	中国水利水电科学研究院	发明
57	异型突扩突跌消气坎	CN200910078971	CN101538842B	2010-08-25	中国水利水电科学研究院	发明

续表

序号	专利名称	申请号	公开(公告)号	公开(公告)日期	申请(专利权)人	专利类型
58	一种浅水沉积物柱状采样装置	CN200810056757	CN101221098B	2010-09-15	中国水利水电科学研究院	发明
59	航空遥感控制装置及方法	CN201010111430	CN101839972A	2010-09-22	中国水利水电科学研究院、北京兴水浩淼水利信息技术有限公司	发明
60	海工模型潮汐模拟自动控制装置的控制方法	CN200810226251	CN101403918B	2010-11-03	中国水利水电科学研究院	发明
61	一种高尾水位旋流泄洪洞和泄洪洞的排气方法	CN201010239786	CN101881019A	2010-11-10	中国水利水电科学研究院	发明
62	一种振弦传感器激振方法	CN200910147778	CN101571407B	2010-11-10	中国水利水电科学研究院、北京中水科水电科技开发有限公司	发明
63	在弱含水层中增加出水量的成井工艺	CN201010250926	CN101899967A	2010-12-01	中国水利水电科学研究院	发明
64	测量管材耐压强度及抗爆破能力的方法及设备	CN201010250915	CN101907543A	2010-12-08	中国水利水电科学研究院	发明
65	一种多渠段水位自动控制方法及装置	CN201010275664	CN101935996A	2011-01-05	中国水利水电科学研究院	发明
66	一种输水渠道远程自动化控制系统	CN201010280822	CN101937229A	2011-01-05	中国水利水电科学研究院	发明
67	新型压力分散型锚固装置及方法	CN200910210863	CN102051878A	2011-05-11	中国水利水电科学研究院、北京中水科海利工程技术有限公司	发明
68	一种陆面蒸散发测量系统	CN200910091547	CN101639433B	2011-05-18	中国水利水电科学研究院、北京时域通科技有限公司	发明
69	一种滴灌带的超声波清洗装置及清洗方法	CN200910088576	CN101596535B	2011-06-01	中国水利水电科学研究院	发明
70	水工振动闸门	CN201110005092	CN102102354A	2011-06-22	中国水利水电科学研究院	发明
71	生态纤维笼	CN200710137502	CN101135140B	2011-07-27	中国水利水电科学研究院	发明
72	动静三轴试验机非饱和体变测量装置	CN201110004911	CN102175527A	2011-09-07	中国水利水电科学研究院	发明

续表

序号	专利名称	申请号	公开（公告）号	公开（公告）日期	申请（专利权）人	专利类型
73	一种明渠倒虹吸水位自动控制方法和系统	CN201110082928	CN102191758A	2011-09-21	中国水利水电科学研究院	发明
74	独立风电驱动海水淡化装置及方法	CN201110093798	CN102219318A	2011-10-19	中国水利水电科学研究院	发明
75	大坝与边坡三维连续变形监测系统	CN201110095163	CN102252646A	2011-11-23	中国水利水电科学研究院	发明
76	一种生物慢滤料及其制作方法	CN201010180919	CN102249396A	2011-11-23	中国水利水电科学研究院	发明
77	一种无碱无氯高早强液体速凝剂及其制备方法	CN201110145555	CN102249592A	2011-11-23	中国水利水电科学研究院，北京中水科海利工程技术有限公司，马临涛	发明
78	盐碱地的排水洗盐方法	CN201110121725	CN102257897A	2011-11-30	中国水利水电科学研究院	发明
79	柔性填料嵌填机	CN200710137501	CN101122125B	2011-12-07	中国水利水电科学研究院，北京中水科海利工程技术有限公司	发明
80	混凝土坝温控防裂数字式动态监控系统与方法	CN201110095698	CN102279593A	2011-12-14	中国水利水电科学研究院	发明
81	一种亲鱼型轴流转桨式水轮机	CN201110197217	CN102278260A	2011-12-14	中国水利水电科学研究院，北京中水科水电科技开发有限公司	发明
82	多喷孔式套筒式调流阀设计方法和套筒式调流阀	CN200910241786	CN101718347B	2011-12-21	中国水利水电科学研究院	发明
83	径流量模拟预测方法	CN201110121850	CN102288229A	2011-12-21	中国水利水电科学研究院	发明
84	量水计	CN201110121722	CN102288245A	2011-12-21	中国水利水电科学研究院	发明
85	确定含水层平均厚度的定量方法	CN201110121714	CN102288144A	2011-12-21	中国水利水电科学研究院	发明
86	基于多重分形参数的土壤含水量空间变异性表征方法	CN201110143692	CN102306229A	2012-01-04	中国水利水电科学研究院	发明
87	测定土壤水分运动与土壤结构的装置及其方法	CN201110143215	CN102323197A	2012-01-18	中国水利水电科学研究院	发明

续表

序号	专 利 名 称	申 请 号	公开（公告）号	公开（公告）日期	申请（专利权）人	专利类型
88	一种堆石混凝土坝	CN201110185293	CN102322042A	2012 - 01 - 18	中国水利水电科学研究院、北京华实水木科技有限公司	发明
89	低流速仪率定装置	CN200810226250	CN101393233B	2012 - 01 - 25	中国水利水电科学研究院	发明
90	混凝土结构温度分布、温度梯度、保温效果以及所在地太阳辐射热的检测方法	CN201010221450	CN101915627B	2012 - 01 - 25	中国水利水电科学研究院、北京木联能工程科技有限公司	发明
91	一种安全监测数据采集装置和方法	CN201110351976	CN102354442A	2012 - 02 - 15	中国水利水电科学研究院、北京中水科水电科技开发有限公司	发明
92	多功能灌溉机	CN201110274689	CN102415315A	2012 - 04 - 18	中国水利水电科学研究院	发明
93	涂膜缝宽水压适应性追踪实验装置及利用该装置进行追踪实验的方法	CN201110268930	CN102435502A	2012 - 05 - 02	中国水利水电科学研究院	发明
94	一种潜水起旋自调竖井流能消能方法与装置	CN201010239680	CN101881020B	2012 - 05 - 09	中国水利水电科学研究院	发明
95	灌溉到管系统	CN201110108352	CN102206936B	2012 - 05 - 23	中国水利水电科学研究院	发明
96	具有换向旋转装置和角度控制记忆功能的升降式喷头	CN200910080297	CN101507953B	2012 - 05 - 30	中国水利水电科学研究院	发明
97	一种基于直流母线的风电独立电网系统	CN201110447340	CN102496961A	2012 - 06 - 13	中国水利水电科学研究院	发明
98	一种胶凝砂砾石坝	CN201110300767	CN102505667A	2012 - 06 - 20	中国水利水电科学研究院	发明
99	一种控制管道瞬态液柱分离的空气阀调压室装置	CN200910080207	CN101545570B	2012 - 06 - 27	中国水利水电科学研究院	发明
100	暗管整制排水装置	CN201110121894	CN102155008B	2012 - 07 - 04	中国水利水电科学研究院	发明
101	一种定量区水循环演变过程中不同因素贡献的方法	CN201110437876	CN102567635A	2012 - 07 - 11	中国水利水电科学研究院	发明
102	锚索沿程连续位移测量仪	CN201210008496	CN102607490A	2012 - 07 - 25	中国水利水电科学研究院	发明

续表

序号	专 利 名 称	申请号	公开（公告）号	公开（公告）日期	申请（专利权）人	专利类型
103	一种低压滴灌锯齿型灌水器流道结构优化设计方法	CN201210013015	CN102609569A	2012－07－25	中国水利水电科学研究院	发明
104	耙齿式远程除污装置	CN201210069393	CN102632975A	2012－08－15	中国水利水电科学研究院，水利部防洪抗旱减灾工程技术研究中心，大连佰达玻璃钢船艇有限公司，哈尔滨市京穗船用发动机有限公司	发明
105	喷水组合式防汛抢险艇	CN201210069401	CN102632972A	2012－08－15	中国水利水电科学研究院，水利部防洪抗旱减灾工程技术研究中心，大连佰达玻璃钢船艇有限公司，哈尔滨市京穗船用发动机有限公司	发明
106	一种大口径浅水井	CN201210169962	CN102660979A	2012－09－12	中国水利水电科学研究院	发明
107	带能量回收装置适于新能源独立电网的小型海水淡化设备	CN201210164820	CN102658029A	2012－09－12	中国水利水电科学研究院，乾通环境科技（苏州）有限公司	发明
108	一种基于GAMS非线性规划梯级水库群优化调度方法	CN201210142733	CN102682409A	2012－09－19	中国水利水电科学研究院，湖北省电力公司	发明
109	一种基于连续线性规划的水库优化调度方法	CN201210142729	CN102682347A	2012－09－19	中国水利水电科学研究院，湖北省电力公司	发明
110	灌溉喷头参数自动测量装置	CN201210103716	CN102706545A	2012－10－03	中国水利水电科学研究院	发明
111	一种淋水均匀性测试装置及测试方法	CN201210179735	CN102706550A	2012－10－03	中国水利水电科学研究院	发明
112	明沟控制排水装置	CN201210195018	CN102747718A	2012－10－24	中国水利水电科学研究院	发明
113	一种基于水功能区的水量水质调整方法	CN201210191012	CN102750448A	2012－10－24	中国水利水电科学研究院	发明
114	一种参数共振的近岸波能发电系统	CN201110067611	CN102108933B	2012－11－07	中国水利水电科学研究院	发明
115	廊道防冲刷废旧轮胎衬层	CN201210147755	CN102767163A	2012－11－07	中国水利水电科学研究院，河南奥斯派克科技有限公司	发明

续表

序号	专 利 名 称	申请号	公开（公告）号	公开（公告）日期	申请（专利权）人	专利类型
116	滴头和滴灌管特性参数自动测量设备	CN201210104034	CN102788687A	2012－11－21	中国水利水电科学研究院	发明
117	一种离心机用振动台	CN201110139990	CN102794235A	2012－11－28	中国水利水电科学研究院	发明
118	摆桩定河床主流的系统	CN201210259899	CN102828489A	2012－12－19	中国水利水电科学研究院	发明
119	多孔打孔装置	CN201210333466	CN102825626A	2012－12－19	中国水利水电科学研究院、青岛新大成塑料机械有限公司	发明
120	大型高压圆筒渗透的仿真装置及方法	CN201210327627	CN102839628A	2012－12－26	中国水利水电科学研究院	发明
121	混凝土坝的自反滤式防渗系统及其施工方法	CN201210327347	CN102839636A	2012－12－26	中国水利水电科学研究院	发明
122	一种物理模型快速搭建系统和方法	CN201210344983	CN102855806A	2013－01－02	中国水利水电科学研究院	发明
123	一种水处理设备	CN201110191598	CN102276114B	2013－01－09	中国水利水电科学研究院	发明
124	分时利用碱和酸快速活化交换剂的方法及其使用的装置	CN201110132777	CN102259039B	2013－01－09	中国水利水电科学研究院、重庆融极环保工程有限公司	发明
125	一种旋流式水、气联合波能发电方法和装置	CN201210394510	CN102878004A	2013－01－16	中国水利水电科学研究院	发明
126	测试大坝混凝土弹模随龄变化的实验装置及方法	CN201210406305	CN102890030A	2013－01－23	中国水利水电科学研究院	发明
127	一种螺栓紧固状态监测装置及其监测方法	CN201110223415	CN102322983B	2013－01－23	中国水利水电科学研究院机电所、北京中水科水电科技开发有限公司	发明
128	低热沥青灌浆堵漏的设备及方法	CN201210437748	CN102912795A	2013－02－06	中国水利水电科学研究院、北京中水科水电科技开发有限公司	发明
129	一种河工模型试验水位测量装置	CN201210429696	CN102928042A	2013－02－13	中国水利水电科学研究院	发明
130	砂卵石地层辐射井竖井钻头	CN201210510575	CN102943643A	2013－02－27	中国水利水电科学研究院	发明
131	赤泥添加型生态混凝土及其在污水净化中的应用	CN201110243889	CN102951887A	2013－03－06	中国水利水电科学研究院、中国科学院生态环境研究中心	发明

续表

序号	专 利 名 称	申请号	公开（公告）号	公开（公告）日期	申请（专利权）人	专利类型
132	双活动导叶水泵水轮机	CN201210517385	CN102979658A	2013-03-20	中国水利水电科学研究院	发明
133	变态胶凝砂砾石及其制备方法	CN201210500234	CN102976676A	2013-03-20	中国水利水电科学研究院，北京中水科海利工程技术有限公司	发明
134	富浆胶凝砂砾石及其制备方法	CN201210500232	CN102976675A	2013-03-20	中国水利水电科学研究院，北京中水科海利工程技术有限公司	发明
135	一种土面蒸发量的补偿式自动测量系统及方法	CN201110160071	CN102353602B	2013-04-03	中国水利水电科学研究院，北京时域通科技有限公司	发明
136	移动式多功能恒压灌溉施肥机及其灌溉施肥方法	CN201310009370	CN103053385A	2013-04-24	中国水利水电科学研究院	发明
137	制备混凝土微观分析试样的两阶段真空浸渍染色方法	CN201110317584	CN103063498A	2013-04-24	中国水利水电科学研究院，北京中水科海利工程技术有限公司，李曙光	发明
138	岩体钻孔剪切弹模仪	CN201210465143	CN103115829A	2013-05-22	中国水利水电科学研究院	发明
139	一种河工模型中尾门水位自动控制方法及系统	CN201310035078	CN103116367A	2013-05-22	中国水利水电科学研究院	发明
140	一种在黏土心墙内埋设光纤传感器的方法	CN201310017899	CN103114561A	2013-05-22	中国水利水电科学研究院，大连理工大学	发明
141	一种水库水位过程平滑处理方法	CN201310058407	CN103116877A	2013-05-22	中国水利水电科学研究院，广西电网公司，北京中水科水电科技开发有限公司	发明
142	洞内自补气消能方法和装置	CN201110114073	CN102277861B	2013-06-05	中国水利水电科学研究院	发明
143	三轴试验仪内置轴向荷载传感器	CN201310075215	CN103175731A	2013-06-26	中国水利水电科学研究院	发明
144	光催化净水装置及光催化净水装置的制作方法	CN201010147516	CN102219281B	2013-07-10	中国水利水电科学研究院	发明
145	一种驱动水库淤积泥沙再分布的装置和方法	CN201310145829	CN103195017A	2013-07-10	中国水利水电科学研究院	发明

续表

序号	专 利 名 称	申请号	公开（公告）号	公开（公告）日期	申请（专利权）人	专利类型
146	一种应用于明流隧洞的侧壁掺气坎	CN201110121895	CN102277862B	2013-07-10	中国水利水电科学研究院	发明
147	混凝土坝温控防裂智能监控系统和方法	CN201310009196	CN103217953A	2013-07-24	中国水利水电科学研究院	发明
148	基于河网关联矩阵的河网一维恒定流计算方法	CN201310156192	CN103218538A	2013-07-24	中国水利水电科学研究院	发明
149	选择性进流水温平和装置及其水温数值模拟预报方法	CN201110226317	CN102359146B	2013-08-14	中国水利水电科学研究院、江苏核电有限公司、中国核电工程有限公司	发明
150	一种低水头气能转换装置和设计方法	CN201310238106	CN103277236A	2013-09-04	中国水利水电科学研究院	发明
151	一种输水系统的设计方法	CN201310294266	CN103324814A	2013-09-25	中国水利水电科学研究院	发明
152	拉压状态下混凝土构件高压水劈裂模拟实验设计方法和装置	CN201010544565	CN102053036B	2013-10-02	中国水利水电科学研究院	发明
153	大型土工三轴蠕变试验系统	CN201310308486	CN103344501A	2013-10-09	中国水利水电科学研究院	发明
154	基于水利地图数据模型的洪水风险图绘制方法及其系统	CN201310129431	CN103366633A	2013-10-23	中国水利水电科学研究院	发明
155	大豆叶种抗旱剂的制备方法	CN201210122933	CN103374105A	2013-10-30	中国水利水电科学研究院	发明
156	水生植物的实验装置、实验系统和水生植物的实验方法	CN201210115434	CN103371098A	2013-10-30	中国水利水电科学研究院	发明
157	一种用于浑水压力测量的薄膜隔砂系统	CN201310343173	CN103398816A	2013-11-20	中国水利水电科学研究院、北京中水科水电科技开发有限公司	发明
158	光纤浸入式泥沙含量传感器自动清洗装置及其清洗方法	CN201310384518	CN103406298A	2013-11-27	中国水利水电科学研究院、环境保护部华南环境科学研究所	发明
159	一种外掺氧化镁简化碾压混凝土坝温控措施的方法	CN201310311903	CN103420632A	2013-12-04	中国水利水电科学研究院	发明

续表

序号	专利名称	申请号	公开（公告）号	公开（公告）日期	申请（专利权）人	专利类型
160	高弹性抗冲磨砂浆修补材料及施工工艺	CN201210161225	CN103420642A	2013-12-04	中国水利水电科学研究院，北京中水科海利工程技术有限公司，华东电网有限公司新安江水力发电厂	发明
161	一种水域浓度场的多通道荧光测试系统和方法	CN201110408483	CN102519927B	2013-12-11	中国水利水电科学研究院，江西省水利科学研究院	发明
162	一种波力发电的宽频带波能捕获装置和设计方法	CN201110421742	CN102434368B	2013-12-18	中国水利水电科学研究院	发明
163	一种基于参数共振的浮子-液压波能发电装置及其控制方法	CN201110365407	CN102506005B	2013-12-18	中国水利水电科学研究院	发明
164	风光通用型新能源智能控制系统及其控制方法	CN201310268637	CN103457313A	2013-12-18	中国水利水电科学研究院，北京中水科电科技开发有限公司	发明
165	用于大漏量、高流速岩溶灌浆堵漏的低热沥青及其制备方法	CN201210338041	CN102942338B	2014-01-08	中国水利水电科学研究院，北京中水科电科技开发有限公司	发明
166	一种通过浮水密度测量泥沙浓度的方法	CN201310507701	CN103512829A	2014-01-15	中国水利水电科学研究院，北京中水科电科技开发有限公司	发明
167	一种干旱区湖泊湿地生态需水的定量计算方法	CN201310531072	CN103530530A	2014-01-22	中国水利水电科学研究院	发明
168	一种混凝土砂浆及其制备方法	CN201310407227	CN103524109A	2014-01-22	中国水利水电科学研究院	发明
169	一种自旋式锚杆锚固土工格栅的坎儿井隧洞加固方法及装置	CN201310472689	CN103527213A	2014-01-22	中国水利水电科学研究院	发明
170	一种测量动态泥沙体积浓度方法及装置	CN201310506826	CN103528922A	2014-01-22	中国水利水电科学研究院，北京中水科电科技开发有限公司	发明
171	一种测量浑水流量浓度方法及引水装置	CN201310507678	CN103528930A	2014-01-22	中国水利水电科学研究院，北京中水科电科技开发有限公司	发明

续表

序号	专 利 名 称	申请号	公开（公告）号	公开（公告）日期	申请（专利权）人	专利类型
172	一种水资源与经济协调发展决策支持系统和方法	CN201310609907	CN103577942A	2014－02－12	中国水利水电科学研究院	发明
173	大型埋地压力输水管道渗漏连续监测方法与爆管预警系统	CN201310544612	CN103590444A	2014－02－19	中国水利水电科学研究院	发明
174	一种混凝土坝理想温控曲线模型及利用其的智能控制方法	CN201310524712	CN103303312A	2014－02－26	中国水利水电科学研究院	发明
175	一种基于实时监测数据的大体积混凝土温度过程预测预测方法	CN201310565858	CN103605888A	2014－02－26	中国水利水电科学研究院	发明
176	一种混凝土坝的温控防裂监测方法	CN201110399271	CN102436722B	2014－03－12	中国水利水电科学研究院	发明
177	一种基于实时监测数据的大体积混凝土温度监控方法	CN201310484856	CN103676997A	2014－03－26	中国水利水电科学研究院	发明
178	一种植物水分含量测定系统及仪器	CN201210333574	CN103674765A	2014－03－26	中国水利水电科学研究院	发明
179	增加溶解氧的水处理装置	CN201110260762	CN102976469B	2014－03－26	中国水利水电科学研究院	发明
180	城市市政污水管网的带压监测方法	CN201210387515	CN103697934A	2014－04－02	中国水利水电科学研究院	发明
181	土工离心模型饱和装置	CN201210194836	CN102706711B	2014－04－02	中国水利水电科学研究院	发明
182	一种混凝土表面的防渗方法及其中使用的包括活性硅外加剂的防渗混凝土	CN201310430332	CN103693877A	2014－04－02	中国水利水电科学研究院	发明
183	混凝土衬砌隧洞结构、圆环形扁平千斤顶及高压隧洞工艺	CN201310259632	CN103696406A	2014－04－02	中国水利水电科学研究院、北京中水科海利工程技术有限公司	发明
184	常温常压下制备混凝土微观分析试样的浸渍染色方法	CN201210470819	CN103698190A	2014－04－02	中国水利水电科学研究院、北京中水科海利工程技术有限公司、李曙光	发明
185	一种金银花鸡生态养殖方法	CN201310430419	CN103688901A	2014－04－02	中国水利水电科学研究院、湖南省永兴县厚皓生态农业科技有限公司	发明

续表

序号	专利名称	申请号	公开(公告)号	公开(公告)日期	申请(专利权)人	专利类型
186	压力传感器保护装置及其组装方法	CN201310739575	CN103712735A	2014-04-09	中国水利水电科学研究院	发明
187	自适应除藻装置	CN201310505386	CN103711111A	2014-04-09	中国水利水电科学研究院、云南省水利水电勘测设计研究院、中国长江三峡集团公司	发明
188	利用农村农副废弃物养殖黄粉虫的方法	CN201310627013	CN103719023A	2014-04-16	中国水利水电科学研究院、湖南省永兴县厚皓生态农业科技有限公司	发明
189	水动能转化装置	CN201410036629	CN103742342A	2014-04-23	中国水利水电科学研究院	发明
190	一种大体积混凝土的智能通水方法及使用该方法的系统	CN201310716982	CN103741692A	2014-04-23	中国水利水电科学研究院、水电水利规划设计总院、北京水联能工程科技有限公司	发明
191	土石坝筑坝用粗粒料配级快速检测装置及方法	CN201410061048	CN103776521A	2014-05-07	中国水利水电科学研究院	发明
192	一种双向导流叶片冲击式透平波力发电系统和方法	CN201410075349	CN103790761A	2014-05-14	中国水利水电科学研究院	发明
193	一种沥青混凝土防渗面板的开裂预警方法及装置	CN201410037996	CN103792185A	2014-05-14	中国水利水电科学研究院、北京中水科海利工程技术有限公司	发明
194	一种整型池式鱼道和流态控制方法	CN201410056086	CN103806419A	2014-05-21	中国水利水电科学研究院	发明
195	一种计算地区间虚拟水流量关系的方法	CN201410072122	CN103823982A	2014-05-28	中国水利水电科学研究院	发明
196	一种计算某区域农产品虚拟水含量的方法	CN201410072271	CN103824225A	2014-05-28	中国水利水电科学研究院	发明
197	用于水体净化的生态坝	CN201310126610	CN103193328B	2014-05-28	中国水利水电科学研究院、北京化工大学	发明
198	一种设置180°转弯段的竖缝式鱼道	CN201410110104	CN103385272A	2014-06-04	中国水利水电科学研究院	发明
199	一种混流式水电机组出力异常检测方法	CN201410140372	CN103926079A	2014-07-16	中国水利水电科学研究院	发明
200	一种水电机组运行方式的优化方法	CN201410140336	CN103927592A	2014-07-16	中国水利水电科学研究院	发明

续表

序号	专利名称	申请号	公开（公告）号	公开（公告）日期	申请（专利权）人	专利类型
201	一种应用于水资源分析政策政策的社会核算矩阵改进方法	CN201410171504	CN103927696A	2014-07-16	中国水利水电科学研究院	发明
202	一种风电机组变工况下滚动轴承自适应异常检测方法	CN201410140381	CN103940611A	2014-07-23	中国水利水电科学研究院	发明
203	一种基于物联网的城市内涝监测方法及监测系统	CN201310023726	CN103944946A	2014-07-23	中国水利水电科学研究院	发明
204	一种计算浪作用下悬沙输移相位滞后效应的方法	CN201410155863	CN103940580A	2014-07-23	中国水利水电科学研究院	发明
205	一种水耦合综合仿真平台和方法	CN201210257498	CN102758415B	2014-07-30	中国水利水电科学研究院	发明
206	一种水轮机尾水管动态特征的提取方法	CN201410140330	CN103955601A	2014-07-30	中国水利水电科学研究院	发明
207	一种对含沙水流进行处理的泥沙去除系统和方法	CN201410224359	CN103964650A	2014-08-06	中国水利水电科学研究院	发明
208	加浆振捣凝胶砂砾石的制备方法及其产品	CN201410184217	CN103964770A	2014-08-06	中国水利水电科学研究院，北京中水科海利工程技术有限公司	发明
209	手动除污装置	CN201210069298	CN102632985B	2014-08-06	中国水利水电科学研究院，大连恒达玻璃钢船艇有限公司	发明
210	一种用于监控农村供水工程的装置	CN201410238872	CN104020741A	2014-09-03	中国水利水电科学研究院	发明
211	一种人类活动扰动条件下的水循环过程模拟试验系统	CN201110439463	CN102539642B	2014-09-10	中国水利水电科学研究院	发明
212	一种基于千年周期贯决策的水资源配置方法	CN201410273611	CN104050515A	2014-09-17	中国水利水电科学研究院	发明
213	一种水印的嵌入、检测方法及装置	CN201310093840	CN104063834A	2014-09-24	中国水利水电科学研究院	发明

附录

续表

序号	专 利 名 称	申请号	公开（公告）号	公开（公告）日期	申请（专利权）人	专利类型
214	一种用于降低水轮机过机鱼伤害的缓冲和照明系统	CN201210238453	CN102777310B	2014－09－24	中国水利水电科学研究院，北京中水科水电科技开发有限公司	发明
215	一种承孔旋流竖井泄洪洞和设计方法	CN201210200474	CN102704448B	2014－10－01	中国水利水电科学研究院	发明
216	一种水害损失通用模型构建方法	CN201410313085	CN104091011A	2014－10－08	中国水利水电科学研究院	发明
217	一种摇臂式多点作物冠层红外温度检测系统及检测方法	CN201410328159	CN104089705A	2014－10－08	中国水利水电科学研究院	发明
218	一种作物冠层温度与土壤墒情数据监测系统及其应用	CN201410328093	CN104089650A	2014－10－08	中国水利水电科学研究院	发明
219	自击式气－水混合装置、利用该装置的灌溉系统以及利用该装置灌溉系统的灌溉方法	CN201210050651	CN102524026B	2014－10－08	中国水利水电科学研究院	发明
220	一种推移质床面颗粒的拍摄装置及方法	CN201410370285	CN104104925A	2014－10－15	中国水利水电科学研究院	发明
221	一种推移质取样装置	CN201310061759	CN103149055B	2014－10－29	中国水利水电科学研究院，清华大学，北京矿产地质研究院	发明
222	一种分布式水文模型模拟效果验证方法及装置	CN201410371519	CN104143049A	2014－11－12	中国水利水电科学研究院	发明
223	一种面向水污染突发事件应急调度预案生成方法	CN201410353148	CN104143129A	2014－11－12	中国水利水电科学研究院	发明
224	一种农田面源污染物入河量的计算方法及装置	CN201410353024	CN104143048A	2014－11－12	中国水利水电科学研究院	发明
225	一种土壤侵蚀类面源污染物入河量的计算方法及装置	CN201410354473	CN104156570A	2014－11－19	中国水利水电科学研究院	发明
226	一种基于水循环的地下水数值仿真方法	CN201110437875	CN102567634B	2014－12－10	中国水利水电科学研究院	发明
227	一种污水处理装置及其应用与污水处理方法	CN201310395366	CN103523906B	2014－12－17	中国水利水电科学研究院	发明

序号	专利名称	申请号	公开（公告）号	公开（公告）日期	申请（专利权）人	专利类型
228	一种可施加双轴作用力的混凝土构件水力劈裂模拟实验设计方法和装置	CN201410469587	CN104237021A	2014－12－24	中国水利水电科学研究院、清华大学	发明
229	水功能区与水资源分区映射技术	CN201410495173	CN104268398A	2015－01－07	中国水利水电科学研究院	发明
230	一种高精度地形测量系统	CN201410444121	CN104266630A	2015－01－07	中国水利水电科学研究院	发明
231	一种基于叠加消波原理的大型输水明渠闸门控制方法	CN201410442034	CN104426430A	2015－01－07	中国水利水电科学研究院	发明
232	一种控导河势及稳定河道主流的结构	CN201410444011	CN104264626A	2015－01－07	中国水利水电科学研究院	发明
233	一种三层饮水量分配方法	CN201410488064	CN104268796A	2015－01－07	中国水利水电科学研究院	发明
234	一种新型混凝土智能温控系统及方法	CN201410563386	CN104298272A	2015－01－21	中国水利水电科学研究院	发明
235	一种在线实时监测光度分光仪的专用比色皿	CN201410596939	CN104316465A	2015－01－28	中国水利水电科学研究院	发明
236	一种地质沉降监测装置及监测方法	CN201410645997	CN104316029A	2015－01－28	中国水利水电科学研究院、北京中水科工程总公司	发明
237	一种用于浑水压力测量的滤网阻沙装置及其使用方法	CN201310343174	CN103398817B	2015－02－04	中国水利水电科学研究院、北京中水科水电科技开发有限公司	发明
238	渠灌区管道输水灌溉系统	CN201310439420	CN103485387B	2015－02－18	中国水利水电科学研究院	发明
239	一种会水循环取水过程数值模拟方法	CN201410582247	CN104361152A	2015－02－18	中国水利水电科学研究院	发明
240	斜井式泄洪洞的侧壁修气坎和出口潜水挑坎坎的消能方法	CN201210108132	CN102619200B	2015－02－25	中国水利水电科学研究院	发明
241	一种水下微地形变化的时空相关测控系统	CN201210587361	CN103063198B	2015－02－25	中国水利水电科学研究院	发明
242	用于离心模型的降雨模拟方法及其装置	CN201410581766	CN104391103A	2015－03－04	中国水利水电科学研究院	发明
243	优化叶片数的枯水期转轮及配备该转轮的混流式水轮机	CN201410494888	CN104389716A	2015－03－04	中国水利水电科学研究院	发明

续表

序号	专利名称	申请号	公开(公告)号	公开(公告)日期	申请(专利权)人	专利类型
244	一种非均匀模型沙自动筛分系统	CN201410829799	CN104438065A	2015-03-25	中国水利水电科学研究院	发明
245	一种适应水位变动的鱼道进口和设计方法	CN201410588897	CN104452693A	2015-03-25	中国水利水电科学研究院	发明
246	一种盆栽试验自动灌溉系统和方法	CN201310437334	CN103477956B	2015-04-01	中国水利水电科学研究院	发明
247	离心模型3D光学位移测量系统	CN201310098327	CN103162632B	2015-04-08	中国水利水电科学研究院	发明
248	一种模拟水温分层流动的供水装置	CN201410178249	CN103915017B	2015-04-15	中国水利水电科学研究院	发明
249	动静三轴试验机饱和非饱和体测量装置及控制方法	CN201410797865	CN104535423A	2015-04-22	中国水利水电科学研究院	发明
250	一种薄层水流流速测量系统和方法	CN201510022944	CN104535794A	2015-04-22	中国水利水电科学研究院	发明
251	一种多边界泥沙模型试验自动加沙系统	CN201410828195	CN104532783A	2015-04-22	中国水利水电科学研究院	发明
252	一种砂砾石层水泥灌浆浆液扩散过程监测装置及方法	CN201510009248	CN104535461A	2015-04-22	中国水利水电科学研究院、北京中水工程总公司	发明
253	一种用于岩质边坡治理的新型锚索及其内锚头	CN201510016382	CN104612150A	2015-05-13	中国水利水电科学研究院	发明
254	一种河工模型试验推移质输沙率测量系统	CN201210429773	CN102877438B	2015-05-20	中国水利水电科学研究院	发明
255	一种生物膜速装置	CN201310628651	CN103693746B	2015-05-20	中国水利水电科学研究院	发明
256	一种旋转射线喷头的角度调节装置	CN201310192794	CN103301968B	2015-05-20	中国水利水电科学研究院	发明
257	一种河湖水体原位生态净化系统的配置	CN201510061310	CN104649416A	2015-05-27	中国水利水电科学研究院	发明
258	一种基于二元水循环的纳污能力计算方法	CN201510052564	CN104679993A	2015-06-03	中国水利水电科学研究院	发明
259	一种模拟水温分层流动的电加热实验装置	CN201410178013	CN103938575B	2015-06-03	中国水利水电科学研究院	发明

续表

序号	专利名称	申请号	公开（公告）号	公开（公告）日期	申请（专利权）人	专利类型
260	一种设置分段的竖缝式鱼道	CN201410109621	CN103835271B	2015－06－03	中国水利水电科学研究院	发明
261	一种竖缝式鱼道休息池	CN201410110113	CN103835273B	2015－06－03	中国水利水电科学研究院	发明
262	柔性防渗材料抗高压开裂能力的仿真试验模型和方法	CN201210327478	CN102841020B	2015－06－10	中国水利水电科学研究院	发明
263	用次氯酸钠的制造系统生产次氯酸钠溶液的方法	CN201010551294	CN102465311B	2015－06－10	中国水利水电科学研究院	发明
264	一种风生流除藻装置	CN201310482837	CN103706170B	2015－06－10	中国水利水电科学研究院，云南省水利水电勘测设计研究院，中国长江三峡集团公司	发明
265	一种海岸波旋流发电方法和装置	CN201310144492	CN103195643B	2015－06－17	中国水利水电科学研究院	发明
266	一种地下水补给植被的临界水理深计算方法	CN201510194904	CN104751011A	2015－07－01	中国水利水电科学研究院	发明
267	导流洞改建水平旋流洞的起旋室与旋流洞过渡连接装置	CN201510164250	CN104762934A	2015－07－08	中国水利水电科学研究院	发明
268	一种测量液体物理参数的取液探针系统	CN201510107900	CN104764626A	2015－07－08	中国水利水电科学研究院，北京中水科水电科技开发有限公司	发明
269	一种连续拌和胶凝砂砾石的拌和设备及其使用用法	CN201510104540	CN104760136A	2015－07－08	中国水利水电科学研究院，中国大坝协会，辽宁海诺建设机械集团有限公司，四川兴港建筑工程有限公司	发明
270	跌坎底流消能强迫掺气减蚀装置	CN201510137657	CN104775405A	2015－07－15	中国水利水电科学研究院	发明
271	一种多尺度土壤墒情协同观测装置	CN201510202877	CN104777286A	2015－07－15	中国水利水电科学研究院	发明
272	一种确定流域尺度次降雨泥沙来源的方法	CN201510197961	CN104777215A	2015－07－15	中国水利水电科学研究院	发明
273	一种稳流减磨消力池	CN201510137649	CN104775404A	2015－07－15	中国水利水电科学研究院	发明

续表

序号	专利名称	申请号	公开（公告）号	公开（公告）日期	申请（专利权）人	专利类型
274	一种新型过滤器滤网柱	CN201510235065	CN104801098A	2015-07-29	中国水利水电科学研究院	发明
275	用复合胶凝材料制备低热高抗裂水工混凝土定量设计方法	CN201510187472	CN104817310A	2015-08-05	中国水利水电科学研究院、北京中水科海利工程技术有限公司	发明
276	扩散气体冲刷系统	CN201310732915	CN103706150B	2015-08-12	中国水利水电科学研究院	发明
277	一种大尺度植被覆盖度航空动态获取系统	CN201310380546	CN103438869B	2015-08-12	中国水利水电科学研究院	发明
278	一种出口双流道混流式水轮机转轮	CN201510122600	CN104847568A	2015-08-19	中国水利水电科学研究院、北京中水科水电科技开发有限公司	发明
279	一种岩石风化速度的测定方法	CN201210448377	CN102967548B	2015-08-19	中国水利水电科学研究院、清华大学、北京矿产地质研究院	发明
280	一种波能转换气动发电方法和装置	CN201310202227	CN103266982B	2015-08-26	中国水利水电科学研究院	发明
281	一种渠道灌溉施肥装置	CN201210370270	CN102870540B	2015-09-02	中国水利水电科学研究院	发明
282	一种模拟水温分层流动的实验系统	CN201410179003	CN103924549B	2015-09-09	中国水利水电科学研究院	发明
283	一种测定伪空胞相对气体含量的方法	CN201510316267	CN104897516A	2015-09-09	中国水利水电科学研究院、中国长江三峡集团公司	发明
284	适于枯水期运行的混流式转轮及配备该转轮的水轮机	CN201410494941	CN104481776B	2015-09-16	中国水利水电科学研究院	发明
285	一种沿海城市感潮河道多级复合强化净化方法	CN201510315727	CN104926032A	2015-09-23	中国水利水电科学研究院	发明
286	针对菲涅尔透镜产生的片光图的灰度处理方法	CN201410401394	CN104933741A	2015-09-23	中国水利水电科学研究院、北京尚水信息技术股份有限公司	发明
287	一种测定蓝藻伪空胞和群体细胞间空隙浮力贡献的方法	CN201510261148	CN104950073A	2015-09-30	中国水利水电科学研究院	发明
288	一种新型在线检测比色皿	CN201410109529	CN104949918A	2015-09-30	中国水利水电科学研究院	发明

续表

序号	专利名称	申请号	公开（公告）号	公开（公告）日期	申请（专利权）人	专利类型
289	一种新型在线检测光度计	CN201410109528	CN104949928A	2015－09－30	中国水利水电科学研究院	发明
290	一种新型在线检测控制阀	CN201410109527	CN104948810A	2015－09－30	中国水利水电科学研究院	发明
291	一种新型在线检测消解器	CN201410109526	CN104949878A	2015－09－30	中国水利水电科学研究院	发明
292	一种新型在线检测紫外光源	CN201410109190	CN104952689A	2015－09－30	中国水利水电科学研究院	发明
293	大体积混凝土表面开裂风险预警与干预决策系统	CN201310507984	CN103556597B	2015－10－21	中国水利水电科学研究院	发明
294	农业面源污染在线监测与自动取样系统	CN201210348231	CN103675222B	2015－10－28	中国水利水电科学研究院、江苏美淼环保科技有限公司	发明
295	一种水动力学试验中可变糙率冰盖模拟方法和装置	CN201510510809	CN105021791A	2015－11－04	中国水利水电科学研究院	发明
296	用于模拟深海环境的离心模拟试验装置	CN201510434823	CN105021795A	2015－11－04	中国水利水电科学研究院	发明
297	一种止水条及其止水结构的施工方法	CN201510369737	CN105019404A	2015－11－04	中国水利水电科学研究院、北京新慧水利建筑有限公司	发明
298	一种高拱坝上游面柔性复合防渗层的施工方法	CN201210174257	CN103452081B	2015－11－11	中国水利水电科学研究院、北京中水科海利工程技术有限公司	发明
299	200米以上超高水库放空洞及其布置方法、用途	CN201510478023	CN105040648A	2015－11－11	中国水利水电科学研究院、哈尔滨工业大学深圳研究生院	发明
300	一种长距离输水渠道糙率原型观测测定方法	CN201510473174	CN105091838A	2015－11－25	中国水利水电科学研究院	发明
301	混凝土浇筑仓面小环境温湿度智能控制装置及方法	CN201510476031	CN105138048A	2015－12－09	中国水利水电科学研究院	发明
302	新型暗排结构及其除游作用的设计方法	CN201410201037	CN103953018B	2015－12－09	中国水利水电科学研究院	发明

续表

序号	专 利 名 称	申请号	公开（公告）号	公开（公告）日期	申请（专利权）人	专利类型
303	一种潮流环境下垂直浮力射流的射流轴线设计计算方法	CN201510440997	CN105183941A	2015-12-23	中国水利水电科学研究院	发明
304	一种城市居民节水潜力的计算方法	CN201510260807	CN105184036A	2015-12-23	中国水利水电科学研究院	发明
305	一种基于生物絮凝的水沙动力学模拟方法	CN201510337254	CN105178242A	2015-12-23	中国水利水电科学研究院	发明
306	一种用于加浆振捣胶凝砂砾石的机械插孔器及其施工方法	CN201510484313	CN105178320A	2015-12-23	中国水利水电科学研究院、北京中水科海利工程技术有限公司	发明
307	一种水击驱动式高扬程活塞泵	CN201510651685	CN105221377A	2016-01-06	中国水利水电科学研究院	发明
308	一种真假倍频压力脉动信号的区分方法	CN201510599889	CN105222950A	2016-01-06	中国水利水电科学研究院、国网新源控股有限公司技术中心、北京中水科水电科技开发有限公司	发明
309	一种大体积混凝土温控效果全过程评价方法	CN201410370061	CN104133052B	2016-01-13	中国水利水电科学研究院	发明
310	农村生活废料和养殖废料的生态循环利用的方法	CN201310626032	CN103688906B	2016-01-13	中国水利水电科学研究院、湖南省永兴县厚皓生态农业科技有限公司	发明
311	一种确定土壤水分监测仪器埋设位置的方法和装置	CN201410814832	CN104569342B	2016-01-27	中国水利水电科学研究院	发明
312	混凝土仓面小气候控制系统	CN201510780497	CN105302205A	2016-02-03	中国水利水电科学研究院	发明
313	一种200m级高面板堆石坝防渗体抗震设计方法	CN201510850251	CN105297680A	2016-02-03	中国水利水电科学研究院、大连理工大学	发明
314	混凝土坝接缝智能温控灌浆系统	CN201510674650	CN105332378A	2016-02-17	中国水利水电科学研究院	发明
315	可承受高内外水同时作用的自适应衬砌结构	CN201510796205	CN105332716A	2016-02-17	中国水利水电科学研究院	发明

序号	专利名称	申请号	公开（公告）号	公开（公告）日期	申请（专利权）人	专利类型
316	一种基于地表水深信息的地面灌溉整制方法	CN201510850162	CN105553620A	2016-02-24	中国水利水电科学研究院	发明
317	一种漂浮生物生态反应装置	CN201410345325	CN104229996B	2016-02-24	中国水利水电科学研究院	发明
318	一种大体积混凝土结构表面放热系数确定的方法和装置	CN201510641499	CN105350586A	2016-02-24	中国水利水电科学研究院、北京江河中基勘测设计有限公司	发明
319	一种复合琴键溢流堰式虹吸井和方法	CN201510047382	CN104563267B	2016-03-02	中国水利水电科学研究院	发明
320	一种挑流鼻坎	CN201510642706	CN105369783A	2016-03-02	中国水利水电科学研究院	发明
321	一种雨水处理装置	CN201310631679	CN103669549B	2016-03-02	中国水利水电科学研究院	发明
322	一种胶凝人工砂石材料及其制备方法	CN201410406353	CN105366973A	2016-03-02	中国水利水电科学研究院、中国大坝协会	发明
323	一种河工模型试验断面板制作方法	CN201210587407	CN103020388B	2016-03-09	中国水利水电科学研究院	发明
324	一种组合式超泄消能溢洪单元和方法	CN201510047462	CN104695390B	2016-03-16	中国水利水电科学研究院	发明
325	混凝土拱坝温度荷载智能调节方法	CN201510685719	CN105421281A	2016-03-23	中国水利水电科学研究院	发明
326	边坡和大坝施工期、初次蓄水期全过程变形稳定监测系统	CN201510769683	CN105442520A	2016-03-30	中国水利水电科学研究院	发明
327	分体式土壤容重取样器	CN201310290596	CN103335862B	2016-04-13	中国水利水电科学研究院	发明
328	一种防止高混凝土坝内廊道顶及底板开裂的方法	CN201510894882	CN105507219A	2016-04-20	中国水利水电科学研究院	发明
329	一种适合藏区水文化的灌区渠系系统	CN201510800745	CN105507222A	2016-04-20	中国水利水电科学研究院	发明
330	一种山洪预警数据接收汇集的方法	CN201310206835	CN103366511B	2016-04-27	中国水利水电科学研究院	发明
331	一种离心泵蜗壳	CN201410174382	CN103982468B	2016-04-27	中国水利水电科学研究院、北京中水科水电科技开发有限公司	发明
332	一种利用射流诱鱼的方法与系统	CN201410334590	CN104088261B	2016-05-04	中国水利水电科学研究院	发明

续表

序号	专 利 名 称	申请号	公开（公告）号	公开（公告）日期	申请（专利权）人	专利类型
333	一种流域/区域干旱演变驱动机制的识别方法	CN201510895080	CN105550501A	2016-05-04	中国水利水电科学研究院	发明
334	砂卵石地层辐射井成井工艺	CN201210484260	CN102937001B	2016-05-11	中国水利水电科学研究院	发明
335	一种无扰动底泥采样与成影系统	CN201210340158	CN103674605B	2016-05-18	中国水利水电科学研究院	发明
336	一种组合式消泡虹吸井和方法	CN201410041247	CN104234174B	2016-05-18	中国水利水电科学研究院	发明
337	径流预测方法	CN201310105494	CN103150615B	2016-05-25	中国水利水电科学研究院	发明
338	一种水资源干旱评价系统	CN201510895716	CN105608307A	2016-05-25	中国水利水电科学研究院	发明
339	一种双向挡水合页活动坝	CN201610094112	CN105603937A	2016-05-25	中国水利水电科学研究院，北京中水科工程总公司	发明
340	一种土壤参数自动监测与评价设备及方法	CN201210361723	CN103674995B	2016-06-01	中国水利水电科学研究院	发明
341	一种伸缩缝的止水结构成该止水结构的喷填工法	CN201310606513	CN103696396B	2016-06-08	中国水利水电科学研究院	发明
342	一种可用于水文实验监测的生态护坡	CN201610130417	CN105672333A	2016-06-15	中国水利水电科学研究院	发明
343	基于智能手机的大体积混凝土防裂智能监控方法	CN201310484694	CN103541552B	2016-06-22	中国水利水电科学研究院	发明
344	可观测土壤湿润锋运移情况及分层收集壤中流的实验器材	CN201610130376	CN105699625A	2016-06-22	中国水利水电科学研究院	发明
345	一种节水龙头及其节水方法	CN201610249070	CN105697842A	2016-06-22	中国水利水电科学研究院	发明
346	一种可调节大小的多功能采水器	CN201610131318	CN105699124A	2016-06-22	中国水利水电科学研究院	发明
347	一种可同时使用多个环刀取样的环刀取样器	CN201610248840	CN105697004A	2016-06-22	中国水利水电科学研究院	发明

续表

序号	专 利 名 称	申请号	公开（公告）号	公开（公告）日期	申 请（专利权）人	专利类型
348	大坝沥青混凝土防渗体与基础混凝土间的齿垫式接头结构	CN201410052943	CN104018464B	2016－06－22	中国水利水电科学研究院，北京中水科海利工程技术有限公司	发明
349	一种区域降雨过程的模拟系统和方法	CN201310058324	CN103143465B	2016－06－29	中国水利水电科学研究院	发明
350	一种新型预应力锚索外锚头多重防护装置及其固定方法	CN201610196493	CN105714819A	2016－06－29	中国水利水电科学研究院	发明
351	一种用于水生物评估的水环境监测装置	CN201610226494	CN105717268A	2016－06－29	中国水利水电科学研究院	发明
352	一体化农村污水处理装置	CN201610226447	CN105731735A	2016－07－06	中国水利水电科学研究院	发明
353	一种驱动河道淤积沙泥再分布的装置和方法	CN201310145830	CN103195018B	2016－07－06	中国水利水电科学研究院	发明
354	用于离心机试验平台的测试系统	CN201410061049	CN103940672B	2016－07－06	中国水利水电科学研究院	发明
355	一种自循环式搅拌装置	CN201410143722	CN103877885B	2016－07－13	中国水利水电科学研究院	发明
356	对同一土槽进行不同坡长人工模拟降雨试验的遮雨板装置	CN201610288687	CN105784322A	2016－07－20	中国水利水电科学研究院	发明
357	一种组合型水样过滤器	CN201610289545	CN105784454A	2016－07－20	中国水利水电科学研究院	发明
358	一种基于水输沙水需水的生态需水月尺度直观分析方法	CN201610130378	CN105808947A	2016－07－27	中国水利水电科学研究院	发明
359	一种基于水资源的产业结构诊断方法	CN201610131303	CN105809285A	2016－07－27	中国水利水电科学研究院	发明
360	用于海上风电软基加固的振冲系泊桩及其施工工艺和设备	CN201610186486	CN105821897A	2016－08－03	中国水利水电科学研究院	发明
361	一种室内测量混凝土表面放热系数的方法	CN201610317988	CN105842278A	2016－08－10	中国水利水电科学研究院	发明
362	一种树木年轮检测分析系统	CN201210321754	CN103674992B	2016－08－10	中国水利水电科学研究院	发明

续表

序号	专 利 名 称	申请号	公开（公告）号	公开（公告）日期	申请（专利权）人	专利类型
363	修复受污染水体的太阳能曝气系统及修复该水体的方法	CN201310744142	CN104386840B	2016－08－17	中国水利水电科学研究院	发明
364	一种基于排放量与纳污能力均衡调控网络的污水处理系统	CN201610212705	CN105867124A	2016－08－17	中国水利水电科学研究院	发明
365	一种降雨入渗补给地下水临界埋深计算方法	CN201510290803	CN105022913B	2016－08－17	中国水利水电科学研究院	发明
366	一种阻流板通道型式鱼道及设计方法	CN201610444424	CN105862687A	2016－08－17	中国水利水电科学研究院	发明
367	一种基于月尺度的潮位资料一致性修正方法	CN201610249068	CN105893329A	2016－08－24	中国水利水电科学研究院	发明
368	一种气爆泵装置	CN201610252899	CN105889142A	2016－08－24	中国水利水电科学研究院	发明
369	一种用于检测干旱土壤中水分的设备	CN201610212710	CN105891444A	2016－08－24	中国水利水电科学研究院	发明
370	一种湖库水环境污染修复系统	CN201610226495	CN105923775A	2016－09－07	中国水利水电科学研究院	发明
371	一种基于经纬线投影的河流多年平均径流量分析方法	CN201610289144	CN105930672A	2016－09－07	中国水利水电科学研究院	发明
372	一种河流生态需水分段分析、补充以及分流方法	CN201610248052	CN105956363A	2016－09－21	中国水利水电科学研究院	发明
373	一种基于蓄量动态调节的大型明渠水位自动控制方法	CN201410025614	CN103744443B	2016－09－21	中国水利水电科学研究院	发明
374	一种用于数值大气模式的典型降雨事件选取方法	CN201610248862	CN105954821A	2016－09－21	中国水利水电科学研究院	发明
375	特殊地层环境条件下的渗漏连续监测实验装置及方法	CN201610547597	CN105973533A	2016－09－28	中国水利水电科学研究院	发明

续表

序号	专利名称	申请号	公开(公告)号	公开(公告)日期	申请(专利权)人	专利类型
376	一种风电机组输出功率异常的自适应检测方法	CN201410140327	CN103925155B	2016-10-05	中国水利水电科学研究院	发明
377	一种有纺织物滤层包覆装置及其使用方法	CN201510296817	CN104895026B	2016-10-05	中国水利水电科学研究院	发明
378	基于遥感的洪水淹没历时模拟系统及方法	CN201510092899	CN104766132B	2016-10-19	中国水利水电科学研究院	发明
379	旋转射线喷头	CN201410391137	CN104190565B	2016-10-19	中国水利水电科学研究院	发明
380	一种适应水位变动的鱼道出口和设计方法	CN201610592808	CN106049378A	2016-10-26	中国水利水电科学研究院	发明
381	基于遥感数据的区域地表感热/潜热通量反演方法及系统	CN201610423128	CN106169014A	2016-11-30	中国水利水电科学研究院	发明
382	一种新型的分布式河北模型构建方法及其应用	CN201610576830	CN106202790A	2016-12-07	中国水利水电科学研究院	发明
383	一种基于自然地理特征的水源类型解析方法	CN201610664433	CN106295576A	2017-01-04	中国水利水电科学研究院，水利部淮河水利委员会	发明
384	大体积混凝土智能保温监控方法	CN201410441618	CN104238588B	2017-01-18	中国水利水电科学研究院	发明
385	一种用于混凝土坝防裂的温度应力分析和反分析方法	CN201310048460	CN103593502B	2017-01-18	中国水利水电科学研究院	发明
386	一种可调高扬程的水锤泵实验方法和实验平台	CN201410588898	CN104454491B	2017-01-25	中国水利水电科学研究院	发明
387	基于多时相遥感影像和DEM的湖泊水量蓄变量评估方法	CN201610665528	CN106354992A	2017-01-25	中国水利水电科学研究院，水利部淮河水利委员会	发明
388	一种分布式水文模型并行运算方法	CN201410371523	CN104142812B	2017-02-01	中国水利水电科学研究院	发明

续表

序号	专 利 名 称	申请号	公开（公告）号	公开（公告）日期	申请（专利权）人	专利类型
389	一种海上漂浮平台	CN201410264265	CN104943827B	2017－02－15	中国水利水电科学研究院	发明
390	一种自动修正的多模式数值降雨集合预报方法	CN201610131565	CN105808948B	2017－02－15	中国水利水电科学研究院	发明
391	设置电磁阀启闭循环周期的方法及装置	CN201410635754	CN104455653B	2017－02－15	中国水利水电科学研究院，中农智冠（北京）科技有限公司	发明
392	一种电厂温排水深水排放的近远区耦合数值模拟方法	CN201610886185	CN106446438A	2017－02－22	中国水利水电科学研究院	发明
393	一种高精度万向喷射系统及方法	CN201510115525	CN104741273B	2017－03－01	中国水利水电科学研究院，北京中水科水电科技开发有限公司	发明
394	一种基于追迹计算的冰川草场分布范围确定方法	CN201610925699	CN106485019A	2017－03－08	中国水利水电科学研究院	发明
395	一种切沟生态护坡结构及其施工方法	CN201510648722	CN105386449B	2017－03－22	中国水利水电科学研究院	发明
396	一种等流道截面过滤器叠片	CN201510234989	CN104785003B	2017－03－29	中国水利水电科学研究院	发明
397	一种基于山区的层次化农村供水水源优化配置方法	CN201611120437	CN106545048A	2017－03－29	中国水利水电科学研究院	发明
398	一种推移质输沙率和颗粒粒级配的实时测量装置及方法	CN201410370079	CN104122190B	2017－03－29	中国水利水电科学研究院	发明
399	一种优化的雷达数据同化方法	CN201610943069	CN106546958A	2017－03－29	中国水利水电科学研究院	发明
400	一种组装式水柜装置	CN201510296721	CN104891052B	2017－03－29	中国水利水电科学研究院	发明
401	快速确定混凝土切片内砂浆/骨料面积含量的方法	CN201410047369	CN103822922B	2017－03－29	中国水利水电科学研究院，北京中水科海利工程技术有限公司	发明

续表

序号	专 利 名 称	申请号	公开（公告）号	公开（公告）日期	申请（专利权）人	专利类型
402	评价材料低温抗开裂性能方法及设备、试件和其制备方法	CN201410047187	CN103822807B	2017－04－12	中国水利水电科学研究院，北京中水科海利工程技术有限公司	发明
403	一种矩形断面顺直河道温排水横向扩散断面面积计算方法	CN201610385699	CN106021952B	2017－04－19	中国水利水电科学研究院	发明
404	一种矩形断面顺直河道温排水横向扩散距离计算方法	CN201610385698	CN106021951B	2017－04－19	中国水利水电科学研究院	发明
405	一种基于 Godunov 格式一、二维耦合技术的山洪数值模拟方法	CN201611143339	CN106599457A	2017－04－26	中国水利水电科学研究院	发明
406	一种基于土壤保墒原理的面源污染控制方法	CN201611103198	CN106587492A	2017－04－26	中国水利水电科学研究院	发明
407	一种区分坡面和沟道汇流速度差异的地貌单位线构建方法	CN201611143337	CN106599456A	2017－04－26	中国水利水电科学研究院	发明
408	一种改进 Nash 效率系数计算方法	CN201410370103	CN104143025B	2017－05－10	中国水利水电科学研究院	发明
409	一种可调节大小的多功能采水器的采水器稳定装置	CN201611182508	CN106644584A	2017－05－10	中国水利水电科学研究院	发明
410	一种保持河道规模的临界流量计算方法	CN201610312533	CN106021881B	2017－05－17	中国水利水电科学研究院	发明
411	一种基于组合评价的地下水分区预测方法	CN201610290602	CN105976059B	2017－05－17	中国水利水电科学研究院，河北省水文水资源勘测局	发明
412	一种水土保持工程减水减沙效益定量评价方法	CN201611116449	CN106777688A	2017－05－31	中国水利水电科学研究院	发明
413	利用光纤光栅位移传感器测量基岩轴向变形的装置及方法	CN201510055882	CN104634269B	2017－06－06	中国水利水电科学研究院，北京中水科工程总公司	发明

续表

序号	专利名称	申请号	公开（公告）号	公开（公告）日期	申请（专利权）人	专利类型
414	一种利用水电站生态流量发电的露天水轮发电机组	CN201410468667	CN104481779B	2017-06-06	中国水利水电科学研究院，北京中科水电科技开发有限公司	发明
415	面向大系统水库群的聚合分解调度规则的提取方法	CN201710004319	CN106845712A	2017-06-13	中国水利水电科学研究院	发明
416	长距离大流量输水系统过渡过程的阀门关闭优化控制方法	CN201710007342	CN106842928A	2017-06-13	中国水利水电科学研究院	发明
417	基于规则的大范围水体信息遥感自动提取系统及方法	CN201410470496	CN104318051B	2017-06-16	中国水利水电科学研究院	发明
418	适用于节理岩体直剪试验的制样装置、制样剪切装置及制样剪切试验方法	CN201510016563	CN104485108B	2017-06-16	中国水利水电科学研究院	发明
419	基于防洪调度数据自适应控制的水库防洪调度优化方法	CN201710174760	CN106873372A	2017-06-20	中国水利水电科学研究院	发明
420	基于节点参数化技术的输水管网计算方法	CN201710076522	CN106874595A	2017-06-20	中国水利水电科学研究院	发明
421	一种串联多级池闸门过闸流量系数率定方法	CN201710146641	CN106874622A	2017-06-20	中国水利水电科学研究院	发明
422	一种大体积混凝土全过程智能温度控制系统及方法	CN201510516120	CN105045307B	2017-06-30	中国水利水电科学研究院	发明
423	耦合径流预报信息的水电站二维调度图绘制及使用方法	CN201710135621	CN106934496A	2017-07-07	中国水利水电科学研究院	发明
424	防浪单元	CN201610095202	CN105603931B	2017-07-14	中国水利水电科学研究院，北京中水科工程总公司	发明
425	活动坝多级挡水锁定装置	CN201610141182	CN105625274B	2017-07-21	中国水利水电科学研究院，北京中水科工程总公司	发明

续表

序号	专利名称	申请号	公开（公告）号	公开（公告）日期	申请（专利权）人	专利类型
426	一种通用的直接利用遥感蒸发的水文模拟方法	CN201710200132	CN106980764A	2017-07-25	中国水利水电科学研究院	发明
427	一种用于土壤水分测量的打孔及测量一体装置的控制方法	CN201710298977	CN106980010A	2017-07-25	中国水利水电科学研究院	发明
428	一种基于水循环的农田面源污染测算方法及装置	CN201410488222	CN104239729B	2017-08-08	中国水利水电科学研究院	发明
429	一种自排污离心过滤器	CN201510296255	CN104944517B	2017-08-08	中国水利水电科学研究院	发明
430	合页坝	CN201610095221	CN105503938B	2017-08-25	中国水利水电科学研究院、北京中水科工程总公司	发明
431	一种水轮机主轴中心孔自动补气装置及水轮机	CN201510360003	CN105003378B	2017-08-25	中国水利水电科学研究院、北京中水科水电科技开发有限公司	发明
432	一种基于示踪技术检测冰川消融的方法	CN201610665895	CN106323374B	2017-08-25	中国水利水电科学研究院、水利部淮河水利委员会	发明
433	冷却塔雨区阻力特性试验装置	CN201510368375	CN104964838B	2017-09-01	中国水利水电科学研究院	发明
434	一种机井取水计量系统	CN201510342297	CN104916049B	2017-09-01	中国水利水电科学研究院	发明
435	基于列处理的PLIF浓度场标定方法	CN201410401387	CN104931466B	2017-09-01	中国水利水电科学研究院、北京尚水信息技术股份有限公司	发明
436	大体积混凝土智能通水系统	CN201510482870	CN105178605B	2017-09-05	中国水利水电科学研究院	发明
437	一种深层土壤多点同步打孔测量方法	CN201710298149	CN107132335A	2017-09-05	中国水利水电科学研究院	发明
438	激光束片光源系统	CN201410401406	CN104950433B	2017-09-05	中国水利水电科学研究院、北京尚水信息技术股份有限公司	发明
439	基于三维仿真的施工监控的方法及系统	CN201410587631	CN104318614B	2017-09-15	中国水利水电科学研究院	发明

续表

序号	专　利　名　称	申请号	公开（公告）号	公开（公告）日期	申请（专利权）人	专利类型
440	PCCP 断丝管内部补强加固方法及补强组合结构	CN201610200731	CN105550400B	2017 - 09 - 15	中国水利水电科学研究院，北京中水科海利工程技术有限公司，北京市水利规划设计研究院，北京市南水北调工程建设管理中心，北京韩建河山管业股份有限公司	发明
441	一种干旱损失模型构建方法	CN201410313389	CN104112067B	2017 - 09 - 26	中国水利水电科学研究院	发明
442	水库蓄水量遥感与地面协同监测方法	CN201310537986	CN104613943B	2017 - 09 - 29	中国水利水电科学研究院	发明
443	行走式防浪单元	CN201610317352	CN105821801B	2017 - 09 - 29	中国水利水电科学研究院，北京中水科工程总公司	发明
444	一种冰封期水功能区纳污能力计算方法	CN201510036674	CN104615871B	2017 - 10 - 10	中国水利水电科学研究院	发明
445	一种环形折板消能竖井	CN201510959249	CN105604174B	2017 - 10 - 13	中国水利水电科学研究院	发明
446	一种环形浮子式防水锤高速进排气阀	CN201510652092	CN105156756B	2017 - 10 - 20	中国水利水电科学研究院	发明
447	一种图像加密、读取方法及装置	CN201310092549	CN104063833B	2017 - 10 - 27	中国水利水电科学研究院	发明
448	一种可拆卸式村砌渗流试验装置及其试验方法	CN201610839723	CN106442258B	2017 - 11 - 03	中国水利水电科学研究院	发明
449	混凝土智能搅拌和温度整制系统和方法	CN201510609746	CN105183028B	2017 - 11 - 07	中国水利水电科学研究院	发明
450	一种基于 Copula 函数的潮洪联合概率分析方法及其应用	CN201610575905	CN106202788B	2017 - 11 - 10	中国水利水电科学研究院	发明
451	流域绿色基础设施对地表径流调蓄能力的评价方法	CN201611104016	CN106777618B	2017 - 12 - 05	中国水利水电科学研究院	发明
452	一种基于遥感影像对农田灌域和排域划分的方法	CN201610931144	CN106446918B	2017 - 12 - 05	中国水利水电科学研究院	发明
453	一种社会水循环水排水过程数值模拟方法	CN201410584663	CN104345529B	2017 - 12 - 05	中国水利水电科学研究院	发明
454	冷却塔雨区阻力特性试验方法	CN201510368155	CN105511744B	2017 - 12 - 12	中国水利水电科学研究院	发明

续表

序号	专利名称	申请号	公开（公告）号	公开（公告）日期	申请（专利权）人	专利类型
455	一种管道水力摩阻的快速评价方法	CN201710072656	CN106777830B	2017-12-19	中国水利水电科学研究院	发明
456	一种宽频带表面波激振器	CN201510612587	CN105181818B	2017-12-19	中国水利水电科学研究院、北京中水科海利工程技术有限公司	发明
457	诱导草鱼的鱼道进口系统和设计方法及诱鱼流速率定装置	CN201610392125	CN106049377B	2017-12-29	中国水利水电科学研究院	发明
458	一种农田生态系统 CO_2 通量自动监测系统	CN201610925703	CN106370790B	2018-01-02	中国水利水电科学研究院	发明
459	一种农村生活类面源负荷的空间展布方法及装置	CN201410354331	CN104217064B	2018-01-05	中国水利水电科学研究院	发明
460	一种多功能采水器	CN201611186810	CN106769200B	2018-01-09	中国水利水电科学研究院	发明
461	基于水循环全过程非饱和带和饱和带土壤水分消耗性的评价方法	CN201510417489	CN105022922B	2018-01-16	中国水利水电科学研究院	发明
462	混凝土通水冷却全过程试验装置和方法	CN201510570353	CN105424494B	2018-01-19	中国水利水电科学研究院	发明
463	一种河道枯季流量测量系统和方法	CN201510022972	CN104535126B	2018-01-26	中国水利水电科学研究院	发明
464	一种用于村镇水质在线监测的分布式数据采集系统	CN201510295910	CN104865365B	2018-01-30	中国水利水电科学研究院、重庆市亚太水工业科技有限公司	发明
465	具有不同预见期的地下水分区预测模型的构建方法及应用	CN201610575922	CN106250675B	2018-02-06	中国水利水电科学研究院	发明
466	一种可调节大小的多功能采水器的放水装置	CN201611182639	CN106644585B	2018-02-13	中国水利水电科学研究院	发明
467	一种水锤泵内部流道评价及优化方法	CN201710219318	CN107038295B	2018-02-13	中国水利水电科学研究院	发明
468	排污扩散器预掺混方法及一种预掺混排污扩散器	CN201510949038	CN105498567B	2018-02-16	中国水利水电科学研究院	发明

续表

序号	专利名称	申请号	公开（公告）号	公开（公告）日期	申请（专利权）人	专利类型
469	基于区域墒情监测和遥感数据的实时灌溉预报系统及方法	CN201410328095	CN104123444B	2018-02-23	中国水利水电科学研究院、北京时域通科技有限公司	发明
470	一种基于高清摄影的薄层水流滚测测量系统与方法	CN201511015497	CN105444987B	2018-03-06	中国水利水电科学研究院	发明
471	一种土工织物充填砂袋的设计方法	CN201710284714	CN107100174B	2018-03-16	中国水利水电科学研究院	发明
472	一种洪水风险动态分析与展示系统及方法	CN201610081204	CN105741045B	2018-03-20	中国水利水电科学研究院、北京航海星空科技有限责任公司	发明
473	可用于中子水分仪测定深层土壤水分的配套中子管装置	CN201610131563	CN105784740B	2018-03-23	中国水利水电科学研究院	发明
474	一种测试水库下泄水温的实验装置和方法	CN201610259618	CN105714731B	2018-03-23	中国水利水电科学研究院	发明
475	一种特级坝增设非常泄洪设施的判据及量值确定方法	CN201710523177	CN107169246B	2018-03-23	中国水利水电科学研究院	发明
476	一种基于压力传感器的薄层水流滚测测量系统与方法	CN201511009975	CN105547638B	2018-03-27	中国水利水电科学研究院	发明
477	一种可定时自动浇水的多功能花架	CN201610246746	CN105850676B	2018-03-27	中国水利水电科学研究院	发明
478	一种双核双驱洪水预报方法	CN201610992485	CN106529176B	2018-04-06	中国水利水电科学研究院	发明
479	一种运动波与动力波相结合的山区洪水过程数值模拟方法	CN201710687209	CN107451372B	2018-04-13	中国水利水电科学研究院	发明
480	一种防汛雨水情无线监测站及其监测方法	CN201410309825	CN104092750B	2018-04-13	中国水利水电科学研究院、重庆市防汛抗旱抢险中心	发明
481	一种地下水库调蓄库容计算方法	CN201410510635	CN104268344B	2018-04-17	中国水利水电科学研究院	发明

续表

序号	专利名称	申请号	公开（公告）号	公开（公告）日期	申请（专利权）人	专利类型
482	一种长距离输水明渠事故段上游应急响应闸门群控制方法	CN201610585122	CN106223257B	2018-04-17	中国水利水电科学研究院	发明
483	一种防水锤的差压空气罐和设计方法	CN201710431857	CN107103166B	2018-04-24	中国水利水电科学研究院	发明
484	一种基于细菌觅食优化算法的中长期径流预报方法	CN201710106487	CN106971237B	2018-04-24	中国水利水电科学研究院	发明
485	一种带有凹槽非水平底板跌坎消力池的消能工和方法	CN201710316462	CN106948319B	2018-05-04	中国水利水电科学研究院	发明
486	一种可调节大小的多功能采水器本体结构	CN201611202741	CN106769224B	2018-05-22	中国水利水电科学研究院	发明
487	一种趾坎跌坎消力池式流底消能工和设计方法	CN201710524283	CN107190712B	2018-05-25	中国水利水电科学研究院	发明
488	一种采用筒形阀调节流量的整装混流式水轮发电机组	CN201610451137	CN105971805B	2018-05-29	中国水利水电科学研究院、北京中水科水电科技开发有限公司	发明
489	一种自动耦合声波测试系统及声波测试方法	CN201611237939	CN106645432B	2018-06-01	中国水利水电科学研究院	发明
490	面向雨水资源高效利用的坡耕地衣田垄沟布局方法	CN201710112233	CN106884408B	2018-06-19	中国水利水电科学研究院	发明
491	一种基于碳平衡的区域"三生"用地规模优化方法	CN201610925697	CN106485364B	2018-06-19	中国水利水电科学研究院	发明
492	混凝土初凝时间测试传感器	CN95218361	CN2237860Y	1996-10-16	中国水利水电科学研究院仪器研究所	实用新型
493	室内动静三轴剪切波速测试装置	CN95216019	CN2241879Y	1996-12-04	中国水利水电科学研究院抗震防护研究所、陈宁、王昆耀、常亚屏	实用新型
494	钢筋性状多参数检测探头	CN96249183	CN2299299Y	1998-12-02	中国水利水电科学研究院	实用新型

序号	专利名称	申请号	公开（公告）号	公开（公告）日期	申请（专利权）人	专利类型
495	水轮机导叶开度测量装置	CN96249184	CN2299300Y	1998-12-02	中国水利水电科学研究院	实用新型
496	适用于水、电工程的远端传感器通道选择装置	CN97221161	CN2307284Y	1999-02-10	中国水利水电科学研究院仪器研究所	实用新型
497	田间管节水灌溉装置	CN99208558	CN2372901Y	2000-04-12	中国水利水电科学研究院水利研究所	实用新型
498	地下滴灌灌水器	CN99258187	CN2403233Y	2000-11-01	中国水利水电科学研究院水利研究所	实用新型
499	节水灌溉用压力调节器	CN00205555	CN2407577Y	2000-11-29	中国水利水电科学研究院	实用新型
500	组合式劳通	CN00205554	CN2408346Y	2000-11-29	中国水利水电科学研究院	实用新型
501	波涌灌溉设备	CN99257311	CN2408674Y	2000-12-06	中国水利水电科学研究院水利研究所	实用新型
502	水力驱动施肥泵	CN00246261	CN2425488Y	2001-04-04	中国水利水电科学研究院水利研究所	实用新型
503	磁传感器	CN00221563	CN2441124Y	2001-08-01	中国水利水电科学研究院自动化研究所，赵峰	实用新型
504	蒸发量传感器	CN00221564	CN2441140Y	2001-08-01	中国水利水电科学研究院自动化研究所，赵峰	实用新型
505	复合土工布软排	CN00257595	CN2443995Y	2001-08-22	中国水利水电科学研究院	实用新型
506	框格型充沙模袋	CN00257596	CN2443996Y	2001-08-22	中国水利水电科学研究院	实用新型
507	治理崩岸用的复合排体	CN00257594	CN2443994Y	2001-08-22	中国水利水电科学研究院	实用新型
508	自记式水位计	CN00252177	CN2450641Y	2001-09-26	中国水利水电科学研究院水利研究所	实用新型
509	利用土地处理污水的装置	CN02200974	CN2523857Y	2003-01-08	中国水利水电科学研究院水利研究所	实用新型
510	拖式激光平地铲	CN02205366	CN2531606Y	2003-01-22	中国水利水电科学研究院水利研究所，天津工程机械研究院	实用新型
511	拖式激光平地机上使用的液压自动控制装置	CN02205369	CN2555294Y	2003-06-11	中国水利水电科学研究院水利研究所，天津工程机械研究院	实用新型
512	田间软管灌溉装置	CN0228548	CN2593557Y	2003-12-24	中国水利水电科学研究院	实用新型

续表

序号	专利名称	申请号	公开（公告）号	公开（公告）日期	申请（专利权）人	专利类型
513	防水型外锚固端	CN03239815	CN2604463Y	2004-02-25	中国水利水电科学研究院	实用新型
514	无粘接钢绞线挤压型固定端拉索	CN03239816	CN2604464Y	2004-02-25	中国水利水电科学研究院	实用新型
515	加高后可防裂的重力坝	CN03261861	CN2627059Y	2004-07-21	中国水利水电科学研究院	实用新型
516	多功能调压与分水控制装置	CN03206689	CN2632146Y	2004-08-11	中国水利水电科学研究院	实用新型
517	混凝土坝永久保温层装置	CN03275758	CN2637558Y	2004-09-01	中国水利水电科学研究院	实用新型
518	无黏结大吨位小孔径压缩分散型预应力锚索内锚固端	CN03239814	CN2637561Y	2004-09-01	中国水利水电科学研究院	实用新型
519	低功耗智能型自记式量水仪表	CN03276819	CN2638038Y	2004-09-01	中国水利水电科学研究院、北京中水工程总公司	实用新型
520	低功耗自记式浮子水位计	CN03276818	CN2638042Y	2004-09-01	中国水利水电科学研究院、北京中水工程总公司	实用新型
521	流道渐变节能型三角形喷嘴	CN03206690	CN2640607Y	2004-09-15	中国水利水电科学研究院	实用新型
522	节能型双矩形喷嘴	CN03206676	CN2640606Y	2004-09-15	中国水利水电科学研究院农科院、中国农业科学院农田灌溉研究所	实用新型
523	一种带隔离层防止产生温差裂缝的堆石坝面板结构	CN03263014	CN2647916Y	2004-10-13	中国水利水电科学研究院	实用新型
524	IC卡式机井灌溉控制器	CN200320127854	CN2669582Y	2005-01-12	中国水利水电科学研究院	实用新型
525	单油缸全液压水平钻机	CN200420000412	CN2670576Y	2005-01-12	中国水利水电科学研究院	实用新型
526	双油缸全液压水平钻机	CN200420000411	CN2670575Y	2005-01-12	中国水利水电科学研究院	实用新型
527	渠道闸门太阳能就地自动控制器	CN200320102663	CN2670710Y	2005-01-12	中国水利水电科学研究院、北京中水工程总公司	实用新型
528	一种具有独立坝踵块结构的混凝土坝	CN03275759	CN2672161Y	2005-01-19	中国水利水电科学研究院	实用新型
529	低压管道灌溉网络远程自动控制器	CN200320127993	CN2676615Y	2005-02-09	中国水利水电科学研究院	实用新型

续表

序号	专利名称	申请号	公开（公告）号	公开（公告）日期	申请（专利权）人	专利类型
530	地面灌溉水流运动测量仪	CN03267066	CN2700844Y	2005－05－18	中国水利水电科学研究院	实用新型
531	管道波涌灌溉自动控制器	CN200320127992	CN2704612Y	2005－06－15	中国水利水电科学研究院	实用新型
532	多钻头高速旋转打孔装置	CN200420066949	CN2712511Y	2005－07－27	中国水利水电科学研究院	实用新型
533	高速打孔在线检测装置	CN200420066950	CN2713468Y	2005－07－27	中国水利水电科学研究院	实用新型
534	新型压缩分散型预应力锚索内锚固端	CN200420004558	CN2716341Y	2005－08－10	中国水利水电科学研究院	实用新型
535	低功耗自记式闸门开度仪	CN200420009305	CN2730939Y	2005－10－05	中国水利水电科学研究院、北京中水科工程总公司	实用新型
536	即时唤醒GSM调制解调器	CN200420009267	CN2731859Y	2005－10－05	中国水利水电科学研究院、北京中水科工程总公司	实用新型
537	生态垫	CN200420064541	CN2730942Y	2005－10－05	中国水利水电科学研究院、何旭升、鲁一晖	实用新型
538	潮湿混凝土界面复合结构	CN200420118328	CN2742031Y	2005－11－23	中国水利水电科学研究院结构材料研究所	实用新型
539	基于SCSI卡的航拍磁带图像读读系统	CN200420066570	CN2752855Y	2006－01－18	中国水利水电科学研究院	实用新型
540	便携式深水底泥采样装置	CN200520000502	CN2769880Y	2006－04－05	中国水利水电科学研究院	实用新型
541	净水石笼	CN200520002050	CN2775132Y	2006－04－26	中国水利水电科学研究院	实用新型
542	闸管输水软管开孔器	CN200520118317	CN2826970Y	2006－10－18	中国水利水电科学研究院、北京中水科水利工程公司	实用新型
543	一种耐高温、防腐、防堵测压装置	CN200520103363	CN2828775Y	2006－10－18	中国水利水电科学研究院、河南省万丰通管业有限公司、合肥华宇橡塑设备有限公司、合肥工业大学、国家林业局竹子研究开发中心	实用新型
544	一种高速数据采集卡	CN200520113417	CN2845007Y	2006－12－06	中国水利水电科学研究院	实用新型
545	一种复合管卡	CN200520103364	CN2849401Y	2006－12－20	中国水利水电科学研究院、合肥华宇橡塑设备有限公司	实用新型

续表

序号	专利名称	申请号	公开（公告）号	公开（公告）日期	申请（专利权）人	专利类型
546	组合退铺排船	CN200620122736	CN2863635Y	2007-01-31	中国水利水电科学研究院、江苏神龙海洋工程有限公司	实用新型
547	河口软体排护岸工程的系排组合锚固结构	CN200620122737	CN2866593Y	2007-02-07	中国水利水电科学研究院、江苏神龙海洋工程有限公司	实用新型
548	梯形充砂管袋软体排	CN200620122738	CN2876178Y	2007-03-07	中国水利水电科学研究院	实用新型
549	一种信息平台的电源开关控制器	CN200620001251	CN2896343Y	2007-05-02	中国水利水电科学研究院	实用新型
550	防沉陷易调平易拆除的大型海上风电基础承台	CN200620165808	CN200978412Y	2007-11-21	中国水利水电科学研究院、北京中水科水电科技开发有限公司	实用新型
551	适合淤泥层海床的大型风机机组组合桩基础	CN200620165809	CN200978431Y	2007-11-21	中国水利水电科学研究院、北京中水科水电科技开发有限公司	实用新型
552	多锚头无黏结预应力锚索外锚固端止浆装置	CN200620137683	CN200988965Y	2007-12-12	中国水利水电科学研究院	实用新型
553	多锚头无黏结预应力锚索体系受力监测装置	CN200620137682	CN200993609Y	2007-12-19	中国水利水电科学研究院	实用新型
554	水工混凝土坝保温防渗复合板	CN200720103642	CN201033870Y	2008-03-12	中国水利水电科学研究院	实用新型
555	堤坝渗流通道检测用地温测量系统	CN200720143480	CN201034749Y	2008-03-12	中国水利水电科学研究院、北京中水科水电科技开发有限公司	实用新型
556	堤坝渗流通道检测用快速地层温度测量传感器	CN200720143481	CN201034740Y	2008-03-12	中国水利水电科学研究院、北京中水科水电科技开发有限公司	实用新型
557	排水管织物滤层外包料包覆机	CN200720103567	CN201040846Y	2008-03-26	中国水利水电科学研究院	实用新型
558	淹没式暗管排水流量测定仪	CN200720005013	CN201041494Y	2008-03-26	中国水利水电科学研究院	实用新型
559	高比速整装轴流定桨式水轮发电机组	CN200720169290	CN201065807Y	2008-05-28	中国水利水电科学研究院	实用新型
560	一种大容量高效制浆搅拌机	CN200720175818	CN201092093Y	2008-07-30	中国水利水电科学研究院	实用新型

附 录

续表

序号	专 利 名 称	申请号	公开（公告）号	公开（公告）日期	申请（专利权）人	专利类型
561	一种在线式作物冠气温差灌溉洗策监测系统	CN200720190401	CN201116980Y	2008 – 09 – 17	中国水利水电科学研究院	实用新型
562	屋顶集雨自动冲洗弃流装置	CN200820078823	CN201172836Y	2008 – 12 – 31	中国水利水电科学研究院	实用新型
563	一种雨水集蓄生物慢滤装置	CN200820003766	CN201176411Y	2009 – 01 – 07	中国水利水电科学研究院	实用新型
564	淤地坝放水工程	CN200820079759	CN201206246Y	2009 – 03 – 11	中国水利水电科学研究院	实用新型
565	可同时计量水量和调节压力的恒压供水实验装置	CN200820301936	CN201247140Y	2009 – 05 – 27	中国水利水电科学研究院	实用新型
566	一种针对低碳/氮比微污染水净化的生态氧化沟结构	CN200820123490	CN201292288Y	2009 – 08 – 19	中国水利水电科学研究院	实用新型
567	净水装置	CN200820124029	CN201296699Y	2009 – 08 – 26	中国水利水电科学研究院、刘来胜	实用新型
568	一种用于河道水质净化的边坡生态湿地结构	CN200820123491	CN201313855Y	2009 – 09 – 23	中国水利水电科学研究院	实用新型
569	一种带氯气回收装置的缓释加氯器	CN200920126177	CN201334383Y	2009 – 10 – 28	中国水利水电科学研究院、重庆市亚太环保工程技术研究所	实用新型
570	防止地下滴灌系统堵塞的装置	CN200920105333	CN201371092Y	2009 – 12 – 30	中国水利水电科学研究院	实用新型
571	一种控制管道瞬态液柱分离的空气阀调压室装置	CN200920107420	CN201407487Y	2010 – 02 – 17	中国水利水电科学研究院	实用新型
572	供水管网泄漏检测仪	CN200920109751	CN201429491Y	2010 – 03 – 24	中国水利水电科学研究院、北京埃德尔黛威新技术有限公司	实用新型
573	多点位移计传感器安装基座	CN200920109773	CN201429415Y	2010 – 03 – 24	中国水利水电科学研究院、北京中水科水电科技开发有限公司	实用新型
574	活动式测斜仪自动提升测量装置	CN200920109774	CN201429416Y	2010 – 03 – 24	中国水利水电科学研究院、北京中水科水电科技开发有限公司	实用新型

续表

序号	专 利 名 称	申请号	公开（公告）号	公开（公告）日期	申请（专利权）人	专利类型
575	一种差动电阻式传感器检测电路	CN200920109359	CN201429424Y	2010-03-24	中国水利水电科学研究院、北京中水科水电科技开发有限公司	实用新型
576	一种旋流环形堰防蚀、消能的泄洪装置	CN200920110191	CN201437586U	2010-04-14	中国水利水电科学研究院	实用新型
577	回弹式可拆卸锚索	CN200920109509	CN201459723U	2010-05-12	中国水利水电科学研究院	实用新型
578	旋扭式可拆卸锚索	CN200920109508	CN201459722U	2010-05-12	中国水利水电科学研究院	实用新型
579	一种品字形均流防涡装置	CN200920154097	CN201502050U	2010-06-09	中国水利水电科学研究院、天津市水利勘测设计院	实用新型
580	一种海上风机基础与管腿架柱的灌浆连接结构	CN200920179457	CN201506979U	2010-06-16	中国水利水电科学研究院	实用新型
581	水工混凝土构件伸缩缝或裂缝止水防渗结构	CN200920279118	CN201526032U	2010-07-14	中国水利水电科学研究院、北京中水科海利工程技术有限公司	实用新型
582	多喷孔套筒式调流阀	CN200920277684	CN201561145U	2010-08-25	中国水利水电科学研究院	实用新型
583	一种原位测量田间土壤饱和导水率的装置	CN201020121907	CN201615869U	2010-10-27	中国水利水电科学研究院	实用新型
584	新型压力分散型锚固装置	CN200920278866	CN201649081U	2010-11-24	中国水利水电科学研究院、北京中水科海利工程技术有限公司	实用新型
585	捞卵网	CN201020169360	CN201657706U	2010-12-01	中国水利水电科学研究院	实用新型
586	光催化净水装置	CN201020159678	CN201665552U	2010-12-08	中国水利水电科学研究院	实用新型
587	一种反渗透装置及反渗透水净化系统	CN201020169427	CN201665564U	2010-12-08	中国水利水电科学研究院	实用新型
588	一种水净化装置	CN201020169380	CN201665592U	2010-12-08	中国水利水电科学研究院	实用新型
589	渔船暂养装置	CN201020219703	CN201667913U	2010-12-15	中国水利水电科学研究院	实用新型
590	测量管材耐压强度及抗爆破能力的设备	CN201020228213	CN201732031U	2011-02-02	中国水利水电科学研究院	实用新型
591	一种高尾水位旋流泄洪洞	CN201020274991	CN201746824U	2011-02-16	中国水利水电科学研究院	实用新型

续表

序号	专 利 名 称	申请号	公开（公告）号	公开（公告）日期	申请（专利权）人	专利类型
592	一种潜水起旋墩自调流竖井消能装置	CN201020274992	CN201746825U	2011-02-16	中国水利水电科学研究院	实用新型
593	一种次氯酸钠发生装置	CN200920126178	CN201762458U	2011-03-16	中国水利水电科学研究院，重庆市亚太水工业科技有限公司	实用新型
594	一种多渠段水位自动控制装置	CN201020521680	CN201788406U	2011-04-06	中国水利水电科学研究院	实用新型
595	一种人工填料地下渗滤生活污水处理系统	CN201020249858	CN201809249U	2011-04-27	中国水利水电科学研究院	实用新型
596	薄细含水层中高出水量水井	CN201020288236	CN201817854U	2011-05-04	中国水利水电科学研究院	实用新型
597	一种输水渠道远程自动化控制装置	CN201020528086	CN201828819U	2011-05-11	中国水利水电科学研究院	实用新型
598	家用饮用水消毒液发生器和其容器	CN201020608786	CN201864782U	2011-06-15	中国水利水电科学研究院	实用新型
599	次氯酸钠的制造系统	CN201020615468	CN201901710U	2011-07-20	中国水利水电科学研究院	实用新型
600	一种模拟水华暴发的实验装置	CN201020688297	CN201926653U	2011-08-10	中国水利水电科学研究院	实用新型
601	面板堆石坝坝面施工组合台车	CN201020668921	CN201933467U	2011-08-17	中国水利水电科学研究院，北京中水科海利工程技术有限公司	实用新型
602	一种生态砂土堤防结构	CN201020561030	CN201962646U	2011-09-07	中国水利水电科学研究院	实用新型
603	一种用于坡耕地灌溉系统的谷坊排水结构	CN201020561043	CN201962655U	2011-09-07	中国水利水电科学研究院	实用新型
604	基于参数共振的近岸波浪发电装置	CN201120074937	CN201972833U	2011-09-14	中国水利水电科学研究院	实用新型
605	土工离心机高压力模拟试验装置	CN201120092031	CN201974537U	2011-09-14	中国水利水电科学研究院	实用新型
606	一种明渠倒虹吸水位自动控制装置	CN201120094919	CN201974703U	2011-09-14	中国水利水电科学研究院	实用新型
607	动静三轴试验机非饱和体变测量装置	CN201120007509	CN201983979U	2011-09-21	中国水利水电科学研究院	实用新型
608	水工振动闸门	CN201120007517	CN201981516U	2011-09-21	中国水利水电科学研究院	实用新型
609	水工振动闸门的高压水喷嘴系统	CN201120007519	CN201981517U	2011-09-21	中国水利水电科学研究院	实用新型
610	独立风电驱动海水淡化装置	CN201120109633	CN202011766U	2011-10-19	中国水利水电科学研究院	实用新型

续表

序号	专 利 名 称	申请号	公开（公告）号	公开（公告）日期	申请（专利权）人	专利类型
611	大坝与边坡三维连续变形监测系统	CN201120111800	CN202024754U	2011－11－02	中国水利水电科学研究院	实用新型
612	水工振动闸门激振器	CN201120007188	CN202037117U	2011－11－16	中国水利水电科学研究院	实用新型
613	灌溉用量水剖管	CN201120130328	CN202039333U	2011－11－16	中国水利水电科学研究院·北京中水润科认证有限责任公司	实用新型
614	堰式流量计	CN201120113862	CN202048938U	2011－11－23	中国水利水电科学研究院	实用新型
615	藻类生长试验系统	CN201120073468	CN202047059U	2011－11－23	中国水利水电科学研究院	实用新型
616	剖管量水装置	CN201120130326	CN202048935U	2011－11－23	中国水利水电科学研究院·北京中水润科认证有限责任公司	实用新型
617	水工闸门的清洗系统	CN201120007507	CN202061831U	2011－12－07	中国水利水电科学研究院	实用新型
618	一种氨气回收装置	CN201120114490	CN202061525U	2011－12－07	中国水利水电科学研究院·重庆融极环保工程有限公司	实用新型
619	洞内自补气消能装置	CN201120137920	CN202090327U	2011－12－28	中国水利水电科学研究院	实用新型
620	暗管控制排水装置	CN201120149612	CN202108035U	2012－01－11	中国水利水电科学研究院	实用新型
621	量水计	CN201120149420	CN202109948U	2012－01－11	中国水利水电科学研究院	实用新型
622	裂缝监测检测终端	CN201120091227	CN202109856U	2012－01－11	中国水利水电科学研究院	实用新型
623	一种侧壁修气坎及其设置有侧壁掺气坎的明流隧洞	CN201120149446	CN202108033U	2012－01－11	中国水利水电科学研究院	实用新型
624	混凝土坝坝控防裂数字式动态监控系统	CN201120111733	CN202150037U	2012－02－22	中国水利水电科学研究院	实用新型
625	氨氮废水处理装置和废水处理系统	CN201120114172	CN202148224U	2012－02－22	中国水利水电科学研究院·重庆融极环保工程有限公司	实用新型
626	一种亲鱼型轴流转桨式水轮机	CN201120248366	CN202165202U	2012－03－14	中国水利水电科学研究院机电所、北京中水科电科技开发有限公司	实用新型
627	螺栓紧固状态监测装置	CN201120283199	CN202166494U	2012－03－14	中国水利水电科学研究院机电所、北京中水科水电科技开发有限公司	实用新型

续表

序号	专 利 名 称	申请号	公开（公告）号	公开（公告）日期	申请（专利权）人	专利类型
628	一种浆砌石坝	CN201120232973	CN202170499U	2012-03-21	中国水利水电科学研究院	实用新型
629	一种面板堆石坝	CN201120233477	CN202170500U	2012-03-21	中国水利水电科学研究院	实用新型
630	选择性进流水温平抑装置	CN201120285702	CN202170541U	2012-03-21	中国水利水电科学研究院，江苏核电有限公司，中国核电工程有限公司	实用新型
631	自然通风逆流式冷却塔进风口区域进风导流板	CN201120254720	CN202177333U	2012-03-28	中国水利水电科学研究院	实用新型
632	一种堆石混凝土坝	CN201120231894	CN202175936U	2012-03-28	中国水利水电科学研究院，北京华实水木科技有限公司	实用新型
633	一种碾压混凝土拱坝	CN201120232059	CN202181540U	2012-04-04	中国水利水电科学研究院	实用新型
634	一种高拱坝上游面柔性复合性防渗层	CN201120018617	CN202187323U	2012-04-11	中国水利水电科学研究院，北京中水科海利工程技术有限公司	实用新型
635	涂膜宽水压适应性追踪实验装置	CN201120340585	CN202195987U	2012-04-18	中国水利水电科学研究院	实用新型
636	混凝土结构温度梯度检测仪	CN201120326473	CN202195899U	2012-04-18	中国水利水电科学研究院，北京木联能工程科技有限公司	实用新型
637	破冰弹	CN201120235433	CN202204409U	2012-04-25	中国水利水电科学研究院，重庆红宇精密工业有限责任公司	实用新型
638	基于动力三轴设备的温控系统	CN201120354324	CN202210084U	2012-05-02	中国水利水电科学研究院	实用新型
639	降雨量自动控制装置	CN201120309947	CN202222206U	2012-05-23	中国水利水电科学研究院	实用新型
640	室内温室气体排放模拟装置	CN201120358625	CN202256319U	2012-05-30	中国水利水电科学研究院	实用新型
641	一种植物根系时空结构测定装置	CN201120266348	CN202285650U	2012-07-04	中国水利水电科学研究院	实用新型
642	自密封真空透明浸装置	CN201120396604	CN202305299U	2012-07-04	中国水利水电科学研究院，北京中水科海利工程技术有限公司，李曙光	实用新型

续表

序号	专 利 名 称	申请号	公开（公告）号	公开（公告）日期	申请（专利权）人	专利类型
643	一种埋入式裂缝缝计	CN201120433322	CN202305386U	2012－07－04	中国水利水电科学研究院，北京中水科水电科技开发有限公司	实用新型
644	一种基于参数共振的浮子—液压波能发电装置	CN201120457043	CN202325998U	2012－07－11	中国水利水电科学研究院	实用新型
645	一种水净化装置	CN201120490773	CN202322463U	2012－07－11	中国水利水电科学研究院	实用新型
646	制作混凝土构件高压水力劈裂模拟实验试件的装置	CN201120397751	CN202339294U	2012－07－18	中国水利水电科学研究院	实用新型
647	水电站库周边坡径流生态渗滤装置	CN201120475542	CN202346838U	2012－07－25	中国水利水电科学研究院	实用新型
648	一种基于直流母线的风电独立电网系统	CN201120558702	CN202405799U	2012－08－29	中国水利水电科学研究院	实用新型
649	一种三轴垂直地形变化测量装置	CN201120463908	CN202420477U	2012－09－05	中国水利水电科学研究院	实用新型
650	振动闸门振动和喷水联合作用系统	CN201120536470	CN202416271U	2012－09－05	中国水利水电科学研究院	实用新型
651	小三轴试样底座连接装置	CN201220042026	CN202433234U	2012－09－12	中国水利水电科学研究院	实用新型
652	一种胶凝砂砾石坝	CN201120377698	CN202466525U	2012－10－03	中国水利水电科学研究院	实用新型
653	一种新型水工混凝土建筑物的接缝或裂缝的止水结构	CN201220106217	CN202466527U	2012－10－03	中国水利水电科学研究院	实用新型
654	一种波力发电的宽频带波能捕获装置	CN201120527008	CN202560444U	2012－11－28	中国水利水电科学研究院	实用新型
655	离心动力模型试验饱和装置	CN201220278733	CN202599735U	2012－12－12	中国水利水电科学研究院	实用新型
656	锚索沿程连续位移测量仪	CN201220120740	CN202599385U	2012－12－12	中国水利水电科学研究院	实用新型
657	一种深孔竖井泄洪洞	CN201220285896	CN202610774U	2012－12－19	中国水利水电科学研究院	实用新型
658	一种斜井式泄洪洞的侧壁掺气水利和出口潜水挑流消能工	CN201220155846	CN202610773U	2012－12－19	中国水利水电科学研究院	实用新型

续表

序号	专利名称	申请号	公开（公告）号	公开（公告）日期	申请（专利权）人	专利类型
659	耙齿式远程除污装置	CN201220107620	CN202642055U	2013-01-02	中国水利水电科学研究院，水利部防洪抗旱减灾工程技术研究中心，大连恒达玻璃钢船艇有限公司，哈尔滨市京穗船用发动机有限公司	实用新型
660	喷水组合式防汛抢险艇	CN201220107629	CN202642078U	2013-01-02	中国水利水电科学研究院，水利部防洪抗旱减灾工程技术研究中心，大连恒达玻璃钢船艇有限公司，哈尔滨市京穗船用发动机有限公司	实用新型
661	手动除污装置	CN201220107230	CN202642076U	2013-01-02	中国水利水电科学研究院，水利部防洪抗旱减灾工程技术研究中心，大连恒达玻璃钢船艇有限公司，哈尔滨市京穗船用发动机有限公司	实用新型
662	带能量回收装置适于新能源独立电网的小型海水淡化设备	CN201220238107	CN202658019U	2013-01-09	中国水利水电科学研究院，乾通环境科技（苏州）有限公司	实用新型
663	一种水水耦合综合仿真平台	CN201220360263	CN202672092U	2013-01-16	中国水利水电科学研究院	实用新型
664	用于降低水轮机过机鱼鱼撞击伤害的缓冲和照明系统	CN201220333738	CN202673545U	2013-01-16	中国水利水电科学研究院，北京中水科水电科技开发有限公司	实用新型
665	水生植物的实验装置和实验系统	CN201220166817	CN202680163U	2013-01-23	中国水利水电科学研究院	实用新型
666	一种大口径浅水井	CN201220387201	CN202718171U	2013-02-06	中国水利水电科学研究院	实用新型
667	一种便携式可视化深层采水样仪器	CN201220443903	CN202757798U	2013-02-27	中国水利水电科学研究院	实用新型
668	一种水工建筑物的混凝土表面保护结构	CN201220127691	CN202787333U	2013-03-13	中国水利水电科学研究院	实用新型
669	大型高压圆筒渗透的仿真装置	CN201220452640	CN202809555U	2013-03-20	中国水利水电科学研究院	实用新型
670	混凝土坝的自反滤式防渗系统	CN201220453149	CN202809565U	2013-03-20	中国水利水电科学研究院	实用新型
671	农业面源污染在线监测与自动取样系统	CN201220478256	CN202814957U	2013-03-20	中国水利水电科学研究院，江苏美淼环保科技有限公司	实用新型

续表

序号	专利名称	申请号	公开（公告）号	公开（公告）日期	申请（专利权）人	专利类型
672	人工湿地污水处理装置	CN201220397403	CN202849161U	2013-04-03	中国水利水电科学研究院	实用新型
673	一种旋流式水、气联合波能发电装置	CN201220531196	CN202851242U	2013-04-03	中国水利水电科学研究院	实用新型
674	一种大流量水流分流装置	CN201220359244	CN202869610U	2013-04-10	中国水利水电科学研究院	实用新型
675	廊道防冲刷废旧轮胎衬层	CN201220214567	CN202865806U	2013-04-10	中国水利水电科学研究院、河南奥斯派克科技有限公司	实用新型
676	多孔打孔装置	CN201220459986	CN202878404U	2013-04-17	中国水利水电科学研究院、青岛新大成塑料机械有限公司	实用新型
677	摆桩定河床主流的系统	CN201220364454	CN202899082U	2013-04-24	中国水利水电科学研究院	实用新型
678	测试大坝混凝土坝模随龄期变化的实验装置	CN201220545160	CN202903579U	2013-04-24	中国水利水电科学研究院	实用新型
679	一种低压管道灌溉使用的组合式双控出水口装置	CN201220504335	CN202901346U	2013-04-24	中国水利水电科学研究院	实用新型
680	一种平板式畦田灌溉装置	CN201220504588	CN202890108U	2013-04-24	中国水利水电科学研究院	实用新型
681	一种土壤参数自动监测与评价设备	CN201220494363	CN202903701U	2013-04-24	中国水利水电科学研究院	实用新型
682	一种使滴加料与反应底料混合均匀的反应釜	CN201220355007	CN202909715U	2013-05-01	中国水利水电科学研究院、北京中水科海利工程技术有限公司、马临涛	实用新型
683	砂卵石地层辐射井竖井钻头	CN201220629115	CN202937211U	2013-05-15	中国水利水电科学研究院	实用新型
684	一种低压滴灌专用锯齿型灌水器	CN201220669437	CN202958354U	2013-06-05	中国水利水电科学研究院	实用新型
685	一种植物水分含量测定系统及仪器	CN201220459625	CN202974791U	2013-06-05	中国水利水电科学研究院	实用新型
686	一种河床结构的测量装置	CN201220704031	CN202974269U	2013-06-05	清华大学、北京矿产地质研究院	实用新型
687	双活动导叶水泵水轮机	CN201220664757	CN202991323U	2013-06-12	中国水利水电科学研究院	实用新型
688	一种实时水位监测与警报装置	CN201220678768	CN202994238U	2013-06-12	中国水利水电科学研究院	实用新型

续表

序号	专 利 名 称	申请号	公开（公告）号	公开（公告）日期	申请（专利权）人	专利类型
689	岩体钻孔剪切弹模仪	CN201220609612	CN203011782U	2013-06-19	中国水利水电科学研究院	实用新型
690	位移检测仪	CN201320000272	CN203024724U	2013-06-26	中国水利水电科学研究院	实用新型
691	一种野外辐射自动控制实验装置	CN201220419046	CN203302550U	2013-06-26	中国水利水电科学研究院	实用新型
692	巨粒土大型变频振动相对密度仪组及测控系统	CN201320039147	CN203053816U	2013-07-10	中国水利水电科学研究院	实用新型
693	一种垂向仪器固定及位移测控装置	CN201320049731	CN203053466U	2013-07-10	中国水利水电科学研究院	实用新型
694	一种沉积物营养盐内源释放装置	CN201320081460	CN203083991U	2013-07-24	中国水利水电科学研究院	实用新型
695	一种推移质取样装置	CN201320089752	CN203101121U	2013-07-31	中国水利水电科学研究院、清华大学、北京矿产地质研究院	实用新型
696	超大型、大型三轴试验机高压室内水下传感器装置	CN201320081407	CN203132920U	2013-08-14	中国水利水电科学研究院	实用新型
697	高压室内水下传感器装置	CN201320107325	CN203132911U	2013-08-14	中国水利水电科学研究院	实用新型
698	离心模型3D光学位移测量装置	CN201320140331	CN203132506U	2013-08-14	中国水利水电科学研究院	实用新型
699	一种拦料松动装置	CN201320229800	CN203212383U	2013-09-25	中国水利水电科学研究院	实用新型
700	一种雨水弃流及处理装置	CN201320230421	CN203213273U	2013-09-25	中国水利水电科学研究院	实用新型
701	一种驱动河道淤积泥沙再分布的装置	CN201320213541	CN203229922U	2013-10-09	中国水利水电科学研究院	实用新型
702	一种驱动水库淤积泥沙再分布的装置	CN201320213495	CN203229921U	2013-10-09	中国水利水电科学研究院	实用新型
703	柔性防渗材料抗高压开裂能力的仿真试验模型	CN201220452469	CN203241301U	2013-10-16	中国水利水电科学研究院	实用新型
704	一种波能转换气动发电装置	CN201320296148	CN203257600U	2013-10-30	中国水利水电科学研究院	实用新型
705	一种海岸波能旋流发电装置	CN201320211611	CN203272008U	2013-11-06	中国水利水电科学研究院	实用新型
706	用于水体净化的生态坝	CN201320183287	CN203346174U	2013-12-18	中国水利水电科学研究院、北京化工大学	实用新型
707	一种手摇/电动超滤净水设备	CN201320410462	CN203373185U	2014-01-01	中国水利水电科学研究院	实用新型

续表

序号	专利名称	申请号	公开（公告）号	公开（公告）日期	申请（专利权）人	专利类型
708	一种移动武电动/手动两用超滤净水设备	CN201320410482	CN203370468U	2014-01-01	中国水利水电科学研究院	实用新型
709	大型土工三轴变试验系统	CN201320434409	CN203385621U	2014-01-08	中国水利水电科学研究院	实用新型
710	一种大尺度植被覆盖度航空动态获取系统	CN201320529222	CN203385417U	2014-01-08	中国水利水电科学研究院	实用新型
711	混凝土坝温控防裂智能监控装置	CN201320479464	CN203396492U	2014-01-15	中国水利水电科学研究院	实用新型
712	一种潮流水体温度检测装置	CN201320651349	CN203396514U	2014-01-15	中国水利水电科学研究院	实用新型
713	一种潮温温排水自动生成与监测系统	CN201320651413	CN203393827U	2014-01-15	中国水利水电科学研究院	实用新型
714	一种永久性伸缩止水结构	CN201320372686	CN203333678U	2014-01-15	中国水利水电科学研究院，北京中水科海利工程技术有限公司	实用新型
715	预应力混凝土衬砌隧洞结构及其圆环形扁千斤顶	CN201320372074	CN203393687U	2014-01-15	中国水利水电科学研究院，北京中水科海利工程技术有限公司	实用新型
716	一种低水头液能转换装置	CN201320344654	CN203404014U	2014-01-22	中国水利水电科学研究院	实用新型
717	一种风电机组滚动轴承常态状态预警检测装置	CN201320519499	CN203414275U	2014-01-29	中国水利水电科学研究院	实用新型
718	一种水电机组振动异常状态实时检测系统	CN201320517710	CN203414278U	2014-01-29	中国水利水电科学研究院	实用新型
719	用于浑水压力测量的薄膜隔沙系统	CN201320483695	CN203414227U	2014-01-29	中国水利水电科学研究院，北京中水科水电科技开发有限公司	实用新型
720	用于浑水压力测量的滤网阻沙装置	CN201320482570	CN203414226U	2014-01-29	中国水利水电科学研究院，北京中水科水电科技开发有限公司	实用新型
721	一种植物生态沟渠系统	CN201320496245	CN203440800U	2014-02-19	中国水利水电科学研究院	实用新型
722	植被过滤带净化模拟装置	CN201320452523	CN203444688U	2014-02-19	中国水利水电科学研究院	实用新型
723	光纤浸入武泥沙含量传感器自动清洗装置	CN201320533449	CN203459321U	2014-03-05	中国水利水电科学研究院，环境保护部华南环境科学研究所	实用新型

续表

序号	专利名称	申请号	公开（公告）号	公开（公告）日期	申请（专利权）人	专利类型
724	一种薄膜分离式混凝土含气量测定仪	CN201320509535	CN203479654U	2014–03–12	中国水利水电科学研究院，北京中水科海利工程技术有限公司，田军涛	实用新型
725	IPV6数传模块电路	CN201320506813	CN203504605U	2014–03–26	中国水利水电科学研究院，滨州市簸箕李引黄灌溉管理局	实用新型
726	激光水位传感器	CN201320509457	CN203587176U	2014–05–07	中国水利水电科学研究院，滨州市簸箕李引黄灌溉管理局	实用新型
727	一种自旋式锚杆锚土工格栅的坎儿井隧洞加固装置	CN201320626789	CN203594457U	2014–05–14	中国水利水电科学研究院	实用新型
728	一种雨水处理装置	CN201320779839	CN203603242U	2014–05–21	中国水利水电科学研究院	实用新型
729	扩散气体冲刷系统	CN201320869955	CN203620300U	2014–06–04	中国水利水电科学研究院	实用新型
730	压力传感器保护装置	CN201320877283	CN203629745U	2014–06–04	中国水利水电科学研究院	实用新型
731	一种生物慢滤装置	CN201320775245	CN203653332U	2014–06–18	中国水利水电科学研究院	实用新型
732	一种动能转化装置	CN201420047764	CN203670086U	2014–06–25	中国水利水电科学研究院	实用新型
733	一种伸缩缝的止水结构	CN201320754579	CN203701038U	2014–07–09	中国水利水电科学研究院	实用新型
734	一种现场沥青混凝土防渗面板开裂预警装置	CN201420050254	CN203705321U	2014–07–09	中国水利水电科学研究院，北京中水科海利工程技术有限公司	实用新型
735	土石坝筑坝用粗粒料级配快速检测装置	CN201420077134	CN203719743U	2014–07–16	中国水利水电科学研究院	实用新型
736	一种设置分岔段的竖缝式鱼道	CN201420132776	CN203741793U	2014–07–30	中国水利水电科学研究院	实用新型
737	一种新型在线检测光度计	CN201420132629	CN203743369U	2014–07–30	中国水利水电科学研究院	实用新型
738	一种新型在线检测消解器	CN201420132627	CN203745280U	2014–07–30	中国水利水电科学研究院	实用新型
739	一种新型在线检测紫外光源	CN201420132626	CN203744136U	2014–07–30	中国水利水电科学研究院	实用新型
740	用于离心机试验平台的测试系统	CN201420080253	CN203745309U	2014–07–30	中国水利水电科学研究院	实用新型
741	锚索应力腐蚀试验装置	CN201420094379	CN203758840U	2014–08–06	中国水利水电科学研究院	实用新型

续表

序号	专利名称	申请号	公开（公告）号	公开（公告）日期	申请（专利权）人	专利类型
742	评价材料低温抗开裂性能的试件及测量设备	CN201420061367	CN203755810U	2014－08－06	中国水利水电科学研究院、北京中水科海利工程技术有限公司	实用新型
743	一种耐高温热水循环泵机械密封冷却装置	CN201420151947	CN203770228U	2014－08－13	中国水利水电科学研究院	实用新型
744	一种新型强化澄清装置	CN201320468326	CN203768137U	2014－08－13	中国水利水电科学研究院	实用新型
745	大坝沥青混凝土防渗体与基础混凝土间的精锥式接头结构	CN201420068072	CN203768869U	2014－08－13	中国水利水电科学研究院、北京中水科海利工程技术有限公司	实用新型
746	快速确定混凝土切片内砂浆/骨料面积含量的装置	CN201420061422	CN203786045U	2014－08－20	中国水利水电科学研究院、北京中水科海利工程技术有限公司	实用新型
747	一种新型在线检测控制阀	CN201420132628	CN203796973U	2014－08－27	中国水利水电科学研究院	实用新型
748	一种模拟水温分层流动的电加热实验装置	CN201420215602	CN203808007U	2014－09－03	中国水利水电科学研究院	实用新型
749	一种模拟水温分层流动的供水装置	CN201420216176	CN203812449U	2014－09－03	中国水利水电科学研究院	实用新型
750	小型供水简易消毒器	CN201420177455	CN203820481U	2014－09－10	中国水利水电科学研究院、广西绿康环保有限公司	实用新型
751	一种缓释消毒器	CN201420180278	CN203820515U	2014－09－10	中国水利水电科学研究院、广西绿康环保有限公司	实用新型
752	一种压差投药器	CN201420176454	CN203820514U	2014－09－10	中国水利水电科学研究院、广西绿康环保有限公司	实用新型
753	一种自循环式搅拌装置	CN201420173609	CN203874688U	2014－10－15	中国水利水电科学研究院	实用新型
754	一种设置180°转弯段的竖缝式鱼道	CN201420132777	CN203904942U	2014－10－29	中国水利水电科学研究院	实用新型
755	一种升压装置	CN201420244310	CN203911527U	2014－10－29	中国水利水电科学研究院	实用新型
756	一种竖缝式鱼道休息池	CN201420133363	CN203904943U	2014－10－29	中国水利水电科学研究院	实用新型

续表

序号	专利名称	申请号	公开(公告)号	公开(公告)日期	申请(专利权)人	专利类型
757	自动在线山洪灾害监测预警系统	CN201420335204	CN203931104U	2014-11-05	中国水利水电科学研究院，成都众山科技有限公司	实用新型
758	一种检波器支架	CN201420287570	CN203981894U	2014-12-03	中国水利水电科学研究院	实用新型
759	一种模拟水温分层流动的实验装置	CN201420216321	CN204000743U	2014-12-10	中国水利水电科学研究院	实用新型
760	一种推移质床面颗粒的拍摄装置	CN201420426119	CN204013900U	2014-12-10	中国水利水电科学研究院	实用新型
761	适用于新能源独立供电的高回收率苦咸水淡化装置	CN201420466627	CN204022608U	2014-12-17	中国水利水电科学研究院	实用新型
762	复合式浮游生物采集网	CN201420464172	CN204014806U	2014-12-17	中国水利水电科学研究院，中国长江三峡集团公司	实用新型
763	一种山区河道水深测量系统	CN201420464174	CN204027565U	2014-12-17	中国水利水电科学研究院，中国长江三峡集团公司	实用新型
764	一种推移质输沙率和颗粒级配的实时测量装置	CN201420425910	CN204044040U	2014-12-24	中国水利水电科学研究院	实用新型
765	一种测深仪固定架	CN201420481171	CN204042348U	2014-12-24	中国水利水电科学研究院，中国长江三峡集团公司	实用新型
766	一种仿生鱼卵释放器	CN201420463963	CN204047607U	2014-12-31	中国水利水电科学研究院，中国长江三峡集团公司	实用新型
767	大体积混凝土智能保温监控系统	CN201420499654	CN204087015U	2015-01-07	中国水利水电科学研究院	实用新型
768	一种高精度地形测量系统	CN201420503633	CN204085505U	2015-01-07	中国水利水电科学研究院	实用新型
769	一种导引河势及稳定河道主流的结构	CN201420502953	CN204097961U	2015-01-14	中国水利水电科学研究院	实用新型
770	一种利用射流诱鱼的装置	CN201420388484	CN204097978U	2015-01-14	中国水利水电科学研究院	实用新型
771	一种在线实时监测光度分光仪的专用比色皿	CN201420638306	CN204116215U	2015-01-21	中国水利水电科学研究院	实用新型

续表

序号	专利名称	申请号	公开（公告）号	公开（公告）日期	申请（专利权）人	专利类型
772	一种苗床灌溉系统	CN201420520288	CN204119913U	2015-01-28	中国水利水电科学研究院	实用新型
773	一种地质沉降监测装置	CN201420681899	CN204154307U	2015-02-11	中国水利水电科学研究院、北京中水科工程总公司	实用新型
774	一种适用于新能源发电的 BUCK 型电源变换器	CN201420727264	CN204243827U	2015-04-01	中国水利水电科学研究院	实用新型
775	一种利用 GPS 测量水面流速流向的装置	CN201420765088	CN204330804U	2015-05-13	中国水利水电科学研究院	实用新型
776	一种砂砾石层水泥灌浆浆液扩散过程监测装置	CN201520012349	CN204374033U	2015-06-03	中国水利水电科学研究院、北京中水科水电科技开发有限公司、北京中水科工程总公司	实用新型
777	一种辅助水温监测的绞车	CN201520119425	CN204434154U	2015-07-01	中国水利水电科学研究院	实用新型
778	适用于节理岩体直剪试验的制样装置	CN201520022335	CN204461845U	2015-07-08	中国水利水电科学研究院	实用新型
779	适用于节理岩体直剪试验的制样装置	CN201520022294	CN204461844U	2015-07-08	中国水利水电科学研究院	实用新型
780	一种用于岩质边坡治理的新型锚索及其内锚头	CN201520023349	CN204456098U	2015-07-08	中国水利水电科学研究院	实用新型
781	一种非均匀模型沙自动筛分系统	CN201420846152	CN204470070U	2015-07-15	中国水利水电科学研究院	实用新型
782	一种可用于微细颗粒分选的水力旋流分选装置	CN201520215809	CN204523282U	2015-08-05	中国水利水电科学研究院	实用新型
783	一种节水水箱	CN201520219932	CN204570823U	2015-08-19	中国水利水电科学研究院	实用新型
784	一种梯级水库群洪水监测系统	CN201520308816	CN204576171U	2015-08-19	中国水利水电科学研究院	实用新型
785	跌坎底流消能强迫掺气减蚀装置	CN201520177258	CN204589948U	2015-08-26	中国水利水电科学研究院	实用新型

续表

序号	专 利 名 称	申请号	公开（公告）号	公开（公告）日期	申请（专利权）人	专利类型
786	一种稳流减磨消力池	CN201520176578	CN204589947U	2015 - 08 - 26	中国水利水电科学研究院	实用新型
787	一种多尺度土壤墒情协同观测装置	CN201520256957	CN204631030U	2015 - 09 - 09	中国水利水电科学研究院	实用新型
788	一种便携式温室气体通量箱	CN201520398034	CN204666607U	2015 - 09 - 23	中国水利水电科学研究院	实用新型
789	一种有纺织物滤层包覆装置	CN201520373443	CN204662390U	2015 - 09 - 23	中国水利水电科学研究院	实用新型
790	一种组装式水柜装置	CN201520373598	CN204660464U	2015 - 09 - 23	中国水利水电科学研究院	实用新型
791	一种用于农村镇水质在线监测的分布式数据采集系统	CN201520373597	CN204666617U	2015 - 09 - 23	中国水利水电科学研究院、重庆市亚太水工业科技有限公司	实用新型
792	适用于中小河流的浮床	CN201520186808	CN204675893U	2015 - 09 - 30	中国水利水电科学研究院	实用新型
793	钢绞线腐蚀试验的密封装置	CN201420709427	CN204694604U	2015 - 10 - 07	中国水利水电科学研究院	实用新型
794	一种可拆卸浅水沉积物原位柱状采样装置	CN201520359505	CN204694494U	2015 - 10 - 07	中国水利水电科学研究院	实用新型
795	一种多边界泥沙模型试验自动加沙系统	CN201420845039	CN204728262U	2015 - 10 - 28	中国水利水电科学研究院	实用新型
796	基于振动和油液的风电机组在线状态监测与健康评估系统	CN201520534542	CN204784494U	2015 - 11 - 18	中国长江三峡集团公司、华北水利水电大学、中国水利水电科学研究院	实用新型
797	一种机械密封带渗涡泵闭式自循环系统的高温水泵	CN201520501319	CN204805103U	2015 - 11 - 25	中国水利水电科学研究院	实用新型
798	双箱异步式混凝土冻融试验装置	CN201520521496	CN204807487U	2015 - 11 - 25	中国水利水电科学研究院、北京中水科海利工程技术有限公司	实用新型
799	一种测深仪挡水器	CN201520656989	CN204831293U	2015 - 12 - 02	中国水利水电科学研究院	实用新型
800	改进型抓斗式采泥器	CN201520656721	CN204855195U	2015 - 12 - 09	中国水利水电科学研究院	实用新型
801	一种可分区自动调节土壤含水量的控制装置	CN201520224278	CN204837375U	2015 - 12 - 09	中国水利水电科学研究院	实用新型
802	一种水温测量仪缆绳回收装置	CN201520656754	CN204847637U	2015 - 12 - 09	中国水利水电科学研究院	实用新型

续表

序号	专利名称	申请号	公开(公告)号	公开(公告)日期	申请(专利权)人	专利类型
803	200米以上超高坝水库放空洞	CN201520587767	CN204849708U	2015-12-09	中国水利水电科学研究院,哈尔滨工业大学深圳研究生院	实用新型
804	土石方料的颗粒级配检测系统	CN201520587275	CN204855311U	2015-12-09	中国水利水电科学研究院,哈尔滨工业大学深圳研究生院	实用新型
805	鱼卵分离筒	CN201520656699	CN204866446U	2015-12-16	中国水利水电科学研究院	实用新型
806	大体积混凝土智能通水系统	CN201520594640	CN204899225U	2015-12-23	中国水利水电科学研究院	实用新型
807	土壤修复装置	CN201520691559	CN204912272U	2015-12-30	中国水利水电科学研究院	实用新型
808	污水处理修复装置	CN201520691647	CN204911012U	2015-12-30	中国水利水电科学研究院	实用新型
809	新型灌浆记录仪重监测装置	CN201520613871	CN204944978U	2016-01-06	中国水利水电科学研究院,北京中水科工程总公司	实用新型
810	一种灌浆自动记录仪	CN201520612839	CN204940368U	2016-01-06	中国水利水电科学研究院,北京中水科工程总公司	实用新型
811	一种宽频带表面波激振器	CN201520744354	CN204945101U	2016-01-06	中国水利水电科学研究院,北京中水科海利工程技术有限公司	实用新型
812	一种用于加浆捣振捣胶凝砾砾石的机械插孔器	CN201520595231	CN204940288U	2016-01-06	中国水利水电科学研究院,北京中水科海利工程技术有限公司	实用新型
813	雨水涵养生态池	CN201520670882	CN204940507U	2016-01-06	中国水利水电科学研究院,中国科学院地理科学与资源研究所	实用新型
814	一种破裂伪空胞和群体细胞间空隙的装置	CN201520330343	CN204964267U	2016-01-13	中国水利水电科学研究院	实用新型
815	一种切沟生态护坡结构	CN201520780776	CN204982919U	2016-01-20	中国水利水电科学研究院	实用新型
816	混凝土浇筑仓面小环境温湿度智能控制装置	CN201520584835	CN205003574U	2016-01-27	中国水利水电科学研究院	实用新型

续表

序号	专 利 名 称	申请号	公开（公告）号	公开（公告）日期	申请（专利权）人	专利类型
817	一种大体积混凝土全过程智能温度控制系统	CN201520631574	CN205003567U	2016 – 01 – 27	中国水利水电科学研究院	实用新型
818	一种水分涵养调节装置	CN201520677887	CN205005646U	2016 – 02 – 03	中国水利水电科学研究院，中国科学院地理科学与资源研究所	实用新型
819	一种雨水渗透－排放一体装置	CN201520677695	CN205012441U	2016 – 02 – 03	中国水利水电科学研究院，中国科学院地理科学与资源研究所	实用新型
820	城市生态蓄水装置	CN201520775892	CN205024763U	2016 – 02 – 10	中国水利水电科学研究院	实用新型
821	一种河道生态修复装置	CN201520775606	CN205023941U	2016 – 02 – 10	中国水利水电科学研究院	实用新型
822	一种土壤重金属处理装置	CN201520681031	CN205020498U	2016 – 02 – 10	中国水利水电科学研究院	实用新型
823	一种污染场地修复装置	CN201520681020	CN205020501U	2016 – 02 – 10	中国水利水电科学研究院	实用新型
824	一种用于河流处理的净化装置	CN201520774864	CN205023984U	2016 – 02 – 10	中国水利水电科学研究院	实用新型
825	一种雨水回收装置	CN201520774865	CN205024820U	2016 – 02 – 10	中国水利水电科学研究院	实用新型
826	一种用于城市绿地的节水设备	CN201520774917	CN205063014U	2016 – 03 – 02	中国水利水电科学研究院	实用新型
827	大跨度挡潮闸	CN201520817136	CN205088639U	2016 – 03 – 16	中国水利水电科学研究院	实用新型
828	混凝土仓面小气候控制系统	CN201520908963	CN205091640U	2016 – 03 – 16	中国水利水电科学研究院	实用新型
829	桥面雨水收集生态过滤装置	CN201520775681	CN205088569U	2016 – 03 – 16	中国水利水电科学研究院	实用新型
830	可承受高内外水同时作用的自适应衬砌结构	CN201520921609	CN205100992U	2016 – 03 – 23	中国水利水电科学研究院	实用新型
831	一种水环境生态修复系统	CN201520680694	CN205099466U	2016 – 03 – 23	中国水利水电科学研究院，无锡泰讯科技有限公司，中国长江电力股份有限公司	实用新型
832	一种无线超声波水位仪	CN201520864975	CN205120207U	2016 – 03 – 30	中国水利水电科学研究院，无锡泰讯科技有限公司，中国长江电力股份有限公司	实用新型
833	一种无线电磁流速仪	CN201520863224	CN205120743U	2016 – 03 – 30		实用新型

续表

序号	专 利 名 称	申请号	公开（公告）号	公开（公告）日期	申请（专利权）人	专利类型
834	一种测深仪操作防护台	CN201520657371	CN205209598U	2016-05-04	中国水利水电科学研究院	实用新型
835	冠层内光合有效辐射自动跟踪测量装置	CN201521108575	CN205246211U	2016-05-18	中国水利水电科学研究院	实用新型
836	高层建筑雨水回收器	CN201520775893	CN205276430U	2016-06-01	中国水利水电科学研究院	实用新型
837	一种测定森林枯落物对地表径流元素含量影响贡献率的系统	CN201521066655	CN205280581U	2016-06-01	中国水利水电科学研究院	实用新型
838	混凝土坝接缝智能温控灌浆系统	CN201520806092	CN205296159U	2016-06-08	中国水利水电科学研究院	实用新型
839	一种灌区渠系系统	CN201520925637	CN205329652U	2016-06-22	中国水利水电科学研究院	实用新型
840	大体积混凝土细观破裂试验系统	CN201620026400	CN205352976U	2016-06-29	中国水利水电科学研究院	实用新型
841	一种储水防洪装置	CN201620101216	CN205348101U	2016-06-29	中国水利水电科学研究院	实用新型
842	一种雨洪利用装置	CN201620101218	CN205347013U	2016-06-29	中国水利水电科学研究院	实用新型
843	用于绞盘式喷灌机头车的驱动装置	CN201620080874	CN205345096U	2016-06-29	中国水利水电科学研究院	实用新型
844	一种基于压力传感器的薄层水流滚波测量装置	CN201521117878	CN205373398U	2016-07-06	中国水利水电科学研究院	实用新型
845	用于水田的自动化灌溉系统	CN201620081639	CN205357484U	2016-07-06	中国水利水电科学研究院	实用新型
846	防浪单元	CN201620133004	CN205382461U	2016-07-13	中国水利水电科学研究院、北京中水科工程总公司	实用新型
847	可观测土壤湿润锋运移情况及分层收集壤中流的实验器材	CN201620175905	CN205404573U	2016-07-27	中国水利水电科学研究院	实用新型
848	一种可调节大小的多功能采水器	CN201620175964	CN205404185U	2016-07-27	中国水利水电科学研究院	实用新型
849	合页坝	CN201620133350	CN205399357U	2016-07-27	中国水利水电科学研究院、北京中水科工程总公司	实用新型
850	一种轴向位移传感器	CN201620189699	CN205403691U	2016-07-27	中国水利水电科学研究院、北京中水科工程总公司	实用新型

附录

续表

序号	专 利 名 称	申请号	公开(公告)号	公开(公告)日期	申请(专利权)人	专利类型
851	大型水生植物和大型底栖动物的联合采集装置	CN201520996468	CN205542542U	2016-08-03	中国水利水电科学研究院	实用新型
852	一种可用于水文实验监测的生态护坡	CN201620177277	CN205421287U	2016-08-03	中国水利水电科学研究院	实用新型
853	活动坝多级挡水锁定装置	CN201620190258	CN205421187U	2016-08-03	中国水利水电科学研究院,北京中水科工程总公司	实用新型
854	液压驱动活动坝驱动系统	CN201620155901	CN205423352U	2016-08-03	中国水利水电科学研究院,北京中水科工程总公司	实用新型
855	一种基于电磁传感器的薄层水流滚波测量装置	CN201521118515	CN205449231U	2016-08-10	中国水利水电科学研究院	实用新型
856	可用于中子水分仪测定深层土壤水分的配套中子管装置	CN201620176124	CN205484135U	2016-08-17	中国水利水电科学研究院	实用新型
857	一种城市雨水收集利用系统	CN201620282266	CN205475433U	2016-08-17	中国水利水电科学研究院	实用新型
858	一种混凝土原材料配合比的控制系统	CN201620051307	CN205466749U	2016-08-17	中国水利水电科学研究院	实用新型
859	一种路面径流截污处理装置	CN201620282267	CN205475595U	2016-08-17	中国水利水电科学研究院	实用新型
860	一种土壤干旱监测设备	CN201620277670	CN205484334U	2016-08-17	中国水利水电科学研究院	实用新型
861	一体化农村污水处理装置	CN201620304553	CN205501071U	2016-08-24	中国水利水电科学研究院	实用新型
862	一种防止城市内涝的排水系统	CN201620304554	CN205502185U	2016-08-24	中国水利水电科学研究院	实用新型
863	一种基于高清摄影的薄层水流滚波测量装置	CN201521128156	CN205506347U	2016-08-24	中国水利水电科学研究院	实用新型
864	一种用于水生生物评估的水环境监测装置	CN201620304600	CN205506809U	2016-08-24	中国水利水电科学研究院	实用新型
865	一种可同时使用多个环刀取样的环刀取样器	CN201620033478	CN205532595U	2016-08-31	中国水利水电科学研究院	实用新型

续表

序号	专利名称	申请号	公开（公告）号	公开（公告）日期	申请（专利权）人	专利类型
866	一种新型预应力锚索外锚头多重防护装置	CN201620261417	CN205530250U	2016-08-31	中国水利水电科学研究院	实用新型
867	一种雨水温度测量系统	CN201620295274	CN205538028U	2016-08-31	中国水利水电科学研究院	实用新型
868	对同一土槽进行不同坡长人工模拟降雨试验的遮雨板装置	CN201620394382	CN205562142U	2016-09-07	中国水利水电科学研究院	实用新型
869	降雨量监测装置	CN201620349209	CN205562848U	2016-09-07	中国水利水电科学研究院	实用新型
870	一种湖库水环境污染修复系统	CN201620304601	CN205556243U	2016-09-07	中国水利水电科学研究院	实用新型
871	一种土壤水分入渗参数测量装置	CN201620206628	CN205562346U	2016-09-07	中国水利水电科学研究院	实用新型
872	一种节水水龙头	CN201620333476	CN205578832U	2016-09-14	中国水利水电科学研究院	实用新型
873	一种景观用生态型翼梁闸结构	CN201620247057	CN205576861U	2016-09-14	中国水利水电科学研究院	实用新型
874	一种景观用生态型农渠斗门结构	CN201620247056	CN205577874U	2016-09-14	中国水利水电科学研究院	实用新型
875	一种试验区地下水位精确控制装置	CN201620401410	CN205581667U	2016-09-14	中国水利水电科学研究院	实用新型
876	混凝土开裂全过程仿真试验机	CN201620131497	CN205580953U	2016-09-14	中国水利水电科学研究院、长沙亚星数控技术有限公司	实用新型
877	试验机位移变形测量装置	CN201620130920	CN205580413U	2016-09-14	中国水利水电科学研究院、长沙亚星数控技术有限公司	实用新型
878	一种调压式弹性灌水器	CN201620394446	CN205592455U	2016-09-21	中国水利水电科学研究院	实用新型
879	坡面低扰动整地集雨构件	CN201620336631	CN205604267U	2016-09-28	中国水利水电科学研究院	实用新型
880	一种自加热式恒压灌溉施肥机	CN201620330751	CN205596595U	2016-09-28	中国水利水电科学研究院	实用新型
881	一种组合型水样过滤器	CN201620395158	CN205620204U	2016-10-05	中国水利水电科学研究院	实用新型
882	行走式防浪单元	CN201620437610	CN205617311U	2016-10-05	中国水利水电科学研究院、北京中水科工程总公司	实用新型

附录

续表

序号	专利名称	申请号	公开（公告）号	公开（公告）日期	申请（专利权）人	专利类型
883	一种双向挡水合页活动坝	CN201620131251	CN205617330U	2016-10-05	中国水利水电科学研究院、北京中科工程总公司	实用新型
884	用于海上风电软基加固的振冲系泊桩及其施工设备	CN201620249360	CN205653810U	2016-10-19	中国水利水电科学研究院	实用新型
885	补强防渗复合里衬组合结构	CN201620267783	CN205655031U	2016-10-19	中国水利水电科学研究院、北京中科海利工程技术有限公司、北京市水利规划设计研究院、北京市南水北调工程建设管理中心、北京韩建河山管业股份有限公司	实用新型
886	一种可曝气并分层测量的人工湿地产电装置	CN201520925638	CN205662370U	2016-10-26	中国水利水电科学研究院	实用新型
887	一种测试水库下泄水温的实验装置	CN201620349260	CN205669184U	2016-11-02	中国水利水电科学研究院	实用新型
888	洪水预报和调度监测装置	CN201620469461	CN205691798U	2016-11-16	中国水利水电科学研究院	实用新型
889	一种地表感热/潜热通量测量系统	CN201620580443	CN205719342U	2016-11-23	中国水利水电科学研究院	实用新型
890	一种可定时自动浇水的多功能花架	CN201620335438	CN205694790U	2016-11-23	中国水利水电科学研究院	实用新型
891	一种大坝安全监测数据自动采集装置	CN201620643469	CN205722387U	2016-11-23	中国水利水电科学研究院、北京中科工程总公司	实用新型
892	旋转剪切式接触面抗渗特性试验装置	CN201620418104	CN205749216U	2016-11-30	中国水利水电科学研究院、华能澜沧江水电股份有限公司	实用新型
893	一种带自控的曝气生物滤池处理系统	CN201620554752	CN205773594U	2016-12-07	中国水利水电科学研究院	实用新型
894	一种液压驱动景观合页活动坝	CN201620469044	CN205776103U	2016-12-07	中国水利水电科学研究院、北京中科工程总公司	实用新型
895	从沉积物中快速筛选底栖动物的装置	CN201620762941	CN205797702U	2016-12-14	中国水利水电科学研究院	实用新型

续表

序号	专利名称	申请号	公开（公告）号	公开（公告）日期	申请（专利权）人	专利类型
896	一种可用于对比不同下垫面降雨产流的试验装置	CN201620770858	CN205809063U	2016-12-14	中国水利水电科学研究院	实用新型
897	一种用于冰川消融模拟实验的水样采样装置	CN201620872756	CN205879759U	2017-01-11	中国水利水电科学研究院	实用新型
898	水质净化装置	CN201620891052	CN205893025U	2017-01-18	中国水利水电科学研究院	实用新型
899	一种用于室内产汇流试验的土槽装置	CN201620896381	CN205898799U	2017-01-18	中国水利水电科学研究院	实用新型
900	一种基于超声波传感器的薄层水流流速测量装置	CN201521118642	CN205909820U	2017-01-25	中国水利水电科学研究院	实用新型
901	一种用于海绵城市建设的生态沟渠	CN201620891454	CN205907147U	2017-01-25	中国水利水电科学研究院	实用新型
902	一种阻流板管道型式鱼道	CN201620606193	CN205917674U	2017-02-01	中国水利水电科学研究院	实用新型
903	一种城市绿地雨污水净化系统	CN201620891054	CN205935142U	2017-02-08	中国水利水电科学研究院	实用新型
904	分布式光纤预应力智能监测锚索	CN201620270987	CN205975600U	2017-02-22	中国水利水电科学研究院	实用新型
905	区别降雨入渗与渗透破坏的连续监测实验装置	CN201620733143	CN205981995U	2017-02-22	中国水利水电科学研究院	实用新型
906	特殊地层环境条件下的渗漏连续监测实验装置	CN201620733144	CN205991862U	2017-03-01	中国水利水电科学研究院	实用新型
907	一种带有极化整流装置的次氯酸钠发生器	CN201621044683	CN205999452U	2017-03-01	中国水利水电科学研究院	实用新型
908	模拟隧道内水压力的试验装置	CN201621039045	CN206038341U	2017-03-22	中国水利水电科学研究院	实用新型
909	一种适应水位变动的鱼道出口	CN201620790687	CN206034391U	2017-03-22	中国水利水电科学研究院	实用新型
910	一种大型试验厅室光照调控装置	CN201621133872	CN206072983U	2017-04-05	中国水利水电科学研究院	实用新型
911	一种农田生态系统 CO_2 通量自动监测系统	CN201621169228	CN206096084U	2017-04-12	中国水利水电科学研究院	实用新型

续表

序号	专 利 名 称	申请号	公开（公告）号	公开（公告）日期	申请（专利权）人	专利类型
912	一种水沙分离的径流小区集水槽	CN201621150708	CN206095329U	2017－04－12	中国水利水电科学研究院	实用新型
913	一种用于测定不同温室气体对大气增温效应的实验装置	CN201621156379	CN206096081U	2017－04－12	中国水利水电科学研究院	实用新型
914	一种着生藻采集装置	CN201621119464	CN206114329U	2017－04－19	中国水利水电科学研究院	实用新型
915	一种自动绕线装置	CN201621119459	CN206108585U	2017－04－19	中国水利水电科学研究院	实用新型
916	一种饮用水管自动净化装置	CN201621150713	CN206127074U	2017－04－26	中国水利水电科学研究院	实用新型
917	一种鱼道进口处河道流场的调整设施	CN201620948158	CN206143740U	2017－05－03	中国水利水电科学研究院	实用新型
918	一种大埋深土壤取样装置	CN201621143127	CN206192683U	2017－05－24	中国水利水电科学研究院	实用新型
919	一种大埋深土壤取样装置	CN201621143226	CN206192684U	2017－05－24	中国水利水电科学研究院	实用新型
920	一种感潮河段鱼道进口	CN201621256087	CN206189362U	2017－05－24	中国水利水电科学研究院	实用新型
921	一种具有减尘和雨水收集过滤缓释功能的行道树坑	CN201621253125	CN206189228U	2017－05－24	中国水利水电科学研究院	实用新型
922	一种"三元"结构孔隙流的模拟装置	CN201621155937	CN206208708U	2017－05－31	中国水利水电科学研究院	实用新型
923	一种硬化地面降雨入渗的监测系统	CN201621386659	CN206248511U	2017－06－13	中国水利水电科学研究院	实用新型
924	一种光能风能相耦合的灌溉提水智能控制调度系统	CN201621327158	CN206302917U	2017－07－07	中国水利水电科学研究院	实用新型
925	一种用于城市绿地灌溉的节水管道装置	CN201621327045	CN206302909U	2017－07－07	中国水利水电科学研究院	实用新型
926	适用于岩质边坡支护与全程监测的智能锚索体系	CN201621362587	CN206319317U	2017－07－11	中国水利水电科学研究院	实用新型
927	一种合理评价岩体 TBM 施工适宜性的试验设备	CN201621362565	CN206339335U	2017－07－14	中国水利水电科学研究院	实用新型
928	一种监测水流方向和速度的在线流量计	CN201621296734	CN206362419U	2017－07－28	中国水利水电科学研究院	实用新型
929	一种水流诱发场地振动监测系统	CN201621422590	CN206362524U	2017－07－28	中国水利水电科学研究院	实用新型

续表

序号	专利名称	申请号	公开（公告）号	公开（公告）日期	申请（专利权）人	专利类型
930	自带喷雾装置的混凝土浇筑用模板	CN201621263808	CN206397124U	2017-08-11	中国水利水电科学研究院	实用新型
931	人工湿地净水系统	CN201621437372	CN206407977U	2017-08-15	中国水利水电科学研究院	实用新型
932	一种供水管道生物膜培养模拟反应器	CN201720027783	CN206418113U	2017-08-18	中国水利水电科学研究院	实用新型
933	大果沙棘定根高效灌溉装置	CN201720069314	CN206423313U	2017-08-22	中国水利水电科学研究院	实用新型
934	河岸植被修复系统	CN201720069313	CN206423071U	2017-08-22	中国水利水电科学研究院	实用新型
935	荒坡植被修复播种机	CN201720069291	CN206423076U	2017-08-22	中国水利水电科学研究院	实用新型
936	沙棘节水灌溉系统	CN201720069270	CN206423312U	2017-08-22	中国水利水电科学研究院	实用新型
937	植被修复种植机	CN201720069269	CN206423075U	2017-08-22	中国水利水电科学研究院	实用新型
938	一种可同时使用多个环刀取样的自动取样器	CN201720020784	CN206440486U	2017-08-25	中国水利水电科学研究院	实用新型
939	一种岩土体压水试验装置	CN201720154615	CN206459936U	2017-09-01	中国水利水电科学研究院	实用新型
940	一种小型水域水质净化装置	CN201720097154	CN206454374U	2017-09-01	中国水利水电科学研究院，郑州市第一中学	实用新型
941	一种基于倾角计的标定固定式测斜装置	CN201720189061	CN206469880U	2017-09-05	中国水利水电科学研究院，北京中水科工程总公司	实用新型
942	一种冻融作用对土壤水运动的模拟装置	CN201621150709	CN206489101U	2017-09-12	中国水利水电科学研究院	实用新型
943	一种用于农田节水的伸缩式喷灌装置	CN201720185148	CN206559896U	2017-10-17	中国水利水电科学研究院	实用新型
944	一种基于高速摄影的土壤斥水性测量装置	CN201720221206	CN206573435U	2017-10-20	中国水利水电科学研究院	实用新型
945	基于数字图像处理技术的区域降雨均匀度测量装置	CN201720156943	CN206627436U	2017-11-10	中国水利水电科学研究院	实用新型

续表

序号	专 利 名 称	申请号	公开（公告）号	公开（公告）日期	申请（专利权）人	专利类型
946	一种基于近景摄影测量原理的区域降雨均匀度测量装置	CN201720158281	CN206627644U	2017 – 11 – 10	中国水利水电科学研究院	实用新型
947	一种调整泄洪水流分布的结构	CN201720409852	CN206667199U	2017 – 11 – 24	中国水利水电科学研究院	实用新型
948	一种深层土壤水分多点同步测量系统	CN201720468427	CN206684154U	2017 – 11 – 28	中国水利水电科学研究院	实用新型
949	一种用于土壤水分测量的打孔及测量一体装置	CN201720471731	CN206684094U	2017 – 11 – 28	中国水利水电科学研究院	实用新型
950	干旱地区的沙棘育苗箱	CN201720283988	CN206686774U	2017 – 12 – 01	中国水利水电科学研究院	实用新型
951	干旱地区的植被修复系统	CN201720283987	CN206686799U	2017 – 12 – 01	中国水利水电科学研究院	实用新型
952	河床植被修复系统	CN201720284467	CN206693147U	2017 – 12 – 01	中国水利水电科学研究院	实用新型
953	河床植被修复栽培器	CN201720284465	CN206686734U	2017 – 12 – 01	中国水利水电科学研究院	实用新型
954	抗滑稳定的重力坝	CN201720433818	CN206693173U	2017 – 12 – 01	中国水利水电科学研究院	实用新型
955	一种多功能水环境监测系统	CN201720514634	CN206710599U	2017 – 12 – 05	中国水利水电科学研究院	实用新型
956	一种基于摄像的土壤斥水性测量装置	CN201720221377	CN206710251U	2017 – 12 – 05	中国水利水电科学研究院	实用新型
957	一种水环境监测装置	CN201720515296	CN206709894U	2017 – 12 – 05	中国水利水电科学研究院	实用新型
958	一种地下排水暗管连接装置	CN201720577249	CN206721847U	2017 – 12 – 08	中国水利水电科学研究院	实用新型
959	活动水坝	CN201720472870	CN206721832U	2017 – 12 – 08	中国水利水电科学研究院·北京中水科工程总公司	实用新型
960	地质变形三维观测系统	CN201720581698	CN206740133U	2017 – 12 – 12	中国水利水电科学研究院	实用新型
961	一种智能化边坡安全监测系统	CN201720429845	CN206740293U	2017 – 12 – 12	中国水利水电科学研究院	实用新型
962	装配式防洪子堤连锁袋	CN201720134771	CN206736846U	2017 – 12 – 12	中国水利水电科学研究院·北京岚水利水汇科技有限公司	实用新型
963	一种旋流式消泡装置	CN201720550469	CN206746050U	2017 – 12 – 15	中国水利水电科学研究院	实用新型
964	一种旋流式消泡装置的集泡内筒	CN201720550498	CN206751455U	2017 – 12 – 15	中国水利水电科学研究院	实用新型

续表

序号	专利名称	申请号	公开(公告)号	公开(公告)日期	申请(专利权)人	专利类型
965	一种用于处理分散式污水的系统	CN201720407186	CN206751611U	2017-12-15	中国水利水电科学研究院，安庆北排水环境发展有限公司	实用新型
966	一种混凝土快速搅拌装置	CN201720543031	CN206765088U	2017-12-19	中国水利水电科学研究院，北京中水科海利工程技术有限公司	实用新型
967	立轴旋涡试验装置	CN201720715500	CN206787792U	2017-12-22	中国水利水电科学研究院	实用新型
968	一种水污染过滤装置	CN201720600856	CN206778017U	2017-12-22	中国水利水电科学研究院	实用新型
969	坝体加强筋和溃坝试验坝体模型	CN201720671806	CN206800312U	2017-12-26	中国水利水电科学研究院	实用新型
970	土样侵蚀率冲刷试验装置	CN201720546100	CN206804425U	2017-12-26	中国水利水电科学研究院	实用新型
971	景观合页活动坝	CN201720682785	CN206800340U	2017-12-26	中国水利水电科学研究院，北京中水科工程总公司	实用新型
972	景观合页活动坝	CN201720683054	CN206800341U	2017-12-26	中国水利水电科学研究院，北京中水科工程总公司	实用新型
973	伸缩缸及机械设备	CN201720471508	CN206801999U	2017-12-26	中国水利水电科学研究院，北京中水科工程总公司	实用新型
974	一种防止杂物绕水下测量仪器的装置	CN201720515456	CN206813250U	2017-12-29	中国水利水电科学研究院	实用新型
975	一种辅助光合作用测量的装置	CN201720515157	CN206818671U	2017-12-29	中国水利水电科学研究院	实用新型
976	一种河道水温传感器专用的固定保护装置	CN201720515844	CN206818325U	2017-12-29	中国水利水电科学研究院	实用新型
977	一种基于弯曲河道的生态护坡	CN201621410660	CN206815280U	2017-12-29	中国水利水电科学研究院	实用新型
978	一种均匀降尘的光合测定进气辅助系统	CN201720515458	CN206818672U	2017-12-29	中国水利水电科学研究院	实用新型
979	一种用于称量并投放鱼卵的格栅装置	CN201720515457	CN206808431U	2017-12-29	中国水利水电科学研究院	实用新型
980	多层育苗装置	CN201720642507	CN206821423U	2018-01-02	中国水利水电科学研究院	实用新型

续表

序号	专 利 名 称	申请号	公开（公告）号	公开（公告）日期	申请（专利权）人	专利类型
981	沙棘灌溉装置	CN201720643052	CN206821563U	2018-01-02	中国水利水电科学研究院	实用新型
982	沙棘育苗箱	CN201720643051	CN206821463U	2018-01-02	中国水利水电科学研究院	实用新型
983	一种防止水库富营养化装置	CN201720280303	CN206828212U	2018-01-02	中国水利水电科学研究院	实用新型
984	一种沙棘果实收获机	CN201720638429	CN206821327U	2018-01-02	中国水利水电科学研究院	实用新型
985	一种沙棘生长固定架	CN201720643944	CN206821495U	2018-01-02	中国水利水电科学研究院	实用新型
986	一种沙棘施肥装置	CN201720643970	CN206821240U	2018-01-02	中国水利水电科学研究院	实用新型
987	一种沙棘移栽装置	CN201720643987	CN206821236U	2018-01-02	中国水利水电科学研究院	实用新型
988	植被修复系统	CN201720642996	CN206821203U	2018-01-02	中国水利水电科学研究院	实用新型
989	自动灌溉装置	CN201720643040	CN206821540U	2018-01-02	中国水利水电科学研究院	实用新型
990	分级式高精度大量程压力检测装置	CN201720699582	CN206832385U	2018-01-02	中国水利水电科学研究院、哈尔滨工业大学深圳研究生院	实用新型
991	可调节分级粒度的水力旋流微细颗粒分选装置	CN201720691338	CN206838291U	2018-01-05	中国水利水电科学研究院	实用新型
992	地质内部位移三维监测系统	CN201720580571	CN206682331U	2018-01-09	中国水利水电科学研究院	实用新型
993	一种适用于大型岩体结构面加固的应力削峰式锚索	CN201720429844	CN206859218U	2018-01-09	中国水利水电科学研究院	实用新型
994	一种新型环保水利灌溉装置	CN201720833546	CN206866254U	2018-01-12	中国水利水电科学研究院	实用新型
995	野外超宽带三维定位系基站	CN201720707440	CN206879111U	2018-01-12	中国水利水电科学研究院、赵春	实用新型
996	一种漂浮式水污染处理装置	CN201720600285	CN206886828U	2018-01-16	中国水利水电科学研究院	实用新型
997	剪切试验装置	CN201720458700	CN206891876U	2018-01-16	中国水利水电科学研究院、华能澜沧江水电股份有限公司、华能集团技术创新中心	实用新型
998	一种高速同步装置	CN201720393014	CN206906225U	2018-01-19	中国水利水电科学研究院	实用新型

续表

序号	专 利 名 称	申请号	公开（公告）号	公开（公告）日期	申请（专利权）人	专利类型
999	一种基于激光折射原理的区域降雨均匀度测量装置	CN201720158209	CN206906245U	2018-01-19	中国水利水电科学研究院	实用新型
1000	电动土壤钻取装置	CN201720614581	CN206930471U	2018-01-26	中国水利水电科学研究院	实用新型
1001	一种仿梯田型蓄水生态护岸	CN201720901653	CN206941511U	2018-01-30	中国水利水电科学研究院	实用新型
1002	一种具有收集功能的种子分析器	CN201720973681	CN206974484U	2018-02-06	中国水利水电科学研究院	实用新型
1003	一种无闸控制的分层取水装置	CN201720897160	CN206971311U	2018-02-06	中国水利水电科学研究院	实用新型
1004	200米以上超高坝水库放空洞结构	CN201720815946	CN206971183U	2018-02-06	中国水利水电科学研究院，哈尔滨工业大学深圳研究生院	实用新型
1005	轮辐式分级压力检测装置	CN201720069560	CN206974575U	2018-02-06	中国水利水电科学研究院，中国电建集团贵阳勘测设计研究院有限公司，哈尔滨工业大学深圳研究生院	实用新型
1006	大埋深原状土壤取样装置及系统	CN201720614612	CN206990247U	2018-02-09	中国水利水电科学研究院	实用新型
1007	基于超声波的大埋深土壤取样装置及系统	CN201720587883	CN206990245U	2018-02-09	中国水利水电科学研究院	实用新型
1008	一种基于激光反射原理的区域降雨均匀度测量装置	CN201720156444	CN206990440U	2018-02-09	中国水利水电科学研究院	实用新型
1009	一种植生式挡土墙生态护岸结构	CN201720784632	CN206986835U	2018-02-09	中国水利水电科学研究院	实用新型
1010	用于测量人工降雨均匀度的实验装置	CN201720875028	CN206990191U	2018-02-09	中国水利水电科学研究院	实用新型
1011	用于模拟地表水热均匀升温对大气环场影响的实验装置	CN201720875033	CN206990188U	2018-02-09	中国水利水电科学研究院	实用新型
1012	原状土壤电动取样装置及系统	CN201720614626	CN206987808U	2018-02-09	中国水利水电科学研究院	实用新型

续表

序号	专利名称	申请号	公开(公告)号	公开(公告)日期	申请(专利权)人	专利类型
1013	一种用于调节水生植物生长范围的控制器	CN201720973634	CN206993970U	2018-02-13	中国水利水电科学研究院	实用新型
1014	沙棘种植床	CN201720284464	CN207011362U	2018-02-16	中国水利水电科学研究院	实用新型
1015	基于物联网的非饱和土壤水分入渗自动测量系统	CN201720697805	CN207066935U	2018-03-02	中国水利水电科学研究院	实用新型
1016	一种新型三分量瞬变电磁法接收装置	CN201720962359	CN207067417U	2018-03-02	中国水利水电科学研究院、北京中水工程总公司	实用新型
1017	基于示踪技术的冻土壤中流水源类型检测装置	CN201720875032	CN207081641U	2018-03-09	中国水利水电科学研究院	实用新型
1018	一种基于示踪技术的土壤中流水龄解析的试验装置	CN201720875034	CN207081723U	2018-03-09	中国水利水电科学研究院	实用新型
1019	基于物联网技术的地下水潜水蒸发测量系统	CN201720697328	CN207096022U	2018-03-13	中国水利水电科学研究院	实用新型
1020	土壤水分测定取样装置	CN201721109590	CN207095894U	2018-03-13	中国水利水电科学研究院	实用新型
1021	水蒸气回收装置和冷却塔	CN201720899829	CN207113653U	2018-03-16	中国水利水电科学研究院	实用新型
1022	一种波能驱动的水库淤积泥沙再分布装置	CN201720854874	CN207109726U	2018-03-16	中国水利水电科学研究院	实用新型
1023	一种水土保持监测小区径流泥沙连续取样测量保存装置	CN201720714637	CN207114261U	2018-03-16	中国水利水电科学研究院	实用新型
1024	一种精准升降液压控制系统及合页活动坝	CN201720715392	CN207111552U	2018-03-16	中国水利水电科学研究院、北京中水科工程总公司	实用新型
1025	闸门总成	CN201720633697	CN207121878U	2018-03-20	中国水利水电科学研究院、北京中水科工程总公司	实用新型

续表

序号	专利名称	申请号	公开（公告）号	公开（公告）日期	申请（专利权）人	专利类型
1026	刚性防洪墙	CN201720888038	CN207130675U	2018－03－23	中国水利水电科学研究院，北京中水科工程总公司	实用新型
1027	液压控制系统及合页坝总成	CN201721079040	CN207131658U	2018－03－23	中国水利水电科学研究院，北京中水科工程总公司	实用新型
1028	L形毕托管固定定位装置	CN201721198254	CN207147695U	2018－03－27	中国水利水电科学研究院	实用新型
1029	一种利用波能驱动水体清除淤积泥沙的装置	CN201720855026	CN207144029U	2018－03－27	中国水利水电科学研究院	实用新型
1030	一种快速制备高黏度砂浆或混凝土的装置	CN201721047260	CN207140094U	2018－03－27	中国水利水电科学研究院，北京中水科海利工程技术有限公司	实用新型
1031	一种伸缩缝止水的表面预制件结构	CN201721058477	CN207143853U	2018－03－27	中国水利水电科学研究院，北京中水科海利工程技术有限公司，北京新慧水利建筑有限公司	实用新型
1032	农作物冠层温度测定装置	CN201721107696	CN207163494U	2018－03－30	中国水利水电科学研究院	实用新型
1033	一种入户调查问卷生成及多媒体信息采集设备	CN201720625746	CN207164827U	2018－03－30	中国水利水电科学研究院	实用新型
1034	一种水电导气测量仪	CN201721232299	CN207163956U	2018－03－30	中国水利水电科学研究院	实用新型
1035	车载喷雾装置	CN201721113369	CN207198685U	2018－04－06	中国水利水电科学研究院	实用新型
1036	混凝土仓面用喷雾风炮	CN201721228582	CN207193981U	2018－04－06	中国水利水电科学研究院	实用新型
1037	一种便携式潮库表层流场实时监测装置	CN201721255364	CN207197513U	2018－04－06	中国水利水电科学研究院	实用新型
1038	弹簧式分级压力检测装置	CN201720699636	CN207197928U	2018－04－06	中国水利水电科学研究院，华能澜沧江水电股份有限公司，哈尔滨工业大学深圳研究生院	实用新型

续表

序号	专利名称	申请号	公开（公告）号	公开（公告）日期	申请（专利权）人	专利类型
1039	一种轻小型固定翼无人机载荷模块化内连接电气接口装置	CN201721214483	CN207191375U	2018-04-06	中国水利水电科学研究院，宁波梅山保税港区景龙投资管理合伙企业（有限合伙）	实用新型
1040	一种城市桥涵内涝实时分级预警装置	CN201720714910	CN207233164U	2018-04-13	中国水利水电科学研究院	实用新型
1041	一种仿生式多组合生态净水堰	CN201721084020	CN207227228U	2018-04-13	中国水利水电科学研究院	实用新型
1042	一种高氟水净化处理系统	CN201721057871	CN207227183U	2018-04-13	中国水利水电科学研究院	实用新型
1043	一种沙地水土保持装置	CN201721235457	CN207219655U	2018-04-13	中国水利水电科学研究院	实用新型
1044	原电池型人工湿地串联电解池型人工湿地装置	CN201720875021	CN207227126U	2018-04-13	中国水利水电科学研究院	实用新型
1045	一种室内土槽试验径流泥沙连续取样保存装置	CN201720714908	CN207231854U	2018-04-13	中国水利水电科学研究院，环境保护部环境规划院	实用新型
1046	一种室内土槽试验径流泥沙连续取样测量保存装置	CN201720714821	CN207231853U	2018-04-13	中国水利水电科学研究院，环境保护部环境规划院	实用新型
1047	一种室内土槽试验径流泥沙连续取样测量装置	CN201720714909	CN207231855U	2018-04-13	中国水利水电科学研究院，环境保护部环境规划院	实用新型
1048	一种水土保持监测小区径流泥沙连续取样保存装置	CN201720714687	CN207231851U	2018-04-13	中国水利水电科学研究院，水利部水土保持监测中心	实用新型
1049	一种水土保持监测小区径流泥沙连续取样测量装置	CN201720714688	CN207231852U	2018-04-13	中国水利水电科学研究院，水利部水土保持监测中心	实用新型
1050	一种籽粒计数装置	CN201721269246	CN207249723U	2018-04-17	中国水利水电科学研究院	实用新型
1051	一种社区污水处理器	CN201720973683	CN207259171U	2018-04-20	中国水利水电科学研究院	实用新型
1052	一种水利灌溉过滤器	CN201720973682	CN207253911U	2018-04-20	中国水利水电科学研究院	实用新型
1053	一种轻小型固定翼无人机载荷快速接接与更换装置	CN201721206039	CN207292366U	2018-05-01	中国水利水电科学研究院，宁波梅山保税港区景龙投资管理合伙企业（有限合伙）	实用新型

续表

序号	专利名称	申请号	公开（公告）号	公开（公告）日期	申请（专利权）人	专利类型
1054	一种便携式湖库垂向水温连续实时自动监测装置	CN201721485380	CN207317969U	2018-05-04	中国水利水电科学研究院	实用新型
1055	一种用于生产供水次氯酸钠消毒液的装置	CN201721554723	CN207331079U	2018-05-08	中国水利水电科学研究院	实用新型
1056	一种三分量瞬变电磁法接收装置	CN201720965256	CN207336778U	2018-05-08	中国水利水电科学研究院，北京中水科工程总公司，北京市回民学校	实用新型
1057	一种土工材料复合生态护岸结构	CN201720784641	CN207348021U	2018-05-11	中国水利水电科学研究院	实用新型
1058	一种较高空间分辨率区域地表温度无人机获取装置及系统	CN201721214298	CN207352664U	2018-05-11	中国水利水电科学研究院，宁波梅山保税港区景龙投资管理合伙企业（有限合伙）	实用新型
1059	一种坡面水文试验流速场观测系统	CN201720487761	CN207365963U	2018-05-15	中国水利水电科学研究院	实用新型
1060	一种城市地下水监测数据采集发布装置	CN201721151746	CN207382738U	2018-05-18	中国水利水电科学研究院	实用新型
1061	一种用于水工振动传播及微振研究的隔振平台	CN201720762417	CN207379695U	2018-05-18	中国水利水电科学研究院	实用新型
1062	一种水下水环境采样检测装置	CN201721579161	CN207396112U	2018-05-22	中国水利水电科学研究院	实用新型
1063	一种水环境检测装置	CN201721574547	CN207396476U	2018-05-22	中国水利水电科学研究院	实用新型
1064	一种电动土壤参数测量仪	CN201721468322	CN207396484U	2018-05-22	中国水利水电科学研究院，山西省水资源研究所	实用新型
1065	一种双环入渗仪	CN201721468349	CN207396284U	2018-05-22	中国水利水电科学研究院，山西省水资源研究所	实用新型
1066	一种室内重力侵蚀过程试验观测系统	CN201720488265	CN207423957U	2018-05-29	中国水利水电科学研究院	实用新型
1067	一种双层双腔滴灌带	CN201721555317	CN207411096U	2018-05-29	中国水利水电科学研究院	实用新型

附 录

续表

序号	专 利 名 称	申请号	公开（公告）号	公开（公告）日期	申请（专利权）人	专利类型
1068	一种低热沥青灌浆材料泵送设备	CN201720891263	CN207437348U	2018-06-01	中国水利水电科学研究院，北京中水科工程总公司，四川共拓岩土科技股份有限公司	实用新型
1069	一种城市排水网管的管道机器人	CN201721515678	CN207455060U	2018-06-05	中国水利水电科学研究院	实用新型
1070	一种农作物超声波断根刀利装置	CN201720267251	CN207443567U	2018-06-05	中国水利水电科学研究院	实用新型
1071	一种农作物电凝断根刀利装置	CN201720267318	CN207443568U	2018-06-05	中国水利水电科学研究院	实用新型
1072	闸体及水坝	CN201721613235	CN207484427U	2018-06-12	北京中水科工程总公司	实用新型
1073	一种轻小型固定翼无人机用翼型	CN201721207224	CN207482179U	2018-06-12	中国水利水电科学研究院，宁波梅山保税港区景龙投资管理合伙企业（有限合伙）	实用新型
1074	一种城市污水净化装置	CN201721573209	CN207512050U	2018-06-19	中国水利水电科学研究院	实用新型
1075	一种改善水环境的生态修复装置	CN201721560916	CN207511926U	2018-06-19	中国水利水电科学研究院	实用新型
1076	计算机的城市管网模型要素计算方案显示界面	CN201730165099	CN304509426S	2018-02-16	中国水利水电科学研究院，南京慧水软件科技有限公司	外观设计
1077	计算机的二维管网耦合水动力模型显示界面	CN201730165334	CN304509428S	2018-02-16	中国水利水电科学研究院，南京慧水软件科技有限公司	外观设计
1078	计算机的二维水动力模型计算方案显示界面	CN201730165333	CN304509427S	2018-02-16	中国水利水电科学研究院，南京慧水软件科技有限公司	外观设计
1079	计算机的二维耦合水动力模型要素显示界面	CN201730164819	CN304509424S	2018-02-16	中国水利水电科学研究院，南京慧水软件科技有限公司	外观设计
1080	计算机的一维河网模型要素计算方案显示界面	CN201730165097	CN304509425S	2018-02-16	中国水利水电科学研究院，南京慧水软件科技有限公司	外观设计

附录三 中国水利水电科学研究院组建以来编写标准一览表

序号	标 准 名 称	标准编号	发布年份	主编/参编
1	水工建筑物抗震设计规范	SDJ 10—78	1978	主编
2	水利水电工程岩石试验规程（试行）	DLJ 204—81 SLJ 2—81	1981	参编
3	水工混凝土试验规程	SD 105—1982	1982	主编
4	土工试验仪器系列型谱	SD 106—82	1982	参编
5	碾压式土石坝设计规范	SDJ 218—1984	1984	主编
6	应变控制式三轴仪	GB 4540—1984	1984	参编
7	水利水电工程岩石测试仪器系列型谱（试行）	SD 124—84	1984	参编
8	水工隧洞设计规范	SD 134—84	1984	参编
9	混凝土坝观测仪器系列型谱	SD 171—1985	1985	主编
10	现场十字板剪切仪	GB 4933—1985	1985	参编
11	水电站机电安装工程国内招标及合同文件	SDJS 13—87	1987	主编
12	土石坝碾压式沥青混凝土防渗墙施工规范（试行）	SD 220—87	1987	主编
13	渗透仪	GB 9357—1988	1988	主编
14	应变控制式无侧限压缩仪	GB 9358—1988	1988	主编
15	水利水电基本建设工程单元工程质量等级评定标准（试行）金属结构及启闭机械安装工程	SDJ 249.2—1988	1988	主编
16	水利水电基本建设工程单元工程质量等级评定标准（试行）发电电气设备安装工程	SDJ 249.5—1988	1988	主编
17	水利水电基本建设工程单元工程质量等级评定标准（试行）升压变电电气设备安装工程	SDJ 249.6—1988	1988	主编
18	水利水电基本建设工程单元工程质量等级评定标准（试行）水轮发电机组安装工程	SDJ 249.3—1988	1988	主编
19	水利水电基本建设工程单元工程质量等级评定标准（试行）水力机械辅助设备安装工程	SDJ 249.4—1988	1988	主编
20	水轮发电机定子现场装配工艺导则	SD 287—88	1988	主编
21	水轮发电机组推力轴承、导轴承安装调整工艺导则	SD 288—88	1988	主编
22	混凝土外加剂应用技术规范	GBJ 119—1988	1988	参编
23	水轮发电机组安装技术规范	GB 8564—1988	1988	参编

序号	标 准 名 称	标准编号	发布年份	主编/参编
24	混凝土大坝安全监测技术规范（试行）	SDJ 336—1989	1989	主编
25	粉煤灰混凝土应用技术规范	GBJ 146—90	1990	主编
26	农田排水技术规程（南方农田暗管排水部分）	SL 15—90	1990	主编
27	土的分类标准	GBJ 45—90	1990	参编
28	常压立式储罐抗震鉴定标准	SHJ 26—90	1990	参编
29	反击式水轮机气蚀损坏评定标准	DL/T 444—1991	1991	主编
30	水轮机模型验收试验规程	DL/T 446—1991	1991	主编
31	高压充油电缆施工工艺规程	DL 453—1991	1991	主编
32	低压输水灌溉用硬聚氯乙烯（PVC‐U）管材	GB/T 13664—1992	1992	主编
33	农田水利技术术语	SL 56—93	1992	参编
34	石油化工精密仪器抗震鉴定标准	SH 3044—1992	1992	参编
35	水利水电工程岩石试验规程（补充部分）	DL 5006—1992	1992	参编
36	井泵装置现场测试规程	JB/T 6269—1992	1992	参编
37	水轮发电机组启动试验规程	DL 507—1993	1993	主编
38	压力钢管制造安装及验收规范	DL 5017—1993	1993	主编
39	差动电阻式应变计	GB/T 3408—1994	1994	主编
40	差动电阻式钢筋计	GB/T 3409—1994	1994	主编
41	差动电阻式测缝计	GB/T 3410—1994	1994	主编
42	差动电阻式孔隙压力计	GB/T 3411—1994	1994	主编
43	电阻比电桥	GB/T 3412—1994	1994	主编
44	埋入式铜电阻温度计	GB/T 3413—1994	1994	主编
45	微灌灌水器——滴头	SL/T 67.1—94	1994	主编
46	微灌灌水器——微灌管、微灌带	SL/T 67.2—94	1994	主编
47	微灌灌水器——微喷头	SL/T 67.3—94	1994	主编
48	微灌用聚乙烯（PE）管件局部水头损失系数试验方法	SL/T 69—1994	1994	主编
49	微灌用聚乙烯（PE）管道沿程水头损失试验方法	SL/T 70—1994	1994	主编
50	微灌用聚乙烯（PE）管材与管件连接的内压密封性试验方法	SL/T 71—1994	1994	主编
51	电导率的测定（电导仪法）	SL 78—1994	1994	主编
52	矿化度的测定（重量法）	SL 79—1994	1994	主编
53	游离二氧化碳的测定（碱滴定法）	SL 80—1994	1994	主编
54	侵蚀性二氧化碳的测定（酸滴定法）	SL 81—1994	1994	主编
55	酸度的测定（碱滴定法）	SL 82—1994	1994	主编

续表

序号	标 准 名 称	标准编号	发布年份	主编/参编
56	碱度（总碱度、重碳酸盐和碳酸盐）的测定（酸滴定法）	SL 83—1994	1994	主编
57	硝酸盐氮的测定（紫外分光光度法）	SL 84—1994	1994	主编
58	硫酸盐的测定（EDTA 滴定法）	SL 85—1994	1994	主编
59	水中无机阴离子的测定（离子色谱法）	SL 86—1994	1994	主编
60	透明度的测定（透明度计法、圆盘法）	SL 87—1994	1994	主编
61	叶绿素的测定（分光光度法）	SL 88—1994	1994	主编
62	硫化物的测定（亚甲蓝分光光度法）	SL 89—1994	1994	主编
63	硼的测定（姜黄素法）	SL 90—1994	1994	主编
64	二氧化硅（可溶性）的测定（硅钼黄分光光度法）	SL 91.1—1994	1994	主编
65	二氧化硅（可溶性）的测定（硅钼蓝分光光度法）	SL 91.2—1994	1994	主编
66	锑的测定（5-Br-PADAP 分光光度法）	SL 92—1994	1994	主编
67	油的测定（重量法）	SL 93.1—1994	1994	主编
68	油的测定（紫外分光光度法）	SL 93.2—1994	1994	主编
69	氧化还原电位的测定（电位测定法）	SL 94—1994	1994	主编
70	水轮发电机组振动监测系统设置导则	DL/T 556—1994	1994	主编
71	水工碾压混凝土试验规程	SL 48—1994	1994	参编
72	水工碾压混凝土施工规范	SL 53—1994	1994	参编
73	水文自动测报系统规范	SL 61—1994	1994	参编
74	微灌用筛网过滤器	SL/T 68—1994	1994	参编
75	岩石直剪（中型剪）仪校验方法	SL 121—95	1995	主编
76	岩石变形测试仪校验方法	SL 122—95	1995	主编
77	水泥胶砂流动度测定仪校验方法	SL 123—95	1995	主编
78	水泥水化热（直接法）测试仪校验方法	SL 124—95	1995	主编
79	水泥胶砂试模检验方法	SL 125—1995	1995	主编
80	砂料标准筛检验方法	SL 126—95	1995	主编
81	容量筒检验方法	SL 127—1995	1995	主编
82	试验室用混凝土搅拌机检验方法	SL 128—1995	1995	主编
83	混凝土成型用标准振动台检验方法	SL 129—1995	1995	主编
84	混凝土试模检验方法	SL 130—1995	1995	主编
85	混凝土坍落度仪校验方法	SL 131—1995	1995	主编
86	气压式含气量测定仪校验方法	SL 132—1995	1995	主编
87	混凝土抗渗仪校验方法	SL 133—95	1995	主编
88	混凝土快速冻融试验机检验方法	SL 134—95	1995	主编
89	混凝土动弹性模数测定仪校验方法	SL 135—95	1995	主编

序号	标 准 名 称	标准编号	发布年份	主编/参编
90	混凝土绝热温升测定仪校验方法	SL 136—95	1995	主编
91	测长仪校验方法	SL 137—95	1995	主编
92	混凝土标准养护室检验方法	SL 138—95	1995	主编
93	水工（专题）模型试验规程　水流空化模型试验规程	SL 156—95	1995	主编
94	水工（专题）模型试验规程　掺气减蚀模型试验规程	SL 157—95	1995	主编
95	水工（专题）模型试验规程　水工建筑物水流压力脉动和流激振动模型试验规程	SL 158—95	1995	主编
96	水工（专题）模型试验规程　冷却水工程水力、热力模型试验规程	SL 160—95	1995	主编
97	水工（专题）模型试验规程　水电站有压引水系统模型试验规程	SL 162—95	1995	主编
98	水轮机电液调节系统及装置基本技术规程	DL/T 563—95	1995	主编
99	低压管道输水灌溉工程技术规范（井灌区部分）	SL/T 153—1995	1995	主编
100	水工（专题）模型试验规程　闸门水力模型试验规程	SL 159—1995	1995	主编
101	水工（专题）模型试验规程　航道水力模型试验规程	SL 161.1—1995	1995	主编
102	水工（专题）模型试验规程　船闸水力模型试验规程	SL 161.2—1995	1995	主编
103	水工（专题）模型试验规程　施工导流模型试验规程	SL 163.1—1995	1995	主编
104	水工（专题）模型试验规程　施工截流模型试验规程	SL 163.2—1995	1995	主编
105	水工（专题）模型试验规程　溃坝模型试验规程	SL 164—1995	1995	主编
106	水工（专题）模型试验规程　滑坡涌浪模型试验规程	SL 165—1995	1995	主编
107	反击式水轮机空蚀评定	GB/T 15469—1995	1995	参编
108	水轮机模型验收试验规程	GB/T 15613—1995	1995	参编
109	微灌工程技术规范	SL 103—1995	1995	参编
110	农田排水试验规范	SL 109—95	1995	参编
111	切土环刀校验方法	SL 110—95	1995	参编
112	透水板校验方法	SL 111—95	1995	参编
113	击实仪校验方法	SL 112—95	1995	参编
114	光电式液塑限测定仪校验方法	SL 113—95	1995	参编
115	杠杆式固结仪校验方法	SL 114—95	1995	参编
116	变水头（常水头）渗透仪校验方法	SL 115—95	1995	参编
117	应变控制式直剪仪校验方法	SL 116—95	1995	参编
118	应变控制式无侧限压缩仪校验方法	SL 117—95	1995	参编
119	应变控制式三轴仪校验方法	SL 118—95	1995	参编
120	水环境检测仪器与试验设备校（检）验方法	SL 144—95	1995	参编

续表

序号	标 准 名 称	标准编号	发布年份	主编/参编
121	水工（常规）模型试验规程	SL 155—1995	1995	参编
122	水电厂计算机监控系统基本技术条件	DL/T 578—1995	1995	参编
123	大中型水轮发电机静止整流励磁系统及装置基本技术条件	DL/T 583—1995	1995	参编
124	电工术语 水轮机、蓄能泵和水泵水轮机	GB/T 2900.45—1996	1996	参编
125	水轮机通流部件技术条件	GB/T 10969—1996	1997	参编
126	水工混凝土掺用粉煤灰技术规范	DL/T 5055—1996	1998	参编
127	水力机械振动和脉动现场测试规程	GB/T 17189—1997	1997	主编
128	水泵模型浑水验收试验规程	SL 141—97	1997	主编
129	水轮机模型浑水验收试验规程	SL 142—97	1997	主编
130	水工建筑物抗震设计规范	SL 203—1997	1997	主编
131	水工建筑物抗震设计规范	DL 5073—1997	1997	主编
132	水轮机调速器与油压装置技术条件	GB/T 9652.1—1997	1997	参编
133	水轮机调速器与油压装置试验验收规程	GB/T 9652.2—1997	1997	参编
134	泵站设计规范	GB/T 50265—1997	1997	参编
135	核电厂抗震设计规范	GB 50267—1997	1997	参编
136	水泵模型验收试验规程	SL 140—1997	1997	参编
137	水电厂机组自动化元件及其系统运行维护与检修试验规程	DL/T 619—1997	1997	参编
138	水工建筑物荷载设计规范	DL/T 5077—1997	1997	参编
139	橡胶坝技术规范	SL 227—1998	1998	主编
140	岩土工程基本术语标准	GB/T 50279—98	1998	参编
141	取水许可技术考核与管理通则	GB/T 17367—1998	1998	参编
142	水环境监测规范	SL 219—98	1998	参编
143	混凝土面板堆石坝设计规范	SL 228—98	1998	参编
144	混凝土坝养护修理规程	SL 230—1998	1998	参编
145	农田排水工程技术规范	SL/T 4—1999	1999	主编
146	灌溉与排水工程技术管理规程	SL/T 246—1999	1999	主编
147	土工离心模型试验规程	DL/T 5102—1999	1999	主编
148	水轮发电机组自动化元件（装置）及其系统基本技术条件	GB/T 11805—1999	1999	参编
149	工程岩体试验方法标准	GB/T 50266—1999	1999	参编
150	水工混凝土外加剂技术规程	DL/T 5100—1999	1999	参编
151	水利水电工程地质勘察规范	GB 50287—1999	1999	参编

序号	标准名称	标准编号	发布年份	主编/参编
152	灌溉与排水工程设计规范	GB 50288—1999	1999	参编
153	喷灌与微灌工程技术管理规程	SL 236—1999	1999	参编
154	土工试验规程	SL/T 237—1999	1999	参编
155	水资源评价导则	SL/T 238—1999	1999	参编
156	压力钢管安全检测技术规程	DL/T 709—1999	1999	参编
157	混凝土面板堆石坝设计规范	DL/T 5016—1999	1999	参编
158	小水电站机电设备导则	GB/T 18110—2000	2000	主编
159	水工建筑物抗震设计规范	DL 5073—2000	2000	主编
160	水下不分散混凝土试验规程	DL/T 5117—2000	2000	主编
161	混凝土面板堆石坝接缝止水技术规范	DL/T 5115—2000	2000	参编
162	水轮机电液调节系统及装置调整试验导则	DL/T 496—2001	2001	主编
163	水工混凝土砂石骨料试验规程	DL/T 5151—2001	2001	主编
164	聚合物改性水泥砂浆试验规程	DL/T 5126—2001	2001	主编
165	混凝土面板堆石坝施工规范	DL/T 5128—2001	2001	主编
166	碾压式土石坝施工规范	DL/T 5129—2001	2001	主编
167	水工混凝土试验规程	DL/T 5150—2001	2001	主编
168	水工混凝土水质分析试验规程	DL/T 5152—2001	2001	主编
169	水工建筑物水泥灌浆施工技术规范	DL/T 5148—2001	2001	参编
170	大坝安全自动监测系统设备基本技术条件	SL 268—2001	2001	参编
171	水轮机调速器及油压装置运行规程	DL/T 792—2001	2001	参编
172	节水型产品技术条件与管理通则	GB/T 18870—2002	2002	参编
173	高分子防水材料 第3部分 遇水膨胀橡胶	GB/T 18173.3—2002	2002	参编
174	工业企业产品取水定额编制 通则	GB/T 18820—2002	2002	参编
175	水利技术标准编写规定	SL 1—2002	2002	参编
176	大中型水轮机选用导则	DL/T 445—2002	2002	参编
177	溢洪道设计规范	DL/T 5166—2002	2002	参编
178	混凝土大坝安全监测技术规范	DL/T 5178—2003	2003	参编
179	村镇供水工程技术规范	SL 310—2004	2004	主编
180	水轮机电液调节系统及装置技术规程	DL/T 563—2004	2004	主编
181	水电厂非电量变送器、传感器运行管理与检验规程	DL/T 862—2004	2004	主编
182	环氧树脂砂浆技术规程	DL/T 5193—2004	2004	主编
183	村镇供水单位资质标准	SL 308—2004	2004	参编
184	水利质是量检测机构计量认证评审准则	SL 309—2004	2004	参编
185	农田排水用塑料单壁波纹管	GB/T 19647—2005	2005	主编

续表

序号	标 准 名 称	标准编号	发布年份	主编/参编
186	水轮机、蓄能泵和水泵水轮机水力性能现场验收试验规程	GB/T 20043—2005	2005	主编
187	牧区草地灌溉与排水技术规范	SL 334—2005	2005	主编
188	水工建筑物塑性嵌缝密封材料技术标准	DL/T 949—2005	2005	主编
189	水工建筑物止水带技术规范	DL/T 5215—2005	2005	主编
190	水轮机调速系统自动测试与被控对象实时仿真装置技术规程	TGPS·JZ 08—2005	2005	主编
191	农村水利技术术语	SL 56—2005	2005	参编
192	水工混凝土配合比设计规程	DL/T 5330—2005	2005	参编
193	低压输水灌溉用硬聚氯乙烯（PVC－U）管材	GB/T 13664—2006	2006	主编
194	农田低压管道输水灌溉工程技术规范	GB/T 20203—2006	2006	主编
195	水资源实时监控系统建设技术导则	SL/Z 349—2006	2006	主编
196	水泵模型浑水验收试验规程	SL 141—2006	2006	主编
197	水工混凝土试验规程	SL 352—2006	2006	主编
198	电工术语 水电站水力机械设备	GB/T 2900.45—2006	2006	参编
199	生活饮用水卫生标准	GB 5749—2006	2006	参编
200	水轮机基本技术条件	GB/T 15468—2006	2006	参编
201	风力提水工程技术规范	SL 343—2006	2006	参编
202	节水灌溉设备现场验收规程	SL 372—2006	2006	参编
203	水情自动测报系统运行维护规程	DL/T 1014—2006	2006	参编
204	水工沥青混凝土试验规程	DL/T 5362—2006	2006	参编
205	公路工程土工合成材料 轻型硬质泡沫材料	JT/T 666—2006	2006	参编
206	自密实混凝土应用技术规程	CECS 203：2006	2006	参编
207	村镇供水工程自动控制系统设计规范	DB11/T 341—2006	2006	参编
208	水力机械（水轮机、蓄能泵和水泵水轮机）振动和脉动现场测试规程	GB/T 17189—2007	2007	主编
209	灌溉渠道系统量水规范	GB/T 21303—2007	2007	主编
210	喷灌工程技术规范	GB/T 50085—2007	2007	主编
211	水利质量检测机构计量认证评审准则	SL 309—2007	2007	主编
212	水资源监控管理数据库结构及标识符标准	SL 380—2007	2007	主编
213	水环境监测实验室安全技术导则	SL/Z 390—2007	2007	主编
214	有机分析样品前处理方法	SL 391—2007	2007	主编
215	固相萃取气相色谱/质谱分析方法（GC/MS）法测定水中半挥发性有机污染物	SL 392—2007	2007	主编

序号	标 准 名 称	标准编号	发布年份	主编/参编
216	吹扫捕集气相色谱/质谱分析方法（GC/MS）法测定水中挥发性有机污染物	SL 393—2007	2007	主编
217	铅、镉、钒、磷等34种元素的测定	SL 394—2007	2007	主编
218	地表水资源质量评价技术规程	SL 395—2007	2007	主编
219	轴流泵装置水力模型系列及基本参数	SL 402—2007	2007	主编
220	土工合成材料综合测试仪校验规程	SL 403—2007	2007	主编
221	土工合成材料胀破仪校验规程	SL 404—2007	2007	主编
222	土工织物垂直渗透仪校验规程	SL 405—2007	2007	主编
223	土工织物平面渗透仪校验规程	SL 406—2007	2007	主编
224	土工膜渗透仪校验规程	SL 407—2007	2007	主编
225	土工膜抗渗仪校验规程	SL 408—2007	2007	主编
226	排水带通水量试验仪校验规程	SL 409—2007	2007	主编
227	落锤仪校验规程	SL 410—2007	2007	主编
228	振筛机校验规程	SL 411—2007	2007	主编
229	沥青针入度仪校验规程	SL 412—2007	2007	主编
230	沥青延度仪校验规程	SL 413—2007	2007	主编
231	沥青软化点试验仪校验规程	SL 414—2007	2007	主编
232	水轮机控制系统技术条件	GB/T 9652.1—2007	2007	参编
233	土的工程分类标准	GB/T 50145—2007	2007	参编
234	水工混凝土掺用粉煤灰技术规范	DL/T 5055—2007	2007	参编
235	村镇集中式供水工程运行管理规程	DB11/T 468—2007	2007	参编
236	村镇集中式供水工程施工质量验收规范	DB11/T 469—2007	2007	主编
237	玻璃纤维增强塑料冷却塔　第2部分：大型玻璃纤维增强塑料冷却塔	GB/T 7190.2—2008	2008	主编
238	交流电力系统阻波器	GB/T 7330—2008	2008	主编
239	水轮机、蓄能泵和水泵水轮机模型验收　第3部分：辅助性能试验	GB/T 15613.3—2008	2008	主编
240	小型水轮机现场验收试验规程	GB/T 22140—2008	2008	主编
241	水轮机模型浑水验收试验规程	SL 142—2008	2008	主编
242	旱情等级标准	SL 424—2008	2008	主编
243	饮用天然矿泉水检验方法	GB/T 8538—2008	2008	参编
244	水轮机、蓄能泵和水泵水轮机通流部件技术条件	GB/T 10969—2008	2008	参编
245	水轮发电机组自动化元件（装置）及其系统基本技术条件	GB/T 11805—2008	2008	参编

续表

序号	标 准 名 称	标准编号	发布年份	主编/参编
246	水轮机、蓄能泵和水泵水轮机空蚀评定 第1部分：反击式水轮机的空蚀评定	GB/T 15469.1—2008	2008	参编
247	水轮机、蓄能泵和水泵水轮机模型验收 第1部分：通用规定	GB/T 15613.1—2008	2008	参编
248	水轮机、蓄能泵和水泵水轮机模型验收 第2部分：常规水力性能试验	GB/T 15613.2—2008	2008	参编
249	小型水轮机基本技术条件	GB/T 21718—2008	2008	参编
250	水利水电工程地质勘察规范	GB 50487—2008	2008	参编
251	生物显微镜校验方法	SL 144.1—2008	2008	参编
252	多参数现场水质测定仪校验方法	SL 144.2—2008	2008	参编
253	生化培养箱校验方法	SL 144.3—2008	2008	参编
254	电热恒温培养箱校验方法	SL 144.4—2008	2008	参编
255	离心机校验方法	SL 144.5—2008	2008	参编
256	电热恒温水浴锅校验方法	SL 144.6—2008	2008	参编
257	电热鼓风干燥箱校验方法	SL 144.7—2008	2008	参编
258	微波消解仪校验方法	SL 144.8—2008	2008	参编
259	快速溶剂萃取仪校验方法	SL 144.9—2008	2008	参编
260	固相萃取装置校验方法	SL 144.10—2008	2008	参编
261	控温消煮炉校验方法	SL 144.11—2008	2008	参编
262	大型灌区技术改造规程	SL 418—2008	2008	参编
263	水利旅游项目综合影响评价标准	SL 422—2008	2008	参编
264	水电厂计算机监控系统基本技术条件	DL/T 578—2008	2008	参编
265	水情自动测报系统技术条件	DL/T 1085—2008	2008	参编
266	混凝土面板堆石坝接缝止水技术规范	DL/T 5115—2008	2008	参编
267	井泵装置现场测试规程	JB/T 6269—2008	2008	参编
268	机井名称代码编制规则	DB11/T 546—2008	2008	参编
269	村镇供水工程技术导则	DB11/T 547—2008	2008	参编
270	水资源公报编制规程	GB/T 23598—2009	2009	主编
271	水资源管理信息代码编制规定	SL 457—2009	2009	主编
272	城市供水应急预案编制导则	SL 459—2009	2009	主编
273	气相色谱法测定水中酚类化合物	SL 463—2009	2009	主编
274	气相色谱法测定水中酞酸酯类化合物	SL 464—2009	2009	主编
275	高效液相色谱法测定水中多环芳烃类化合物	SL 465—2009	2009	主编
276	冰封期冰体采样与前处理规程	SL 466—2009	2009	主编

续表

序号	标 准 名 称	标准编号	发布年份	主编/参编
277	生态风险评价导则	SL/Z 467—2009	2009	主编
278	水轮机调节系统自动测试及实时仿真装置技术条件	DL/T 1120—2009	2009	主编
279	水电厂自动化元件基本技术条件	DL/T 1107—2009	2009	主编
280	水工建筑物强震动安全监测技术规范	DL/T 5416—2009	2009	主编
281	水利水电建设项目竣工环境保护验收技术规范	HJ 464—2009	2009	主编
282	灌溉用塑料管材和管件基本参数及技术条件	GB/T 23241—2009	2009	参编
283	微灌工程技术规范	GB/T 50485—2009	2009	参编
284	堰塞湖风险等级划分标准	SL 450—2009	2009	参编
285	堰塞湖应急处置技术导则	SL 451—2009	2009	参编
286	水工碾压混凝土试验规程	DL/T 5433—2009	2009	参编
287	报废机井处理技术规程	DB 11/T 671—2009	2009	参编
288	洪水风险图编制导则	SL 483—2010	2010	主编
289	水流空化模型试验规程	SL 156—2010	2010	主编
290	掺气减蚀模型试验规程	SL 157—2010	2010	主编
291	水工建筑物水流压力脉动和流激振动模型试验规程	SL 158—2010	2010	主编
292	水电站有压输水系统模型试验规程	SL 162—2010	2010	主编
293	水利信息核心元数据	SL 473—2010	2010	主编
294	河流泥沙公报编制规程	SL 474—2010	2010	主编
295	水利信息公用数据元	SL 475—2010	2010	主编
296	节水产品认证规范	SL 476—2010	2010	主编
297	水利信息数据库表结构及标识符编制规范	SL 478—2010	2010	主编
298	河湖生态需水评估导则（试行）	SL/Z 479—2010	2010	主编
299	气相色谱法测定水中氯代除草剂类化合物	SL 495—2010	2010	主编
300	顶空气相色谱法（HS-GC）测定 水中芳香族挥发性有机物	SL 496—2010	2010	主编
301	气相色谱法测定水中有机氯农药和多氯联苯类化合物	SL 497—2010	2010	主编
302	小水电站接入电力系统技术规定	SL 522—2010	2010	主编
303	水工混凝土建筑物缺陷检测和评估技术规程	DL/T 5251—2010	2010	主编
304	水利单位管理体系 要求（试行）	SL/Z 503—2010	2010	参编
305	灌区改造技术规范	GB 50599—2010	2010	参编
306	渠道防渗工程技术规范	GB/T 50600—2010	2010	参编
307	机井技术规范	GB/T 50625—2010	2010	参编
308	微灌用中小型移动式首部机组	SL 480—2010	2010	参编
309	土石坝沥青混凝土面板和心墙设计规范	SL 501—2010	2010	参编

序号	标 准 名 称	标准编号	发布年份	主编/参编
310	水工混凝土耐久性技术规范	DL/T 5241—2010	2010	参编
311	水工混凝土外保温聚苯板施工技术规范	CECS 268：2010	2010	参编
312	生态格网结构技术规程	CECS 353：2010	2010	参编
313	生态混凝土应用技术规程	CECS 361：2010	2010	参编
314	节水灌溉工程自动控制系统设计规范	DB11/T 722—2010	2010	参编
315	砂石料试验筛检验方法	SL 126—2011	2011	主编
316	水工混凝土标准养护室检验方法	SL 138—2011	2011	主编
317	水利水电工程水质分析规程	SL 396—2011	2011	主编
318	水工建筑物强震动安全监测技术规范	SL 486—2011	2011	主编
319	小型水电站机组运行综合性能质量评定标准	SL 524—2011	2011	主编
320	水工建筑物抗震试验规程	SL 539—2011	2011	主编
321	地面灌溉工程技术管理规程	SL 558—2011	2011	主编
322	橡胶坝坝袋	SL 554—2011	2011	主编
323	光伏提水工程技术规范	SL 540—2011	2011	主编
324	节水型产品通用技术条件	GB/T 18870—2011	2011	参编
325	灌溉排水工程项目初步设计报告编制规程	SL 533—2011	2011	参编
326	抽水蓄能机组自动控制系统技术条件	DL/T 295—2011	2011	参编
327	反击式水轮机泥沙磨损技术导则	GB/T 29403—2012	2012	主编
328	岩石直剪仪校验方法	SL 121—2012	2012	主编
329	岩石变形测试仪校验方法	SL 122—2012	2012	主编
330	水泥胶砂流动度测定仪校验方法	SL 123—2012	2012	主编
331	冷却水工程水力、热力模拟技术规程	SL 160—2012	2012	主编
332	水利工程代码编制规范	SL 213—2012	2012	主编
333	中国河流代码	SL 249—2012	2012	主编
334	土石坝安全监测技术规范	SL 551—2012	2012	主编
335	用水指标评价导则	SL/Z 552—2012	2012	主编
336	小型水电站现场效率试验规程	SL 555—2012	2012	主编
337	洪涝灾情评估标准	SL 579—2012	2012	主编
338	水轮发电机定子现场装配工艺导则	SL 600—2012	2012	主编
339	发电厂循环水系统进水流道水力模型试验规程	DL/T 286—2012	2012	主编
340	水电厂自动化元件（装置）及其系统运行维护与检修试验规程	DL/T 619—2012	2012	主编
341	灌溉用水定额编制导则	GB/T 29404—2012	2012	参编
342	节水灌溉工程验收规范	GB/T 50769—2012	2012	参编

续表

序号	标 准 名 称	标准编号	发布年份	主编/参编
343	应变控制式直剪仪校验方法	SL 116—2012	2012	参编
344	土工合成材料测试规程	SL 235—2012	2012	参编
345	灌溉用施肥装置基本参数及技术条件	SL 550—2012	2012	参编
346	灌溉排水工程项目可行性研究报告编制规程	SL 560—2012	2012	参编
347	水力发电厂计算机监控系统与厂内设备及系统通信技术规定	DL/T 321—2012	2012	参编
348	水电厂计算机监控系统试验验收规程	DL/T 822—2012	2012	参编
349	水工建筑物水泥灌浆施工技术规范	DL/T 5148—2012	2012	参编
350	防汛抗旱用图图式	SL 73.7—2013	2013	主编
351	水利质量检测机构计量认证评审准则	SL 309—2013	2013	主编
352	水工沥青混凝土施工规范	SL 514—2013	2013	主编
353	水库诱发地震监测技术规范	SL 516—2013	2013	主编
354	节水灌溉设备水力基本参数测试方法	SL 571—2013	2013	主编
355	实时工情数据库表结构及标识符	SL 577—2013	2013	主编
356	抗旱预案编制导则	SL 590—2013	2013	主编
357	小水电代燃料生态效益计算导则	SL 593—2013	2013	主编
358	水利水电工程水力学原型观测规范	SL 616—2013	2013	主编
359	村镇供水工程施工质量验收规范	SL 688—2013	2013	主编
360	水轮机调节系统及装置运行与检修规程	DL/T 792—2013	2013	主编
361	水轮机调节系统并网运行技术导则	DL/T 1245—2013	2013	主编
362	土工离心模型试验技术规程	DL/T 5102—2013	2013	主编
363	工程岩体试验方法标准	GB/T 50266—2013	2013	参编
364	堤防工程设计规范	GB 50286—2013	2013	参编
365	农田排水工程技术规范	SL 4—2013	2013	参编
366	农村水利技术术语	SL 56—2013	2013	参编
367	机井井管标准	SL 154—2013	2013	参编
368	水环境监测规范	SL 219—2013	2013	参编
369	混凝土面板堆石坝设计规范	SL 228—2013	2013	参编
370	牧区草地灌溉工程初步设计编制规程	SL 519—2013	2013	参编
371	喷灌工程技术管理规程	SL 569—2013	2013	参编
372	混凝土坝安全监测技术规范	SL 601—2013	2013	参编
373	防洪风险评价导则	SL 602—2013	2013	参编
374	大坝安全监测仪器报废标准	SL 621—2013	2013	参编
375	村镇供水工程运行管理规程	SL 689—2013	2013	参编

续表

序号	标 准 名 称	标准编号	发布年份	主编/参编
376	碾压式土石坝施工规范	DL/T 5129—2013	2013	参编
377	水资源术语	GB/T 30943—2014	2014	主编
378	粉煤灰混凝土应用技术规范	GB/T 50146—2014	2014	主编
379	土工合成材料应用技术规范	GB/T 50290—2014	2014	主编
380	橡胶坝工程技术规范	GB/T 50979—2014	2014	主编
381	大型螺旋塑料管道输水灌溉工程技术规范	GB/T 50989—2014	2014	主编
382	水泥水化热测定仪校验方法	SL 124—2014	2014	主编
383	混凝土抗渗仪校验方法	SL 133—2014	2014	主编
384	干旱灾害等级标准	SL 663—2014	2014	主编
385	水轮发电机组推力轴承、导轴承安装调整工艺导则	SL 668—2014	2014	主编
386	胶结颗粒料筑坝技术导则	SL 678—2014	2014	主编
387	水工混凝土砂石骨料试验规程	DL/T 5151—2014	2014	主编
388	水工混凝土建筑物修补加固技术规程	DL/T 5315—2014	2014	主编
389	水电水利工程聚脲涂层施工技术规程	DL/T 5317—2014	2014	主编
390	岩土工程基本术语标准	GB/T 50279—2014	2014	参编
391	水利水电量和单位	SL 2—2014	2014	参编
392	水工建筑物水泥灌浆施工技术规范	SL 62—2014	2014	参编
393	切土环刀校验方法	SL 110—2014	2014	参编
394	光电式液塑限测定仪校验方法	SL 113—2014	2014	参编
395	固结仪校验方法	SL 114—2014	2014	参编
396	渗透仪校验方法	SL 115—2014	2014	参编
397	应变控制式无侧限压缩仪校验方法	SL 117—2014	2014	参编
398	应变控制式三轴仪校验方法	SL 118—2014	2014	参编
399	黄土高原适生灌木种植技术规程	SL 287—2014	2014	参编
400	南方红壤丘陵区水土流失综合治理技术标准	SL 657—2014	2014	参编
401	村镇供水工程设计规范	SL 687—2014	2014	参编
402	水工混凝土外加剂技术规程	DL/T 5100—2014	2014	参编
403	区域旱情等级	GB/T 32135—2015	2015	参编
404	水资源监控管理系统建设技术导则	SL/Z 349—2015	2015	主编
405	预应力钢筒混凝土管道技术规范	SL 702—2015	2015	主编
406	明渠堰槽流量计计量检定规程	JJG（水利）004—2015	2015	主编
407	水电工程水工建筑物抗震设计规范	NB 35047—2015	2015	主编
408	牧区草地灌溉工程项目可行性研究报告编制规程	DB15/T 909—2015	2015	主编
409	荒漠草原紫花苜蓿地埋滴灌技术规程	DB15/T 907—2015	2015	主编

续表

序号	标 准 名 称	标准编号	发布年份	主编/参编
410	河套灌区小麦膜下滴灌技术规程	DB15/T 905—2015	2015	主编
411	河套灌区加工番茄膜下滴灌技术规程	DB15/T 906—2015	2015	主编
412	中西部地区向日葵膜下滴灌技术规程	DB15/T 908—2015	2015	主编
413	南水北调东、中线一期工程运行安全监测技术要求	NSBD 21—2015	2015	主编
414	混凝土面板堆石坝施工规范	SL 49—2015	2015	参编
415	农田排水试验规范	SL 109—2015	2015	参编
416	灌溉与排水工程施工质量评定规程	SL 703—2015	2015	参编
417	河湖生态保护与修复规划导则	SL 709—2015	2015	参编
418	水力发电厂和蓄能泵站机组机械振动的评定	GB/T 32584—2016	2016	主编
419	小型水轮机磨蚀防护导则	GB/T 32745—2016	2016	主编
420	水资源管理信息对象代码编制规范	GB/T 33113—2016	2016	主编
421	牧区草地灌溉与排水技术规程	SL 334—2016	2016	主编
422	水生态文明城市建设评价导则	SL/Z 738—2016	2016	主编
423	水中有机物分析方法有机磷农药的色谱测定	SL 739—2016	2016	主编
424	水中有机物分析方法甲萘威、溴氰菊酯、微囊藻毒素—LR 的测定高效液相色谱法	SL 740—2016	2016	主编
425	水中有机物分析方法卤代烃类挥发性有机物的气相色谱法测定	SL 741—2016	2016	主编
426	中小型水轮发电机组启动试验规程	SL 746—2016	2016	主编
427	水轮机电液调节系统及装置调整试验导则	DL/T 496—2016	2016	主编
428	水轮机电液调节系统及装置技术规程	DL/T 563—2016	2016	主编
429	水电厂自动化元件（装置）安装和验收规程	DL/T 862—2016	2016	主编
430	水轮机调节系统设计与应用导则	DL/T 1548—2016	2016	主编
431	格网土石笼袋、护坡工程袋应用技术规程	CECS 456：2016	2016	主编
432	钠基膨润土防水毯应用技术规程	CECS 457：2016	2016	主编
433	小型水电站机电设备导则	GB/T 18110—2016	2016	参编
434	用水定额编制技术导则	GB/T 32716—2016	2016	参编
435	渠道衬砌与防渗材料	GB/T 32748—2016	2016	参编
436	高标准农田建设评价规范	GB/T 33130—2016	2016	参编
437	水利水电工程地质勘察规范	GB 50287—2016	2016	参编
438	水工与河工模型试验常用仪器校验方法	SL 233—2016	2016	参编
439	水利单位管理体系　要求	SL/Z 503—2016	2016	参编
440	水利工程质量检测技术规程	SL 734—2016	2016	参编
441	水电厂计算机监控系统运行及维护规程	DL/T 1009—2016	2016	参编

续表

序号	标准名称	标准编号	发布年份	主编/参编
442	智能水电厂技术导则	DL/T 1547—2016	2016	参编
443	混凝土面板堆石坝接缝止水技术规范	DL/T 5115—2016	2016	参编
444	塑料节水灌溉器材 第2部分：压力补偿式滴头及滴灌管	GB/T 19812.2—2017	2017	主编
445	管道输水灌溉工程技术规范	GB/T 20203—2017	2017	主编
446	水泥胶砂试模检验方法	SL 125—2017	2017	主编
447	容量筒检验方法	SL 127—2017	2017	主编
448	混凝土试验用搅拌机校验方法	SL 128—2017	2017	主编
449	混凝土试验用振动台检验方法	SL 129—2017	2017	主编
450	混凝土试模检验方法	SL 130—2017	2017	主编
451	混凝土坍落度仪校验方法	SL 131—2017	2017	主编
452	混凝土拌和物含气量测定仪（气压式）校验方法	SL 132—2017	2017	主编
453	混凝土快速冻融试验机检验方法	SL 134—2017	2017	主编
454	混凝土动弹性模数测定仪校验方法	SL 135—2017	2017	主编
455	混凝土热学参数测定仪校验方法	SL 136—2017	2017	主编
456	砂浆和混凝土测长仪校验方法	SL 137—2017	2017	主编
457	洪水风险图编制导则	SL 483—2017	2017	主编
458	水中有机物分析方法 丙烯醛、丙烯腈和乙醛的色谱测定	SL 748—2017	2017	主编
459	水旱灾害遥感监测评估技术规范	SL 750—2017	2017	主编
460	城市防洪应急预案编制导则	SL 754—2017	2017	主编
461	中小型水轮机调节系统技术规程	SL 755—2017	2017	主编
462	地下水质量标准	GB/T 14848—2017	2017	参编
463	塑料节水灌溉器材 第1部分：单翼迷宫式滴灌带	GB/T 19812.1—2017	2017	参编
464	塑料节水灌溉器材 第3部分：内镶式滴灌管及滴灌带	GB/T 19812.3—2017	2017	参编
465	透水板校验方法	SL 111—2017	2017	参编
466	击实仪校验方法	SL 112—2017	2017	参编
467	土工原位测试专用仪器校验方法	SL 756—2017	2017	参编
468	水质 阿特拉津的测定 固相萃取—高效液相色谱法	SL 761—2018	2018	主编
469	山洪灾害预警设备技术条件	SL 762—2018	2018	主编
470	水井报废与处理技术导则	T/CHES 17—2018	2018	主编
471	农村饮水安全评价准则	T/CHES 18—2018	2018	主编
472	水工建筑物抗震设计标准	GB 51247—2018	2018	主编
473	消雾节水型冷却塔验收测试规程	T/CECS 517—2018	2018	主编
474	梯级水电厂集中监控系统运行维护规程	DL/T 1869—2018	2018	参编